U0305349

数字媒体技术与创作系列教材
编撰委员会

数字媒体技术与创作系列教材

主编 董武绍 副主编 袁南辉

The Technology of Camera Operation and the Producing of Television

摄像技术与创作

孙 墀 董武绍 蔡月忠 编著

暨南大学出版社
JINAN UNIVERSITY PRESS
中国·广州

图书在版编目（CIP）数据

摄像技术与创作/孙墀，董武绍，蔡月忠编著.—广州：暨南大学出版社，2011.4（2018.8重印）
（数学媒体技术与创作系列教材）
ISBN 978-7-81135-749-3

Ⅰ.①摄… Ⅱ.①孙…②董…③蔡… Ⅲ.①摄影技术 Ⅳ.①TB8

中国版本图书馆CIP数据核字（2011）第019995号

摄像技术与创作
SHEXIANG JISHU YU CHUANGZUO
编著者：孙 墀 董武绍 蔡月忠

出 版 人：徐义雄
责任编辑：杜小陆 刘慧玲
责任校对：苏倩欣
责任印制：汤慧君 周一丹

出版发行：暨南大学出版社（510630）
电 话：总编室（8620）85221601
营销部（8620）85225284 85228291 85228292（邮购）
传 真：（8620）85221583（办公室） 85223774（营销部）
网 址：http：//www.jnupress.com
排 版：广州市天河星辰文化发展部照排中心
印 刷：佛山市浩文彩色印刷有限公司
开 本：787mm×960mm 1/16
印 张：19.25
字 数：380千
版 次：2011年4月第1版
印 次：2018年8月第3次
印 数：4001—5000册
定 价：39.80元

前　言

面对数字媒体技术人才和数字媒体创作人才极为匮乏的现状，如何为产业发展服务，一些专家、学者呼吁高校相关学科专业“应尽快修订出适应学科链与产业链对接的培养方案和课程体系”。很多高校也正在启动相关的课程改革方案，有的已见成效。数字媒体作为一个耳熟能详的名词，早已与我们的生活密切相关了。但对它所形成的产业以及未来发展意义还有很多人认识不足。数字媒体产业具有技术与文化产业联姻、产业附加值大、关联度高的特点，它对弘扬我国优秀文化、调整我国媒体数字产业结构、提升全民文化素质等具有重要的战略意义，大力发展数字媒体产业已成为未来几十年国家重点推进的产业。面对快速发展的产业，高等教育理所当然要成为产业人才专业技能和知识的武库，但事实并不乐观，教育理念的滞后与数字新技术设备的不足，极大地制约了人才培养，也为产业的高速发展投下阴影。

高校数字媒体教育如何与产业对接？科技部《2005 中国数字媒体技术发展白皮书》对高校数字媒体教育未来发展有什么样的启示？带着这样的思考，我们总结了多年来在数字媒体创作方面的理论和实践探讨，尤其是寻找到了很多第一手案例，同时参考了很多业内专家、学者的著述，用一种与学生探讨交流的文字表达形式，不仅在理论和实际操作方面试图提出自己的思考，同时在教材撰写的形式上也推陈出新，从而也构成了该教材编写的一大特色：充分的开放性、探索性和“交互性”。而所谓“交互性”，就是在教材中把学生们的聪明才智和建议体现在教材中，让教材成为师生共同交流思考和学习的平台。

本书作为学生综合创作课教材，目的就是提高学生的综合应用创造能力。同济大学教授在《文汇报》上提出：“数字媒体教学的课程体系应包含三个组成部分：基本艺术素养、专业技术，以及综合应用创造能力的提高。创作能力是人才培养的最终目标，艺术素养和专业技术是两块基石。我们应着力吸纳一流产业标准，改革课堂教学的形式内容，向产业化靠拢，改变以往教学研究与实践脱节的情况，真正贴近产业实际。”应该说，学生综合创作课的设立，正是该思想的具体体现。我们正是把学生创作能力的培养作为教学的出发点，坚持理论与实践接轨、教学与行业发展接轨、培养目标与社会市场接轨的原则，进一步明确数字媒体与数字媒体技术只是手段，而运用数字媒体与数字媒体技术为社会服务才是目的，所以鼓励学生运用数字媒体与数字媒体技术在项目的牵动下，开展积极有效的创作的做法贯穿了我们教学的全过程，而专门集中开设学生综合创作课无疑是对以上新理念、新思想的探索。我们希望它能像一粒石子在碧水如镜的水面荡起层层涟漪，起到抛砖引玉的作用。

本书是理论联系实际的产物，是师生在教学过程中共同创造的教学成果，是新知识、新技术、新创作的经验总结。从客观实际角度讲，教材初步摆脱了传统只谈知识不谈学习方法、只谈理论不谈实践、只谈传授内容不谈传授对象的做法，而是用创作服务社会这样一个桥梁，把理论和实践这两个支撑点在创作上形成一个统一的有机整体。在这个整体中，理论与实践又形成了互为支撑的关系，它们彼此谁也不能缺失，同时它们谁也不能独立地撑起创作这样一个通往目的的桥梁，而且它们彼此又都是因为创作才具有了意义。如果用研究的眼光，我们可以把理论与实践分离开，通过解析的方式进行研究，这是科学的；如果用学习的眼光，我们是不可以把它们分解开的，即使勉强分开，它们彼此也已经变得残缺不全了。所以，我们的理论讲授是在创作实践的大背景下看理论，对于理论的接受程度的测定，我们是在实践的前提下看创作。由于我们的教材始终坚持了这一点，我们的理论不是苍白的；正是坚持了这一点，我们的实践才有的放矢；也正是坚持了这一点，我们同学的创作热情不断高涨，创作能力有了快速提升。

这里我们可以把理论与实践的结合划分为几个阶段。第一阶段，属于消化理解理论阶段。通过克服一般困难，使学生实现了从普遍性到特殊性的跨越，与此同时，也实现了学生对理论的确证。第二阶段，属于困惑阶段。当学生获得对理论认证之后，就会以为这个理论应该是放之四海而皆准的道理，但是事实并非如此简单，事物的特殊性很快就会让人碰壁。而碰壁的结果自然是困惑。第三阶段，属于超越阶段。反思是这个阶段的主要特点，学生通过思考，不仅学会了变通，同时更是把理论运用于创作实践的过程。在这个过程中，学生可以把理论原理结合个人对生活社会的感悟，变成富有创造性的个性化创作，甚至可以形成具有自我风格特点的创作，真正实现了对理论的超越，真正实现了对自我的超越，真正实现了对社会的服务，所以这个阶段也是学生真正具有创造性的阶段。我们的教材正是紧紧把握住了这一点，努力推动学生在理论与实践结合中，通过创作实现第三阶段的跨越。

一般说来，专业教育质量的高低，起决定作用的主要是两个要素：一个是师资，一个是教材。相比较而言，教材的作用相对还大些。这是源于师资多少、优劣往往受办学主客观条件的制约，而教材则不同，一部好的教材一旦出版，就可以让更多学子受惠。所以我们在编写本书时，始终坚持一个原则，那就是从教学实际出发，从学生接受角度出发，从数字媒体技术不断更新的特点出发，立足于数字媒体创作规律性总结，以个案为范例，通过讨论、思考、探索的形式，既给学子以科学引导，同时又给学子一个自由创作的空间，通过技术与艺术的融合寻找最佳的创作途径。

本书的特点是及时把高清摄像技术吸收进来，极大丰富了该教材的内涵；同时，本书的另一大特点也可以称为“读图教材”，教材通过大量图片（影片片段）进行说明、解释和创作提示；第三个特点是理论与实用操作、创作相结合，重视学生执行力的培养。总之，本书是一部既严谨又轻松、既丰富又通俗的教材。本书一共分为七章，在每章的最后一节（第7章除外），也根据教学实际增设了实训部分，努力把本章理论与实际操作、创作联系起来。

《摄像技术与创作》的编写参考了美国赫伯特·泽特尔的《摄像基础》、传播大学的《摄像技术》、西南大学的《摄像技术》及华南理工大学同仁的“摄像技术”课程的教案，他们的著述与教学实践为本教材的撰写奠定了基础。而松下公司、金启迪公司在很多技术层面也给予了大力支持。本书的出版得到了暨南大学出版社的大力支持，杜小陆同志一直关注和指导着编写工作，在此一并表示感谢。

数字电视摄像技术课教材现在面临着很多新技术的挑战，不断学习、尝试和丰富教材内容，满足该课程发展的需要，满足业界对专业人才培养的期待，这是我们编写本书的初衷。尽管我们竭尽努力，尽管我们本着严谨的科学精神对待教材编写工作，尽管我们对学科发展的前沿技术和理论努力实现兼容并蓄，但仍免不了存在一定的问题，敬请读者指正。同时向数字电视摄像技术研究者和电视行业的耕耘者表示由衷的敬意！

编著者

2010年12月28日

目　录

前　言　/001

第 1 章　数字摄像机的结构与功能　/002
1.1　模拟与数字视频的区别　/004
1.1.1　基本图像的形成　/004
1.1.2　视频的三基色　/008
1.1.3　什么是数字化　/008
1.1.4　模拟与数字的区别　/009
1.1.5　为什么要数字化　/010
1.2　摄像机的基本功能与组成　/012
1.2.1　电视摄像机概述　/012
1.2.2　功能　/013
1.2.3　分光仪　/018
1.3　摄像机调试与功能设定　/022
1.3.1　摄像镜头　/022
1.3.2　内置滤光镜　/023
1.3.3　分光棱镜　/023
1.3.4　CCD 器件及驱动脉冲形成电路　/023
1.3.5　寻像器（VF）　/024
1.3.6　ANSI 对比度测试图　/025
1.3.7　电源部分　/025
1.3.8　声音信号系统　/026
1.3.9　自动控制系统　/026
1.3.10　彩条信号发生器　/026
1.3.11　同步信号发生器　/026
1.3.12　视频信号处理器　/027

1.3.13 编码器 / 027
1.3.14 录像机 / 027
1.3.15 麦克风（话筒） / 027
1.4 **摄像机的主要技术指标** / 027
1.4.1 图像分解力（解像力） / 028
1.4.2 灵敏度 / 029
1.5 **摄像机的种类** / 031
1.5.1 ESP 演播室摄像机 / 031
1.5.2 ENG/EFP 摄像机 / 035
1.5.3 DV 家用机 / 037
1.5.4 摄像机实用分类标准 / 038
1.6 **实训创作** / 040
1.6.1 影视创作的制作流程 / 040
1.6.2 选购数码摄像机（DV） / 041
1.6.3 数码摄像机的基础使用方法 / 041
1.6.4 数码摄像机的保养与维护 / 046
1.6.5 数码摄像机常见术语 / 046
1.6.6 视频、音频的采集 / 048

第 2 章 摄像机的操作 / 056
2.1 **摄像机的基本运动** / 058
2.1.1 基本运动形式与操作 / 058
2.1.2 基本运动叙述特点、表现优势、适用范围和经验习惯 / 064
2.2 **摄像机平衡装置及其应用** / 090
2.2.1 手持或肩扛 / 090
2.2.2 三脚架 / 092
2.2.3 演播室升降 / 094
2.2.4 摄像机特种支架 / 97
2.3 **分步操作** / 99
2.4 **整机控制** / 107
2.4.1 摄录一体机和 ENG/EFP 摄像机 / 107
2.4.2 ESP 演播室摄像机 / 111

2.5　实训创作　/ 112
2.5.1　电视摄像基础　/ 112
2.5.2　摄像角度　/ 120
2.5.3　长镜头与短镜头的拍摄　/ 129
2.5.4　运动摄像拍摄技巧　/ 131
2.5.5　会议新闻、活动庆典的拍摄技巧　/ 137

第3章　镜　像　/ 140
3.1　观察　/ 142
3.1.1　观察介质的思考　/ 142
3.1.2　观察逻辑方式的探索　/ 143
3.1.3　观察的线索与细节　/ 143
3.2　取景　/ 143
3.2.1　宽高比　/ 144
3.2.2　景别　/ 144
3.2.3　向量　/ 146
3.2.4　构图　/ 147
3.2.5　心理补足　/ 151
3.2.6　景深　/ 153
3.2.7　色彩　/ 153
3.2.8　声音　/ 154
3.3　操纵画面纵深　/ 155
3.3.1　确认 Z 轴　/ 155
3.3.2　镜头与 Z 轴长度　/ 156
3.4　镜头与景深　/ 156
3.4.1　镜头与 Z 轴速度　/ 156
3.4.2　控制摄像机与物体运动　/ 156
3.4.3　物体运动的控制　/ 158
3.5　实训创作　/ 159
3.5.1　拍摄的景别　/ 159
3.5.2　不同景别的意义　/ 163
3.5.3　入画与出画的拍摄　/ 184

第 4 章　光、色彩、照明　/ 186
4.1　电视摄像曝光　/ 188
4.1.1　照度和亮度　/ 188
4.1.2　摄像曝光　/ 188
4.1.3　摄像曝光调节　/ 189
4.1.4　电视摄像曝光监控　/ 193
4.2　光、色彩、照明　/ 195
4.2.1　光　/ 195
4.2.2　色彩　/ 201
4.2.3　灯具　/ 204
4.2.4　照明技巧　/ 210
4.3　实训创作　/ 219
4.3.1　光的色彩　/ 220
4.3.2　调整白平衡　/ 225

第 5 章　录音与音响控制　/ 228
5.1　声音拾取原则　/ 230
5.1.1　话筒　/ 230
5.1.2　声音控制　/ 241
5.2　声音的录制　/ 246
5.2.1　模拟录音设备　/ 246
5.2.2　数字录音设备　/ 248
5.2.3　模转数　/ 249
5.2.4　合成声　/ 250
5.3　声音美学　/ 250
5.3.1　环境　/ 250
5.3.2　主体—背景关系　/ 251
5.3.3　透视　/ 251
5.3.4　连贯性　/ 252
5.3.5　能量　/ 252
5.4　实训创作　/ 253
5.4.1　声音的艺术特点　/ 253
5.4.2　声音在作品中的作用　/ 254

5.4.3 基本音频操作 / 254

第6章 录 像 / 258

6.1 **录像带录制系统** / 260

6.1.1 基于磁带和磁盘的录制系统 / 260

6.1.2 录像带的基本磁迹 / 260

6.1.3 合成、Y/C 分量以及 RGB 分量系统 / 262

6.1.4 磁带录像机的种类 / 262

6.1.5 时基校正器 / 264

6.1.6 磁带格式 / 264

6.2 **实训创作** / 264

6.2.1 “前期”核对表 / 264

6.2.2 “拍摄中”核对表 / 265

6.2.3 “拍摄后”核对表 / 265

第7章 HDTV 摄像机 / 266

7.1 **数字信号处理成像应用技术** / 268

7.1.1 3CCD、CMOS 成像原理 / 268

7.1.2 电子快门的选择 / 270

7.1.3 色温 / 271

7.1.4 细节电平 / 272

7.1.5 动态对比度控制 / 273

7.1.6 伽马校正 / 273

7.1.7 线性矩阵 / 274

7.2 **高清电视摄像成像技术** / 276

7.2.1 高清电视的技术标准 / 277

7.2.2 高清电视摄像机的特点 / 277

7.2.3 高清电视与标清电视清晰度的比较 / 278

7.2.4 曝光技术 / 280

7.3 **实训创作** / 284

7.3.1 高清 16∶9 画幅 / 284

7.3.2 色彩调整 / 287

7.3.3 运动控制 / 288

7.3.4 定点聚焦与聚焦辅助 / 290
7.3.5 变频拍摄 / 291
7.3.6 光圈控制 / 291
7.3.7 照度控制与设定 / 291
7.3.8 拐点校正 / 291
7.4 视频示波器的使用 / 292

参考文献 / 295

THE TECHNOLOGY OF CAMERA OPERATION AND THE PRODUCING OF TELEVISION

THE TECHNOLOGY OF CAMERA OPERATION AND THE PRODUCING OF TELEVISION

The Structure and the Function of the Digital Camera

第 1 章

数字摄像机的结构与功能

本章主要从数字原理、数字摄像机的基本组成、摄像机的调试与功能设定、摄像机的主要技术指标、摄像机的分类以及实用延伸等几个方面，对数字摄像机的功能与应用进行了较全面的介绍和说明，并从创作的角度思考设备的应用取向和驾驭设备的能力。

【本章学习要点】

对于专业人士和爱好者来说，把握摄像机的结构和功能要比会使用摄像机来得更重要，因为对设备功能的使用效果直接受到使用者对设备了解程度的限制，所以表面看来枯燥的技术问题却能为你打开艺术创造的大门。本章具体讲授摄像机功能、镜头、分光仪、成像装置四部分内容，属于运用、操作摄像机的技术部分。我们认为，只有对设备结构、技术性能有一个透彻的了解，才能更好地驾驭设备为自己的创作服务；最后，还要强调的是，要做到技术与艺术的融合，首先要从对摄像机技术性能的掌握开始。

【本章内容结构】

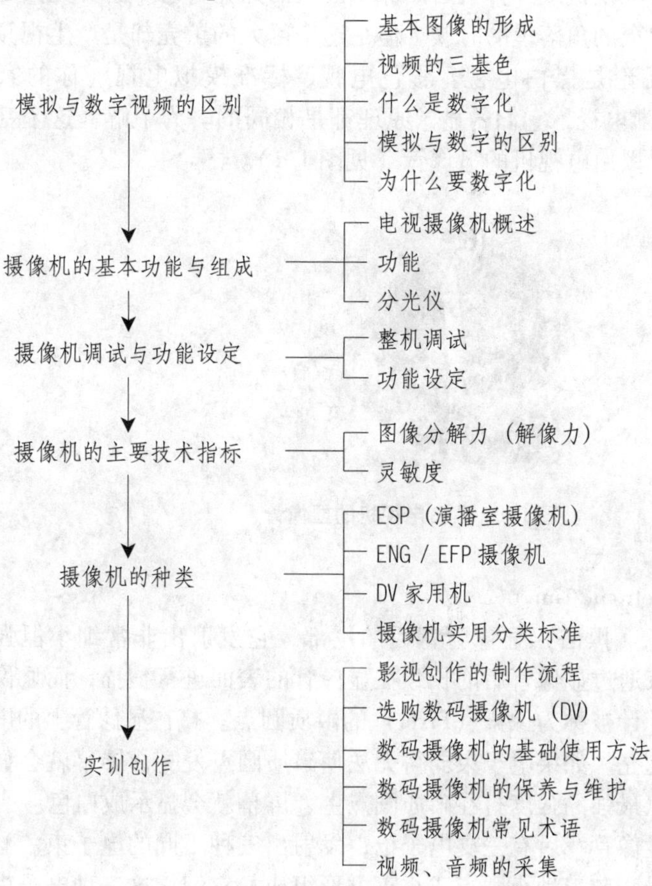

1.1 模拟与数字视频的区别

在介绍摄像机的基本功能与组成之前我们需清楚几个基本问题：一是基本图像的形成、隔行扫描、逐行扫描以及数字电视扫描系统；二是视频的三基色——红、绿、蓝；三是数字化是什么、模拟信号与数字信号的优劣、什么是取样；四是要数字化的原因、人工合成、画面质量、压缩与信号传输、图像效果以及图像处理。

1.1.1 基本图像的形成

你有时可能会对电视机或计算机后面那个巨大的黑壳百思不解，尤其是当你试图把它放到一个狭窄的角落里的时候。但是这个巨大的黑壳却是产生视频图像不可缺少的东西。无论是黑白电视、彩色电视、标准模拟电视（你的家里就有），还是数字高清晰电视，它们的显像原理都是相同的。为了解释这个基本原理，先让我们来看看黑白电视机的显像管（见图 1.1）。

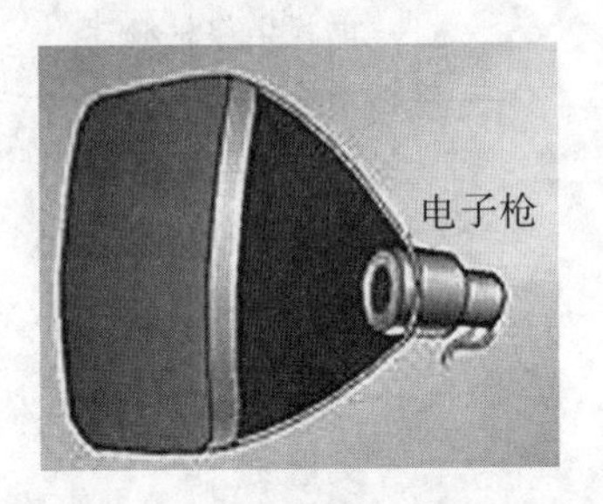

图 1.1 黑白电视机的显像管

1. 电子枪（Electronic Gun）

电子枪位于单色（黑白）显像管背后的尾部，它发射出非常细小但强烈的电子束。这个电子束通过显像管后的长颈在显像管的表面进行扫描，而显像管的表面则覆盖着数以千计被称为像素（Pixel）的磷质圆点。打在显像管上的电子束越强，磷质圆点就越亮。如果电子束弱得无法使磷质圆点发亮，屏幕就会显示成黑色；如果电子束以最强的强度打在磷质圆点上，屏幕就会显示成白色。

彩色电视机的显像管背后有三支电子枪，发射出三种不同的电子束。彩色显像管的表面由红、绿、蓝三种小圆点或小正方形组成，它们靠这三种电子束来激活，其中一种电子束始终打在红点上，第二种打在绿点上，第三种打在蓝点上，这三种电子束强弱的不同组合形成了我们在屏幕上见到的所有颜色。我们将在后面讨论三基色以及它们如何组合在一起形成其他颜色。

2. 扫描处理

由电子枪发射出来的扫描电子束用所谓的扫描来“读”电视机屏幕，这更像我们读书的方式：从左到右和从上到下。然而，电子束扫描电视机屏幕与扫描电脑监视器有一点不同：电视机是隔行扫描，电脑监视器是逐行扫描。

① 隔行扫描。我们在家中用的标准电视机常被叫做PAL制式TV。为了更好地与世界接轨，我们首先以美国NTSC（国家电视系统委员会，National Television System Committee的缩写）为例，看隔行扫描的运行方式（有关电视制式在本章后面讨论）。

NTSC系统采用隔行扫描（Interlaced Scanning），这就意味着它并不完全像人阅读的方式，电子束第一遍扫描时只扫描奇数行（见图1.2），之后电子束返回屏幕的顶点开始扫描所有的偶数行（见图1.3），电子束用1/60秒扫描所有奇数行，并产生一个场（Field），随后又同样扫描所有的偶数行，也用1/60秒的时间产生另一个场。这两个场组成一个完整的电视画面（即一帧），共花费1/30秒（见图1.4）。因此每秒钟有60个场，即30帧。

需要说明的是：两场构成一帧的目的是实现刷新率不低于1/60秒，同时隔行扫描又能降低数据量的处理。

NTSC系统：一个标准电视帧由两个扫描场组成，每秒有30帧。在标准的电视系统NTSC中，一个完整的电视帧由525个扫描行组成。

② 逐行扫描。在逐行扫描（Progressire Scanning）系统中，电子枪像我们阅读一样按顺序扫描每一行。和隔行扫描一样，电子束从屏幕的左上角开始扫描第一行，之后重新跳回第二行的左边开始扫描，之后是第三行，依此类推。在最后一行扫描完成后，电子束回到左上角最初的出发点，开始第二遍扫描。每一行都要依次扫描（见图1.5）。与每一个扫描周期产生半个帧（一个场）的隔行扫描相反，逐行扫描的每一个扫描周期产生一个完整的帧。为了避免画面闪烁，要求逐行扫描的刷新率（Refresh Rate）（即完整扫描周期数）每秒至少达到60帧。

在逐行扫描中，电子枪从左至右、从上至下扫描。每一个扫描周期产生一个完整的帧，要求至少每秒60帧的刷新率。

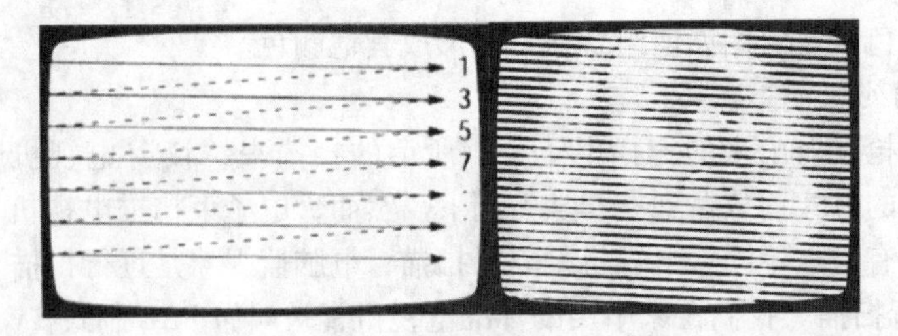

图 1.2　奇数行扫描

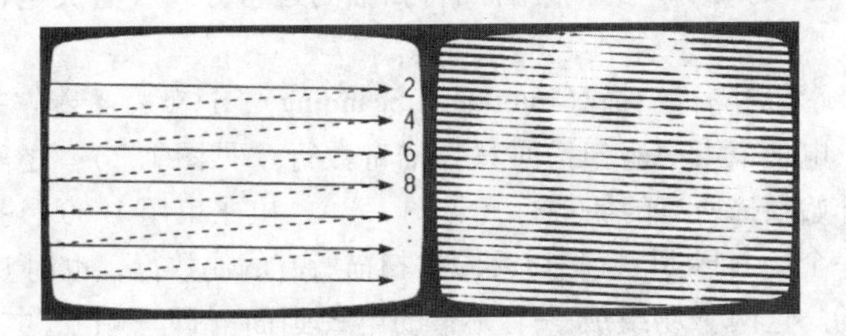

图 1.3　偶数行扫描

图 1.4　帧画面

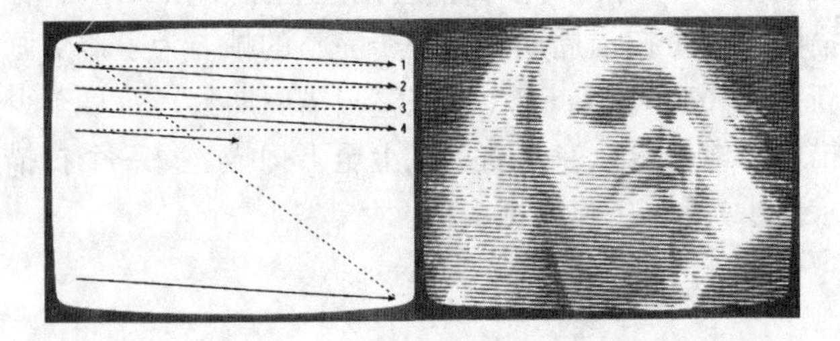

图 1.5　逐行扫描

3. 数字电视扫描系统

① 高清晰数字电视（Hig-resolution Digital Television Systems，缩写 HDTV）采用逐行扫描和隔行扫描两种方式。之所以采用逐行扫描，是因为该种方式可以得到更清晰的画面并轻松地进行压缩处理（我们将在后面的部分讨论压缩）。但比起隔行扫描，逐行扫描的缺点是它要求的带宽更宽。而采用隔行扫描，则是因为隔行扫描可以在不占用太多带宽的情况下扫描更多行。

在美国电视制作和家庭收视中用得最多的三种数字电视：逐行扫描的480p、720p 和隔行扫描的 1080i 系统。这三种系统产生的画质都优于标准电视。数字电视组成了高清晰电视系统。比起普通电视（NTSC）系统，HDTV 系统的画面更加精致。720p 和 1080i 都属于 HDTV 系统。

480p 系统：480p 系统的电视画面由逐行扫描的 480 个行组成（只比我们在 PAL 系统中见到的 525 行略少），每秒产生 60 个完整的帧（不是场）。尽管其画面看起来非常明晰，却不属于 HDTV 系统。

720p 系统：720p 系统的电视画面由逐行扫描的 720 个行组成，其扫描周期为 60 帧/秒。由于产生的行数和帧数很多（是 NTSC 系统的两倍），产生的画面极其清晰，因此将它归入 HDTV 系统。

1080i 系统：1080i 系统采用隔行扫描技术，每秒只产生 30 帧（60 个场）。但由于其扫描的行数多，能产生优质的画面，因此也属于 HDTV 系统。

② DTV 数字电视扫描标准：480p、720p 和 1080i（美国）。

③ 各国制式的区别。

NTSC、PAL（逐行倒相，Phase Alternating Line 的缩写）、SECAM（又叫塞康制，Sequentiel Couleur A Memoire 的缩写）三种制式中，NTSC 制为美、日所使用，PAL 制为欧洲各国、中国所使用，塞康制为法、俄所使用。NTSC 电视标准为每秒 29.97 帧（简化为 30 帧），电视扫描线为 525 线，电视标准分辨率为 720 ×486，24 比特的色彩位深，画面的宽高比为 4∶3（还有 16∶9）。PAL 有时亦被用来指 625 线，每秒 25 格，隔行扫描，PAL 色彩编码的电视制式。PAL 发明的原意是要在兼容原有黑白电视广播格式的情况下加入彩色信号。PAL 的原理与 NTSC 接近。“逐行倒相”的意思是每行扫描线的彩色信号，会跟上一行倒相。作用是自动改正在传播中可能出现的错相。早期的 PAL 电视机没有特别的组件改正错相，有时严重的错相仍然会被肉眼明显看到。近年的电视会把上行的彩色信号跟下一行的平均起来显示。这样 PAL 的垂直色彩分辨率会低于 NTSC。但由于人眼对色彩的灵敏度不及对光暗的灵敏度，因此这并不是明显问题。SECAM 制的主要特点是逐行顺序传送色差信号 R－Y 和 B－Y。由于在同一时间内传输通道中只传送一个色差信号，因而从根本上避免了两个色差信号的相互串扰。亮度信号Y仍是每行都必须传送的，所以SECAM制是一种顺序同时制。

由于美国的电源供应是110V/60Hz的，为了避免电源带来不必要的干扰，美国的NTSC制采用和电源相同的频率：60Hz。在欧洲和我国制定标准的时候，都选用了和电源相同的频率：220V/50Hz。在现在的技术下，早已可以把电源的同频干扰消除得干干净净，所以50Hz和60Hz的电源供应造成的影响完全不必考虑了。

PAL制和NTSC制比较：PAL制视频带宽6MHz，水平扫描线625条，实际图像区域576条，场频50Hz。视频带宽，水平清晰度好，垂直清晰度高。系统复杂，成本稍高，大面积白色时的闪烁明显（由于刷新率不够造成）。

NTSC制视频带宽<4.5MHz，水平扫描线525条，实际图像区域480条，场频60Hz。场频高，在出现大面积白色图像时，更多的人看不到闪烁。电视解码系统简单，成本低。清晰度低，行间闪烁明显。

事物总是螺旋式发展前进的，进入高清PAL制的国家出现了困难。虽然原来采用NTSC制的国家忍受了几十年的NTSC制的毛病，但是，在进入HDTV时代后，已不再有“清晰度低和行间闪烁明显”的问题。而如果PAL制国家采用60Hz则可以有效避免“大面积闪烁”的问题。

1.1.2 视频的三基色

当技术人员谈论RGB时，他们指的是红、绿和蓝电视三基色或它们相应的信号。红、绿和蓝被称为“基本色”，这是因为它们可以以不同比例组合形成其他所有的颜色。镜头中产生的所有画面的颜色都可以被分光镜分解成这三种基本的颜色（见下一章）。不要将电视三基色（光的三基色）与绘画（颜料）的三原色（红、黄、蓝）混淆。我们将在后面讨论为什么叫它们三基色，以及它们如何混合形成其他颜色。

1.1.3 什么是数字化

所有采用“开/关”或“是/否”值进行操作的数字视频和计算机都基于二进制编码来表示。“开”的值用1表示，“关”的值用0表示。这些二进制数字（Binary Digits），简称比特（Bits），采用的是灯泡的原理进行操作：遇到1，灯泡就亮；遇到0，灯泡就灭。在数字（Digital）世界里，相应的数字表示相应的状态，开/关脉冲的取值只能在0和1之间选择，就像灯泡不可能处于半开半关状态一样。所有数字系统都基于二进制开/关、是/否的原理。开的状态用1表示，关的状态用0表示。

1.1.4 模拟与数字的区别

由于模拟信号与数字信号之间的技术差别相当复杂，在模拟信号（Analog Signal）的形象化过程中，信号随原波形一同波动。其过程就像一个引导你到达一定高度的缓缓上升的斜坡，无论你是小步前行还是大步迈进，最终都将到达楼梯的顶部（见图1.6）。

数字信号则更像一个楼梯，有着许多跨度相同的台阶，引导你到固定的高度。这一点非常像数字世界的是/否，你要么在台阶上，要么在台阶下，不可能在两个台阶之间（见图1.7）。

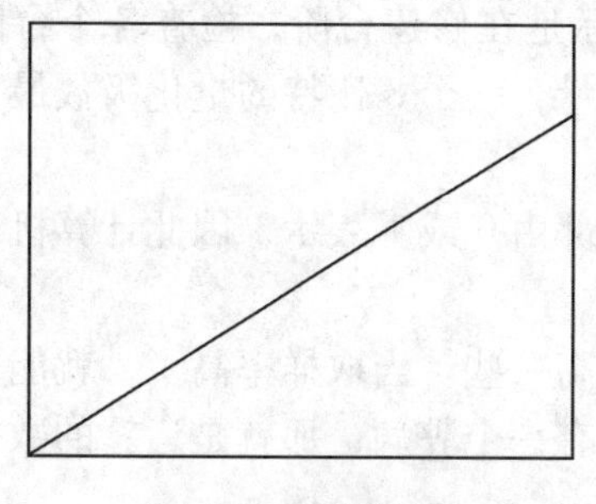
图1.6 模拟信号

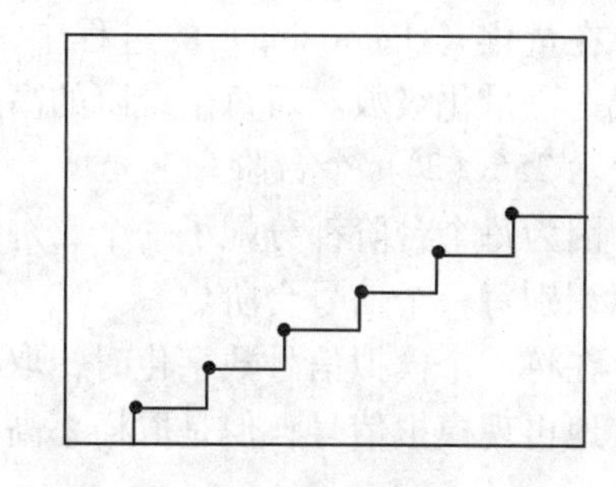
图1.7 数字信号

从技术角度来讲，这个上升被分解成一系列的台阶，每个台阶都可以用一个数字来表示。虽然将模拟信号转换为数字信号的过程包含若干个步骤，但其中最重要的两个步骤是取样和量化。

1. 取样

在取样（Sampling）过程中，将斜坡（模拟信号）上一定数量的点定为修建台阶（数值）的点。如果取样率较低，沿着斜坡得到的点就越少，那么得到的台阶跨度也就越大。很显然，只靠这几个跨度大的台阶并不能很好地代表斜坡（即原始的模拟信号）（见图1.8）。

相反，如果取样率较高，得到的台阶就小而多，体现出的斜坡就比较接近原始的形态（见图1.9）。

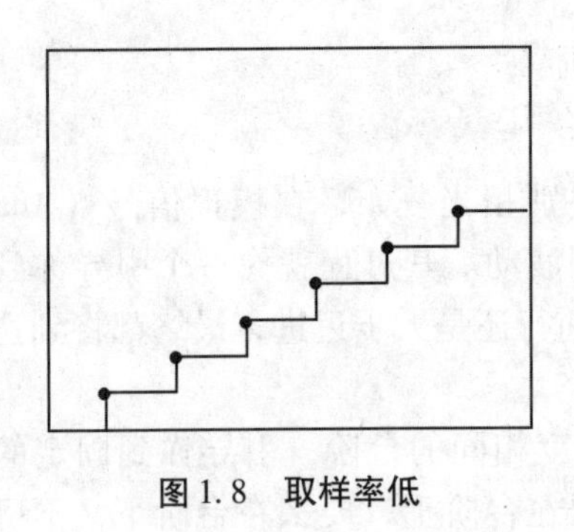
图 1.8　取样率低

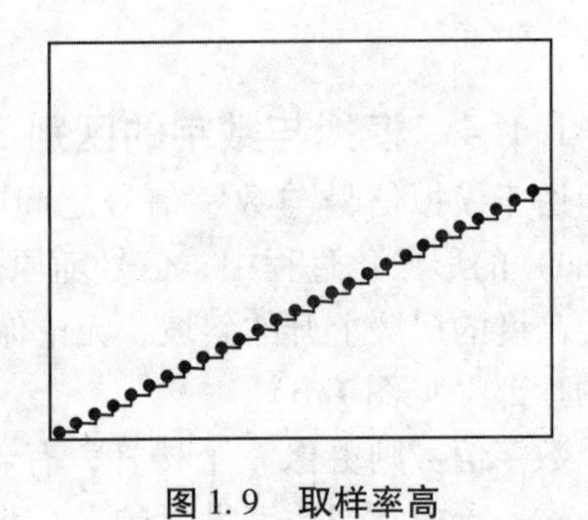
图 1.9　取样率高

2. 量化

在量化（Quantizing）的过程中，我们实际是在修建台阶，检查各个台阶的高低——量化级数。对每个台阶的高度进行测量，一个 8 比特的量化级数最大可以表示 256（2^8）个台阶。

因为每个台阶都分配了一个二进制数，全部由 0 或 1 表示，因此计算机现在可以识别每一个信号台阶。

在将一个模拟信号数字化时，取样率最好高一些。当取样率高了，就能更加真实地再现模拟信号；但是取样率高了同样也有一个弊病，那就是运算的数据量多了。

1.1.5　为什么要数字化

既然模拟信号效果不错，为什么我们还要进行数字化变革？主要原因正是在这看似粗糙的开/关原理中：这种转变能最大限度地减少所有不必要的中间值，也叫人为值。你只能处于两种状态：要么站在这级台阶上，要么站在这级台阶下；如果是灯，则只能是亮或灭，数字系统（二进制）会忽略半明半暗的状态。在技术语言中，数字系统是一个有力的、健全的系统。在视频领域运用数字系统的优势主要体现在以下几个方面：画质、压缩与信号传输，以及特技效果与图像处理。

1. 画质

除了高度清晰的画面之外，比起模拟视频系统，数字电视的颜色及黑白对比度也更好。这一优点在视频录制及剪辑时特别明显。数字化录制的节目质量即使在多次磁带复制下也不会有损伤，一个复制盘是原始母带的众多拷贝中的一个。比如，第一个拷贝盘是直接从母带复制的，而第二代拷贝则是从第一个拷贝盘复制的。

但如果采用模拟设备，每一个后代拷贝都会将前一个拷贝丢失的微弱信号放大，其情形与随着影印的次数逐渐增多，文字越来越模糊一样。即使用最好的模拟设备进行复制，在复制几代之后也会出现画面丢失的现象。而如果采用数字视频录像设备，后面几代复制的画质效果与原始画质的差别微乎其微，这种特性叫明晰度。有些数字录制系统产生的图像即便在复制30次后仍很少有损失。这种优点对后期制作运用复杂特技十分有利。

2. 压缩与信号传输

如果只有一个公文包却有太多的材料要装，你会怎么办？数字系统时刻都要面对这样的问题。即使是高容量的数字系统，往往也没有足够的空间和带宽去传输大量的视频和音频信息，而这些优质信息是那些动人的优质画面和声音所必需的。在数字领域中，对付这个难题的办法是压缩（Compression）。在储存巨量文件时，可以将它们压缩进Macintosh系统或Windows系统，然后在需要重新打开的时候再解压缩。

① 无损压缩。这表示你在将资料放进公文包时不想落下任何东西。因此，为了装下所有的材料，你必须重新收拾包裹，希望能将所有的东西都装进去。采用无损压缩，你不会丢失任何信息，只是出于方便储存和传输的目的而对文件重新进行整理。难题在于，系统仍然要处理超大的文件。

② 有损压缩。现在，你不得不决定到底将哪些文件放进公文包。你真的需要3双鞋吗？只要1双行不行？只要1件而不是4件绒衣怎么样？有没有可能1件都不要呢？有损压缩不得不作出类似的选择。它们将一些不是绝对需要的数字信息删掉或丢掉。例如，计算机推测你正在行走的那片草地在下一帧时不会由绿色变为红色，于是，系统就不在每一帧中都传输绿色，而是只保留一帧中的绿色信息。有损压缩的最大优点是你出门时不必带一只巨大的公文包，也就是说，用较小的数字存储空间来储存较大的数字信息。目前两个比较流行的压缩标准JPEG和MPEG-2都属于有损压缩。前者读作“jay-peg”，为设置该标准的影像专家联合组（Joint Photographic Experts Group）的缩写形式；后者读作“em-peg”，为运动画面专家小组（Moving Picture Experts Group）的缩写。

③ 为提高储存能力和加速信号传送，压缩删除了冗余信息。一般压缩分为帧间压缩和帧内压缩，而帧间压缩是压缩比比较高的压缩形式。

3. 特技效果与图像处理

比起模拟视频特技，数字视频特技（DVE）的灵活性更大。例如，在模拟系统中，想在较小的帧中压缩一个大的画面而不丢失任何画面内容是不可能的；而用数字设备，你却可以创造大量的复杂特技并将它们储存起来以备不时之需。在数字设备或非线性编辑当中，你可以在计算机屏幕上同时显示大量的帧，同时通过鼠标移动轻松地改变它们的次序。有了扫描仪这类数字设备，你便可以将任何实拍的图像数字化并随意调整：可以改变它的形状、大小、亮度、颜色和对比度，可以让它在画框中做弹跳运动。此外，数字系统还给你创建视频与音频的合成图像提供了条件。有了计算机，你可以不再依靠真正的光线和声音，而完全可以创建自己的数字世界。我们将在后面探讨主要的模拟及数字特技。有了数字视频的知识，下面我们就可以认识数字摄像机的基本功能与组成了。

1.2 摄像机的基本功能与组成

摄像机所有基本功能的实现决定了它的组成系统，反之，摄像机的机构与组成也对其功能产生决定性影响。摄像机不仅是电视新闻拍摄、电视片制作必备的工具，同时也是人类用影像认识和作用于社会的触角。认识这个人类用于影像艺术创作的工具，首先要从其技术结构和组成开始。

1.2.1 电视摄像机概述

作为电视节目制作最前端的彩色电视摄像机，其作用就是将景物的光图像分解成红、绿、蓝三幅光图像，分别聚焦在三个摄像器件的光敏面上，然后由摄像器件（电荷耦合器件）进行光电转换，扫描出三个基色信号，最后通过处理电路和编码电路，形成可以记录的全电视信号。

自20世纪30年代电视产生以来，经过几十年的迅猛发展，到如今大致经历了四个重要的阶段：

第一个阶段是20世纪30年代到60年代初，称为电子管时期。这个时期的电视摄像机全部采用电子管电路，体积庞大、耗电多、笨重，绝大多数为黑白摄像机，图像质量也不理想。如20世纪60年代初期使用的彩色电视摄像机的总重量，包括控制柜（实际上就是现在摄像机的机身部分）在内约有500kg，耗电达3kW，尽管超正析摄像管摄像机在清晰度和灵敏度等方面都比较高，但由于体积过大、过于笨重，使得采用三只或四只超正析摄像管的彩色电视摄像机在演播室以外的使用受到很大的限制。

第二个阶段是20世纪60年代初到70年代末，称为晶体管和集成电路时期。这个时期，由于晶体管和集成电路技术的发展，使电视摄像机的体积和重量主要取决于光学系统和摄像管，而氧化铅管的应用，使摄像机在体积、重量和各项电性能指标方面取得了突破性的进展。随后，带有ACT枪、DBC枪、二极管枪以及低输出电容二极管枪摄像管的研制成功，使摄像管的尺寸进一步减小，图像质量得到进一步提高，其性能基本达到了广播级的标准，并开始向小型化方向发展，给电视新闻采访和外景拍摄提供了极大的方便。

第三个阶段是20世纪80年代末，称为大规模集成电路时期。这个时期由于大规模集成电路和微处理机控制技术的发展，使摄像机的调整和控制基本实现了全自动化，摄像机的功能与质量产生了质的飞跃，并开始向数字化和固体化方向发展。ENG（电子新闻采集）和EFP（电子现场节目制作）超小型便携式彩色电视摄像机被广泛应用于广播电视和专业领域。CCD电视摄像机在占领了家用领域后，也开始进入广播电视专业领域。

第四个阶段是20世纪90年代以后，称为数字摄像机时期。这个时期广播级、专业级和家用领域的摄像机已全面实现数字化，数字CCD摄像机已开始淘汰真空管摄像机，并成为摄像机的主流（见图1.10）。

图1.10 数字摄录一体机

进入21世纪以来，数字高清技术获得巨大发展，高清摄像机也开始走入人类的生活。尤其是北京奥运会用高清信号进行转播，给我国高清电视产业的发展提供了契机，截至2010年，全国已有九个频道开播了高清节目，数字化技术给电视制作的前期和后期都带来了突破性的进展。在摄像机的发展历程中，数字技术的引入具有划时代的意义。

由于CCD和CMOS是模拟器件，摄像机的数字化只能从信号处理电路开始，所以严格地讲，数字摄像机应该称为数字信号处理（DSP）摄像机。一般将数字信号处理电路占整个电路70%以上的摄像机称为数字摄像机。

1.2.2 功能

当你扛起一台摄录一体机（Camcorder），你肯定不会为录制发愁，但你一定会为你录制不出好效果的画面和声音而感到头疼。在完成一个拍摄计划之前，你觉得自己应该有一台摄录一体机，学着用它，以便了解怎样才能得到有效的画面。你在拍摄 MTV 片段时遇到的摄像师一定会告诉你，掌握摄像机如何工作是制作有效视频和理解视觉传播一般要求的必要前提。

不管其形状、价格和品质如何，也不论是数字摄像机还是模拟摄像机，它们的工作原理都一样：将镜头所能看到的光学图像转换成相应的视频画面。更具体地说，摄像机将光学图像转换成电信号，然后再通过电视接收器将它转换成可视的屏幕图像。

为了实现这个功能，要求每部摄像机具备三个基本组成部件：镜头、摄像机机身以及寻像器（见图 1.11 和图 1.12）。

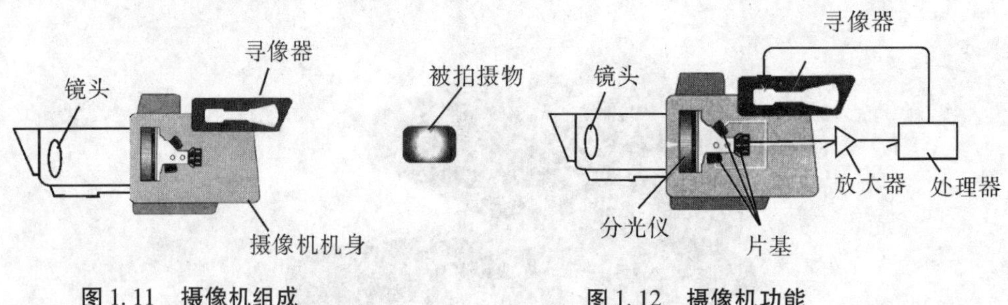

图 1.11　摄像机组成　　图 1.12　摄像机功能

如图 1.12，摄像机将镜头看到的光学图像转换成屏幕上相应的画面。镜头搜集从一个物体反射回来的光，将其传送给分光仪，由它将白光分解成红、绿和蓝三种光束。CCD 再将这些光束转换成电能，这些电能经过放大和处理后又被寻像器转换成视频画面。

镜头从摄像机瞄准的景色中选取一部分，形成一个清晰的光学图像。摄像机内有一个分光仪和一个成像器，它们将镜头中的光学图像转换成微弱的电信号，然后不同的电子部件再将这些信号放大并进一步处理。寻像器将这些电信号转换成视频图像（见图 1.11）。为了解释这个过程，我们首先从镜头如何工作，如何看一个场景的特定部分开始讲起，然后再讲分光仪和成像设备，最后讲电视接收器如何将视频信号转换成视频画面。了解这个基本过程将有助于你更有效地运用摄像机，有助于你了解如何调整其他制作元素（如光）来满足摄像机的不同需求。

1. 镜头

镜头决定了摄像机能看见什么。镜头按其焦距（Focal Length）来分类，而焦距则是对镜头光圈到焦点内被拍摄物之间的距离的度量。这种度量假设镜头距离设为无限远，通常以毫米来表示。因此，近物摄像机的镜头可能从 24 毫米到

200毫米。镜头还可以按其从某一点能看见的宽度范围来划分。广角镜头（短焦镜头）看见的景别相对更宽（见图1.14），而窄角镜头（长焦镜头）看见的景别相对较窄，背景非常明晰（见图1.15）。

影视图像的质量在很大程度上取决于镜头的光学质量。这就像话筒一样：如果话筒质量低劣，即使用最好的录音设备也无法产生出高质量的声音。

图1.13　标准镜头

图1.14　广角镜头

图1.15　长焦镜头

镜头一般按能否改变焦距分为定焦镜头和变焦镜头；也可以按焦距分类为广角、标准（见图1.13）和长焦镜头；还可以按艺术效果分类为电影镜头、演播室摄像机镜头、特效镜头、普通镜头等。

2. 焦距

变焦镜头可以从短焦（或广角）的位置连续过渡到长焦的位置。短焦变焦位置让你得到的视野更宽（透视效果好），比在长焦位置上看见的范围更广。若想将变焦镜头变成极端的广角，必须将镜头全部拉近，这时你眼前的景别相对更大，但中间和背景物体看起来会显得非常小、非常远。

在使用预设变焦镜头（标清）时，可以把最远的可见物作为对象进行聚实，然后拉回广角，这时你所拍摄的画面都是实的；而高清预设变焦镜头的做法则需用定焦聚实的办法（见图1.14）。

将镜头全部推出将使镜头处于长焦（窄角）的位置。这时，镜头选中的图像会变得更窄，但更大。由于长焦的功能就像一只双筒望远镜，因此，它又被称为望远镜头或望远变焦镜头（见图1.15）。

如果将镜头在变焦幅度的中间（即在极端广角与极端窄角之间）停住，得到的镜头位基本上可以算正常。所谓的正常，指接近我们用肉眼直接看被拍摄对象的感觉（见图1.13）。

由于变焦镜头的焦距变化幅度非常大，可以从极端广角变到极端窄角，因此又被叫做可变焦镜头。

从实用角度看，短焦给了我们更大视野，长焦能让我们对视野中的个别事物进行特别关注；从美学意义上看，短焦通过夸张的表现手法，让我们感受场景的宏大，视野也更加开阔，长焦则是强调和忽略手法的并用，标准镜头则是人眼正常观察的效果，缺少艺术韵味。

3. 变焦幅度

变焦幅度（Zoom Range）也叫变焦比率（Zoom Ratio），指运用变焦镜头从最远的广角位推到最近的长焦能得到的影像。比率中的第一个数字越高，从最近的广角位得到的对象就越近。在从最近的广角位推到最远的长焦时，20 倍变焦镜头将使景别变窄 20 倍。在实际操作中，你可以从广角位推拍到很好的特写。20 倍变焦幅度也可以表示为 20×（见图 1. 16）。

图 1. 16　20 倍变焦镜头的最大广角和最小长焦

变焦比率越大，意味着你的艺术表现能力越强，反之亦然。

① 光学镜头和数码镜头之间有着很大的差别。光学变焦靠镜头中的镜头部件改变景象的角度；而数码变焦则只是将像素放大，使景象产生推拍的感觉。数码变焦的问题在于像素放大后照片会变得不够清晰，因此使用数码变焦拍出来的近镜头难免有些模糊。光学变焦不会影响照片的清晰度，这就是光学变焦镜头为人们所喜爱的原因。

② 一些用于体育与户外活动报道的大型摄像机镜头甚至有 40 倍或更大的变焦比率。这些镜头与连接支撑他们的摄像机一样大，有时甚至比摄像机还大。有了这样的镜头，你便可以从整个橄榄球场的广角开始推进拍摄某主攻手的面部特写。在这种情况下变焦幅度必须大，因为摄像机通常安装在体育馆的顶部，远离比赛场地。它们无法像便携式摄录一体机那样接近事件，因此只能靠变焦镜头将事件拉近机身。

③ 镜头的焦距决定了你能看到多少景象，决定了这个景象离你的距离（景别）。除此之外，它也同样决定了你能在多大范围内移动摄像机，决定了观众能看到什么效果。我们将在后面进一步讲解这方面的知识。

光学镜头和数码镜头之间有着很大的差别还在于前者变焦具有新的美学意义，而后者不具备。

4. 快门速度

快门速度指单位时间内有多少光能进入镜头到达成像装置。大口径镜头（Fast Len）相对能让更多的光进入镜头；而小口径镜头（Slow Len）能进入的光则少得多。在实践中，相对于小口径镜头，大口径镜头在黑暗环境中产生的图像更能达到令人接受的程度，因而大口径镜头比小口径镜头更有用，但同时体积也更大，价格也更高。

依靠镜头上光圈刻度的最低值，便可以判断一只镜头属于大口径还是小口径。比如*f*/1.4或*f*/2.0。数字越小，镜头的快门速度越快。

实际上，快门速度也被称为曝光时间，快门速度与被拍摄对象的运动节奏或频率有关，二者需要协调一致。例如拍摄电脑屏幕时，电脑屏幕刷新率是1/75秒，而正常摄像机的快门（仿人眼）是1/60秒，那么你就要调整快门或电脑的刷新率，这样你拍摄的画面才不会有闪烁；拍摄运动物体时，也要计算运动对象的速度，适当调整摄像机的快门速度；如果环境比较暗或亮，也要调整快门速度。还可以通过慢快门调整来制造运动拖尾效果等。

5. 光圈和*f*值

和人眼睛里有瞳孔（Iris）一样，所有的镜头都有光圈，以便控制光的进入。在光照好的环境中，眼睛会通过缩小瞳孔“光圈”来限制光的数量；而在昏暗的环境中，眼睛则通过扩张瞳孔来让更多的光通过。

光圈的工作原理和瞳孔一样，光圈正中有一个可调节的孔，叫做孔径（Aperture），可以放大和缩小。通过改变孔径的大小，便可以控制进入镜头的光量。如果被拍摄对象上的光线较少，可以通过变大孔径而让更多的光进入，这叫做“打开镜头”或“打开光圈”；如果被拍摄对象上的光线充足，则可以通过变小孔径而限制光的通过，相当于“关闭镜头”。这样便可以控制图像的曝光程度，使它看上去既不太暗（光线不足）也不太亮（光量过）。

现在，你也可以用技术味更浓的词语来解释大口径镜头和小口径镜头了。在最大光圈值的时候，大口径镜头比小口径镜头通过的光要多。

光圈可以实现的艺术效果有很多，小光圈可以增加被拍摄对象的层次感，而大光圈可以模仿人眼专注于个别对象的效果，前者多用于黑白影像，后者有助于摄像者对光线较差的环境进行真实的再现。

光圈值（F－stop）是我们判断镜头能进多少光的标准。所有镜头在其底部都有一个上面刻有一系列光圈数字（如1.7、2.8、4、5.6、8、11、16、22）、控制光圈开关的环。

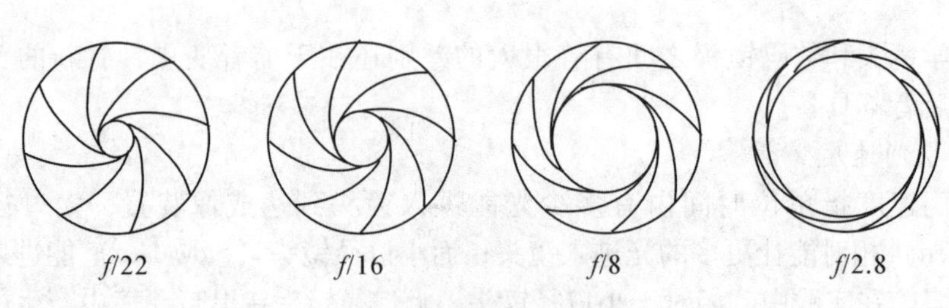

图 1. 17　光圈值的设定

当你转动这个圆环，将 f/1. 7 这个刻度与镜头上的标志对齐时，意味着你已经将镜头开到了它的最大孔径，这时，能进入的光线达到最大值；转到 *f/*22，则镜头关到最小孔径，只有极少的光能通过。大口径镜头的最大孔径应该为 *f/*2. 8 或更大。好镜头的光圈值可以小到 *f/*1. 4 甚至 *f/*1. 2。有了这种镜头，即使光线非常弱，你得到的图像也比最大孔径为 *f/*4 的镜头得到的好。

光圈值的数字越小，孔径越大，传递的光越多；光圈值的数字越大，孔径越小，传递的光越少（见图 1. 16）。

光圈值数字越小，光圈孔径越大，进入镜头的光越多。大口径镜头的光圈值数字要小些（如 *f/*1. 4）。

光圈值数字越大，光圈孔径越小，进入镜头的光越少。小口径镜头的光圈值数字要大些（如 *f/*22）。

光圈调整分自动和手动。实际操作过程中，往往是自动和手动结合起来使用的。其中手动是根本，自动是助手。因为只有手动才能真正实现你的艺术表现，否则就谈不上艺术性了。

1. 2. 3　分光仪

分光仪是摄像机进行光电转换的一个前端设备，也是对合成光进行分解的重要环节。

1. 分光仪（Beam Splitter）

分光仪是摄像机内部的一个重要构件，负责将普通白光分解成三基色——红、绿、蓝（RGB）。如果按不同比例将这三种光混合，这三种基色便能构成我们在电视上看到的所有颜色。

分光仪由一系列棱镜和滤光镜组成，一起装在一个棱镜块内（见图 1. 18）。棱镜块将进入的光束分解成三种颜色，然后将这三基色光导入它们对应的成像仪内，成像仪进而将这些光束转化为电能——RGB 视频信号（见图 1. 19）。

图1.18 棱镜块

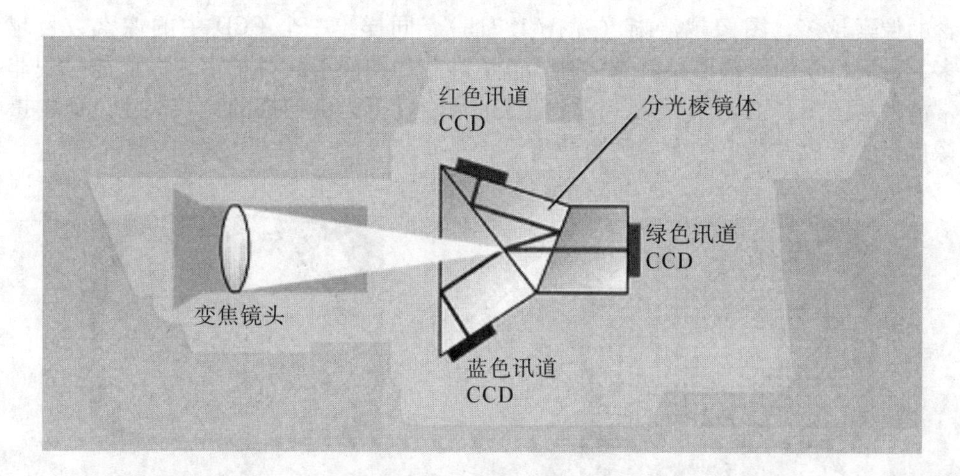

图1.19 三基色分光原理

而在把信号输出成为电视画面时，不同强度的电子束撞击屏幕上的发光体产生出不同亮度、不同色彩的光电直接作用于人眼，所以在色彩表现上色彩亮度偏高。在特定光线的条件下，现实中一些色彩并不很明亮的物体通过屏幕显示而显得较为鲜亮，特别是色光三基色——红、绿、蓝更加明显。这同时导致电视画面在表现色调层次丰富的景物时不能充分表现出细微的色彩变化，色调中间层次减少，造成色彩表现上一定程度的失真。

正常人眼可以辨别出的同一色相的光度变化有600种之多，在电影银幕上能将同一色相的光度变化表现出100多个层次，而在电视屏幕上同一色相的光度变化仅有30多个层次。屏幕显示的局限性使电视画面在还原景物色彩层次上更加困难，特别是景物周围光线亮度过高或过低时，色彩失真现象更加严重。

三种基色是可见光中三种不可以分解的光，而它们按等量进行混合就可以合成白光（2R+2G+2B=白光），其中随着各自系数量的变化，可以合成可见光中的任何一种颜色光，它们共同遵循的是加色法。而颜料三原色遵循的则是减色法。“2R+2G+2B=白光”这个公式还说明了不同色光之间的关系，如2R+2G=黄光，而黄光与2B（蓝光）之间就是互补关系，对比度最佳，其余以此类推。

2. 成像装置

摄像机内的第二个重要构成部件是成像仪，又叫影像采集器，其职责是将光变成电能。大多数摄像机的成像仪都有一个CCD，也叫“片基”。这是一个非常小的固体状硅片，内有水平和垂直排列的成千上万个图像感光元素，叫做像素。每一个像素都能将自己接收到的光能转换为相应的电荷或电能。

像素的工作原理很像马赛克中的单个的瓷片或杂志图片中的一个点。图片中含的像素越多，图像越清晰（见图1.21b）。同样，一个CCD中的像素数目越多，最后呈现的屏幕形象就越清晰。高清晰芯片的像素数目很多，因而能呈现非常清晰的图像。正如你所见，视频图像的清晰度不光由扫描的行数决定，还由摄像机镜头及成像仪上的像素数目决定。

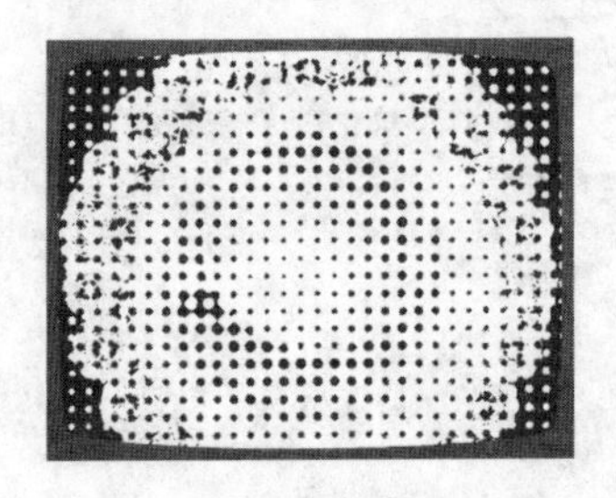

图1.20a　图像分辨率低

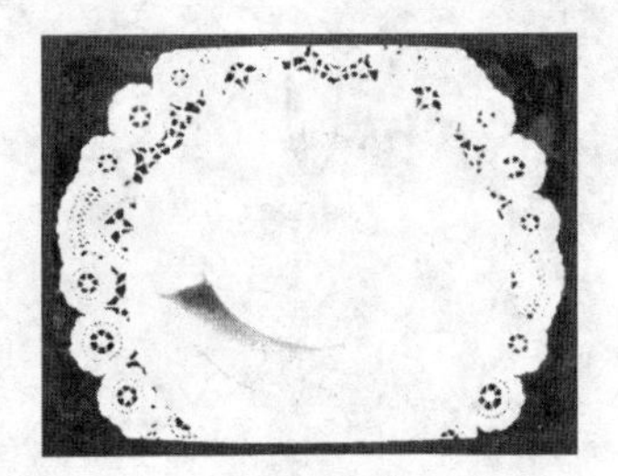

图1.20b　图像分辨率高

目前我国通行的电视技术标准为625行，每行800个像素，每帧画幅共约50万个像素。这些像素是构成电视画面的最小单位，单位面积上分解出的像素数目越多，显示出的画面就越清晰，越接近于真实。电视画面是附着于电视屏幕上的，有光、色显现的活动的可视图像。

CCD成像器件将影像的不同光转变成电能——视频信号。高级家用摄像机和所有专业摄像机都有三个CCD，每个CCD用于处理三基色中的一种光。但大多数小型家用摄录一体机只有一个硅片。这样，进入的白色光只能被一个滤色器分解成三基色，进而由一个CCD处理成单个信号。即使这个芯片质量高，拥有成千的像素，也只能给每种颜色分配三分之一的像素。因此，比之三个硅片同时使用，这时的颜色和清晰度就会出现失真的现象。

单芯摄像机的好处在于体积小。你会发现，一些数码单芯摄像机产生的图像同样也非常令人惊叹，完全可以与三芯摄像机的色彩还原度和分辨率媲美。

其实，CCD也有两种：全帧（Full Frame）的和隔行（Inter Line）的。这两种CCD的性能区别非常大。总的来说，全帧的CCD性能最好。其次是隔行的CCD。CMOS也可以替代CCD，但CMOS的综合性能最差。全帧的CCD最突出的优势是分辨率高和动态范围大，最明显的缺点就是贵、耗电。CMOS最明显的缺点是分辨率低，动态范围小和噪声大；优势就是便宜、省电。隔行的CCD比CMOS强的地方在于低噪声。总的来说，两种CCD的颜色还原都比CMOS强。CCD的大小也与画面质量有着直接关系，如3/4就比1/3的要好。

摄像信号处理。来自像素的电荷非常弱，在进一步处理成视频信号之前必须增强；然后，增强了的视频信号再通过寻像器和内置（或外接）录像器变成呈现在电视机上的图像（见图1.21）。这个过程会将RGB三基色与另一个携带着图像亮度、黑白等信息的信号结合。颜色信号构成色彩信号，即C信号（C为希腊文字chroma“颜色”的首字母大写）；黑白信号叫做亮度信号，即L或Y信号（L为拉丁文lumen“光”的首字母大写）。C信号和Y信号结合，产生一个合成信号，即NTSC信号，或简称NTSC（见图1.22）。

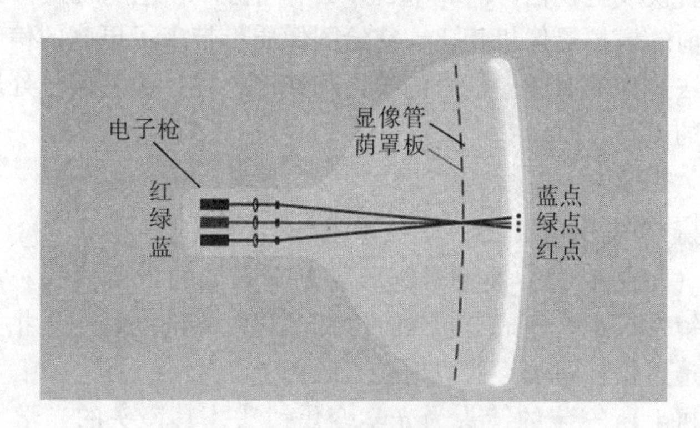

图1.21　彩色电视的成像模式

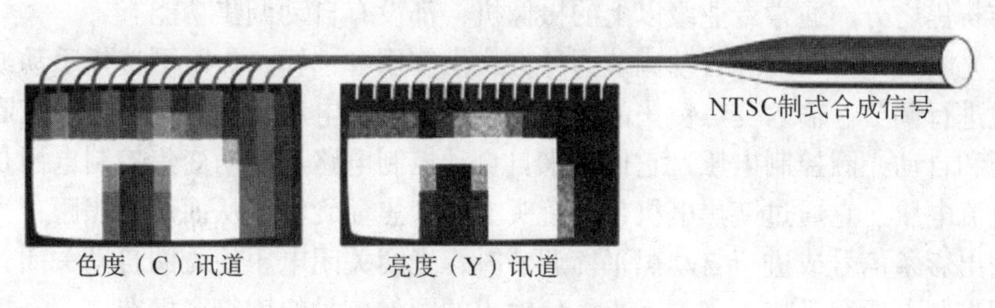

图1.22　NTSC信号

黑白信号叫做亮度信号（即 L 或 Y 信号），使电视画面无纯黑部分。电视屏幕在接通电源后有个基本亮度，主要是由电路本身的杂波信号影响所致，构成了无节目信号时的最低亮度。因此，当画面表现的是夜景效果时，画面上大面积亮度较低，甚至低于无节目信号时的基本亮度。由于杂波信号的影响，使画面中应暗的部分暗不下来，应表现为黑色的夜幕在画面中呈现出黑灰色。而在这一点上，电影拷贝上黑的部分则没有反光，从而形成黑色。所以电影画面能表现出较为纯正的黑色画面效果，夜景表现比电视更加逼真，并且在技术上容易处理。

对于电视画面中屏幕显示无纯黑部分的局限，在表现暗色调和黑色调时就要调动明暗对比的方法用明来衬暗。在表现夜景效果时，为了追求逼真的画面效果，与其说要处理好画面中暗的部分，不如说要处理好画面中亮的部分。

合成信号是 RGB 色彩信号和黑白亮度信号的结合。

1.3　摄像机调试与功能设定

摄像机是一个集光、机、电于一身的影像摄取工具，它的任务就是将景物影像的光学信号转换成电视信号。20 世纪 90 年代初，彩色电视摄像机开始向数字化过渡，与以前的模拟摄像机相比，它给图像质量带来了更高的信噪比，带来了模拟摄像机无法达到的对图像信号的校正和补偿，并且数字信号处理电路工作稳定，调整维护的工作量少。

1.3.1　摄像镜头

摄像镜头（见图 1.23）是使景物形成光学影像的重要器件。它如同摄像机的眼睛，由透镜系统组合而成，包含许多凹凸程度不同的透镜。拍摄物体时，被摄物体的光线透过摄像机的镜头投射在光敏面上。

通常摄像机上所安装的镜头为光学变焦镜头，其镜头的光学特征都是由焦距、孔径（光圈）及视场角构成。由于摄取的视场角不同，因此摄像镜头有广角与长焦之分。通常专业级以上的摄像机，都没有自动调焦功能。

光圈有手动调节和自动调节两种方式供使用者选择；焦距可选择手动或电动方式进行调节。输入变焦镜头的控制电压主要有：电动变焦控制电压、光圈关闭电压和自动光圈控制电压，它们都来自自动控制电路。电动变焦控制电压是可调的直流电压，它通过变焦电机带动镜头上的变焦环旋转，从而调节焦距；当摄像机输出彩条信号或进行自动黑平衡调节时，光圈关闭电压使光圈自动关闭；自动光圈控制电压用于控制光圈大小，使输出的图像信号幅度符合标准。

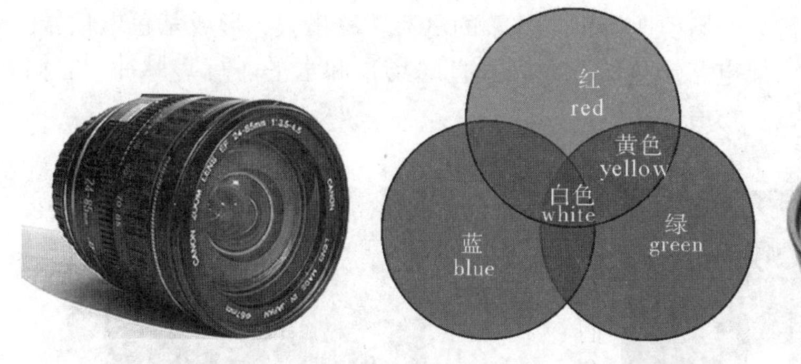

图1.23　摄像镜头　　图1.24　滤光镜原理

图1.25　滤光镜

1.3.2　内置滤光镜

内置滤光镜常称为滤色片，包括色温校正片和中性滤光片（见图1.24、图1.25）。

① 色温校正片用于白平衡的调节。在摄像机中，所谓白平衡是指当它拍摄白色（或灰色）景物时，输出的三个基色信号电平相等。这样，这种信号送给电视机时，就能在屏幕上重现不带任何色调的景物。白平衡是通过调整红、蓝两路增益自动实现的。为了适应多种光源，摄像机内一般都安装几个色温校正片，并将它们安装在一个圆盘上，在圆盘的边上写着它们的编号，使用时可转动圆盘，根据光源的实际情况将适当的色温校正片转到分光棱镜前。

② 在色温校正片上还镀有一层有一定透过率的中性滤光膜，它可使所有波长的光的透过率都得到降低，目的是在使用它时可以增大镜头的光圈，以达到当光线过强时阻碍一部分光线通过的目的或在某些特殊场合需要减小景深的艺术效果。

1.3.3　分光棱镜

分光棱镜的主要原理就是通过不同光在同一介质中的不同折射率，实现对合成光的分解。分光棱镜的结构与作用见图1.27，一个三棱镜可以把白光分解成不同的色光，而红、绿、蓝又是不可再分的单色光，而反过来，三基色光又可以合成任何一种可见光。

1.3.4　CCD器件及驱动脉冲形成电路

CCD器件（见图1.27）能将光学像变成电荷像，即每个CCD单元对应一个像素，它所积累的电荷量和光的强度、照射时间成正比。同时CCD器件在驱动脉冲作用下，一行行、一场场地将每个像素的电荷转移出去，形成基色电信号。驱动脉冲是由脉冲形成电路产生的一系列垂直（场）和水平（行）脉冲，它们必须保持和输入的行、场信号同步。

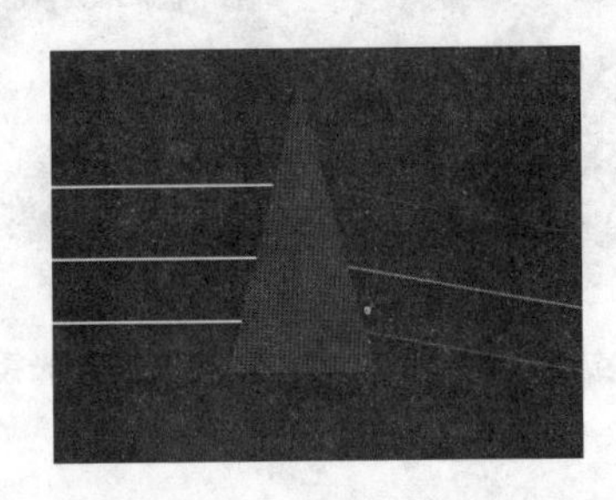

图 1.26　分光棱镜

图 1.27　CCD 器件

1.3.5　寻像器（VF）

寻像器（见图 1.28）是摄像机进行画面构图及判断图像品质的观看装置。寻像器大多是一个小黑白监视器，只有少数摄像机配有彩色监视器。所用黑白显像管的尺寸，对于演播室摄像机来说有 3 英寸和 5 英寸两种，便携式摄像机一般为 1.5 英寸。液晶显示寻像器普遍用于家用摄像机。对于一体化摄录机，在记录时寻像器能自动显示所拍摄的景物；而在录像机重放时，又能自动显示重放图像。

在寻像器的荧光屏周围还装有指示灯。例如，记录/提示（REC/TAL－LY）灯：在挂接的录像机记录时，灯亮；当录像报警系统有信号来时，灯闪烁；如果摄像机与 CCU 连接，该灯受视频切换器控制，在摄像机输出的图像信号被切出时，灯亮。再例如，电池指示灯：当供电电池的电压低于 11V（若额定电压为 12V）时，指示灯闪烁；当电池电压低于 10.7V 时，灯长亮。增益指示灯（Gain Up）：当增益开关选择置于增益挡时，灯亮。电子快门指示灯（Shutter）：当电子快门开关接通时，灯亮。

在摄录一体机中，各种自动诊断状态，例如照度低、手动/自动选择、记录时间、录像机结露、工作方式、工作状态、有无磁带、快门速度等都以一定的符号或字符显示在寻像器上。

寻像器在荧光屏和眼罩之间设有反射镜和物镜，可放大荧光屏上的图像，通过屈光度调节可调节物镜位置，使看到的图像清晰。

寻像器的亮度（Bright）、对比度（Contrast）、清晰度（Peaking）都有旋钮或开关调节，以使显像管显示出最佳图像。

图1.28　寻像器

图1.29　ANSI 对比度测试图

1.3.6　ANSI 对比度测试图

对比度是指画面黑与白的比值，也就是从黑到白的渐变层次。比值越大，从黑到白的渐变层次就越多，从而色彩表现就越丰富。在显示器对比度测试上有两种对比度测试方法：一种是全开/全关对比度测试方式，另一种是 ANSI 对比度测试方式。ANSI 对比度测试方法（见图1.29）采用16点黑白相间色块，8个白色区域亮度平均值和8个黑色区域亮度平均值之间的比值即为 ANSI 对比度。一般来说，对比度越大，图像越清晰醒目，色彩也越鲜明艳丽；而对比度小，则会让整个画面都灰蒙蒙的。高对比度对于图像的清晰度、细节表现、灰度层次表现都有很大帮助。在黑白反差较大的文本显示、CAD 显示和黑白照片显示中，高对比度产品在黑白反差、清晰度、完整性等方面都具有优势。相对而言，在色彩层次方面，高对比度对图像的影响并不明显。对比度对于动态视频显示效果影响要更大一些，这是因为动态图像中明暗转换比较快，对比度越高，人的眼睛越容易分辨出这样的转换过程。对比度高的产品在一些暗部场景中的细节表现、清晰度和高速运动物体表现上优势更加明显。在对比度调节方面，各产品的处理方式也存在着很大的差异，有些产品的对比度调节范围非常小，而且调节过程中更多地偏向于改变图像亮度（增大高亮区域的亮度）。而有些产品的对比度可调范围非常大，不同调节值对于图像的对比度效果差距也比较大，这样用户就可以根据不同的显示内容调节对比度，以达到最佳的显示效果。

1.3.7　电源部分

一般摄像机的供电要求是12V 直流电池供电，目前使用最广泛的是锂电池，它具有能量高、密度高、体积小、重量轻、放电性稳定等多种优点。摄像机也可以用220V 的交流适配器供电。摄像机内的电源电路是直流变换电路，可从12V 电压变换出电路板及摄像器件所需的各种直流电压。

1.3.8　声音信号系统

声音信号系统包括话筒输入接口、声音信号放大器、电平调节电路和声音信号输出接口。另外，摄像机还有供摄像人员与控制单元通话联系用的对话系统，用于录像机的监听系统等。

1.3.9　自动控制系统

摄像机的自动控制系统包括自动调整和自诊断两项功能。自动调整功能包括自动白/黑平衡、自动光圈、自动黑斑补偿、自动白斑补偿、自动拐点、全自动调整等。不同摄像机的自动调节功能有所不同。自诊断功能包括电池告警、磁带告警、低亮度指示及故障告警指示等。

1.3.10　彩条信号发生器

彩条信号发生器见图1.30，摄像机内设置有彩条信号发生器，用以产生彩条图像信号，它受面板上的输出开关控制。彩条信号可代替图像信号送入编码器，用于编码器的调节。另外，彩条信号还可用于校准各摄像机之间的延时，用于录像时记录电平的调节等。

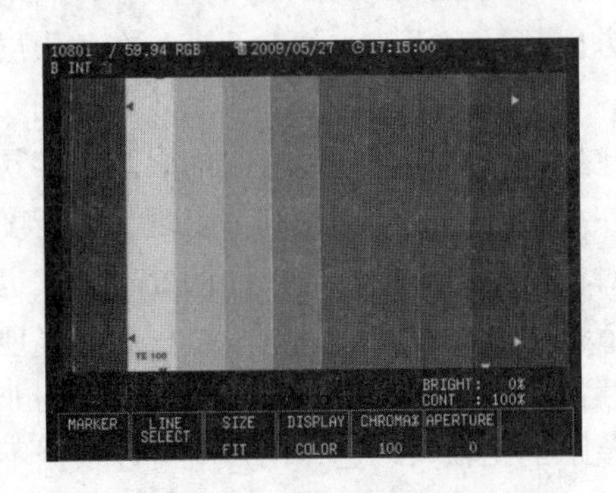

图1.30　彩条信号发生器

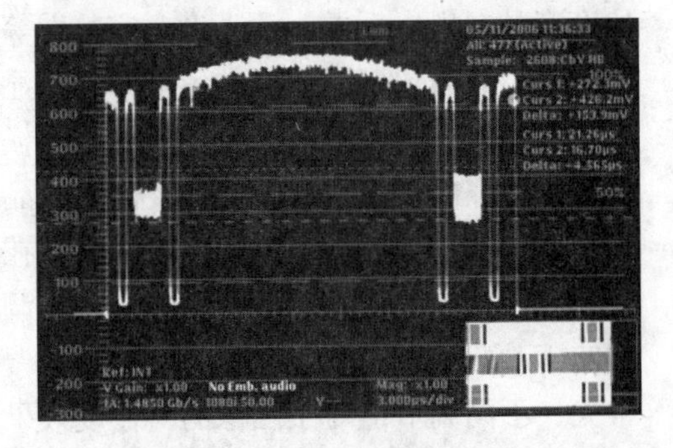

图1.31　示波器测试

1.3.11　同步信号发生器

同步信号发生器产生全电视信号的同步信号，同时还应具备锁相功能，当摄像机进行多机现场拍摄时，输出的视频信号与其他视频信号进行特技混合等处理时，两个信号的同步信号必须一致。为此，要求摄像机能控制外部的信号或能受外来信号控制，以达到与外来信号的频率和相位一致的目的。这种功能称为锁相功能（Genlock）。

1.3.12 视频信号处理器

由于镜头、分光系统及摄像器件的特性都不是理想的，所以经过CCD光—电变换产生的信号不仅很弱，而且有很多缺陷，例如图像细节信号弱、黑色不均匀、彩色不自然等，因此，在视频信号处理器中必须对图像信号进行放大和补偿，以提高输出信号的质量。这部分电路的设计和调节以及工作的稳定性对图像质量影响极大。

1.3.13 编码器

视频信号处理器输出的模拟信号经编码器形成彩色全电视信号（又称复合信号）输出，供模拟录像机、模拟视频切换台和监视器使用，同时还可直接输出模拟分量信号（亮度信号Y、色差信号R－Y和B－Y），供分量录像机或分量切换台使用。有的摄像机还能输出数字视频（SDI）信号，供数字录像机或数字切换台使用。

1.3.14 录像机

录像机的作用是将摄像镜头传递过来的光信号经CCD完成光电转换后再将电信号记录在记录介质上，如磁带、光盘、硬盘等，一般为便携式录像机。不同的录像机具有不同的记录格式，而记录格式不同，不仅导致记录介质的外观不同，而且会对记录信号的质量产生不同的影响。因此，在使用的过程中应该认清使用的录像机记录格式及其性能指标。

1.3.15 麦克风（话筒）

麦克风是拾取拍摄现场同期声音并将其转换为电信号的设备。在摄像机上麦克风的安装形式通常有两种，家用级摄像机为了减小体积一般装配内置麦克风，专业摄像机一般有一支可以拆卸的随机麦克风。电缆接口完成摄像机的视频信号、音频信号、同步信号、电源等输入和输出功能。根据摄像机档次的不同，有不同的接口与之对应。使用时一定要注意各种接口端子的使用方法。

1.4 摄像机的主要技术指标

摄像机在出厂前，必须有一个标准的技术指标，这些技术指标或参数决定了该设备的技术能力和最终的声音图像效果，是摄像使用者在使用时根据实施目的需要参照的参数。

1.4.1 图像分解力（解像力）

摄像机分解图像细节的能力称为分解力，分解力包括水平分解力和垂直分解力。水平分解力是指沿水平方向分解图像细节的能力，垂直分解力是指沿垂直方向分解图像细节的能力。由于垂直分解力主要由电视制式规定的扫描行数决定，各摄像机之间一般差别不大。因而生产厂家在其摄像机的技术手册中，一般只给出画面中心的水平极限分解力，简称水平分解力。计算和测量水平极限分解力的方法主要有两种：一种是用调制度测试卡，另一种是用分解力测试卡。

1. 调制度测试卡

调制度是指某一线数下输出信号的幅度与40线下输出的信号幅度之比。将调制度下降为10%时的分解力，称为水平极限分解力。测量时一般习惯用400线时的调制度来衡量分解力的大小，即用摄像机拍摄调制度测试卡，用示波器得到400线（5MHz）时的信号振幅与40线（0.5MHz）时的信号振幅，然后按下式计算出调制度：

$$M = 400\text{ 线对应的信号幅度}/40\text{ 线对应的信号幅度} \times 100\%$$

2. 分解力测试卡

除调制度测试卡外，另一种测量水平极限分解力的方法是用摄像机拍摄分解力测试卡。将摄像机的输出信号送往波形监视器，调整波形监视器，使波形监视器上得到规定信号幅度（或出现4个负峰）位置所对应的分解力，即为水平极限分解力。如BVP－330P和WV－F565的清晰度分别为600线和850线，说明它们在图像中心部位能分别分辨出600条和850条黑白相间的条文。显然，此数值越高，摄像机清晰度越高。

由于目前各生产厂家测量水平极限分解力的方法不尽相同，即使采用同一方法，也存在测量标准上的差异。因此，在选购摄像机时，各生产厂家给出的水平极限分解力之间并不能单纯地进行比较。正因为如此，目前业内建议采用的方法是将厂家给出的水平极限分解力与调制度，特别是5MHz时的调制度结合起来综合考虑，因为水平极限分解力相同的摄像机，其调制度曲线的变化规律可能并不完全相同，特别是在通带范围内对图像清晰度有显著影响的5MHz信号所对应的调制度数值显得更为重要。

3. 水平分解力

CCD摄像机的水平分解力与水平方向像素数的多少有关，一般来说，像素数愈多，水平分解力愈高，但像素的增加会受到制作工艺的限制。另外，在像素数一定的情况下，目前在三片CCD摄像机中普遍采用空间偏置技术来提高水平清晰度，使三片CCD摄像机的水平极限分解力可达到800线以上。

最后需要指出的是，水平分解力的单位是电视线，电视线并非是指靶面宽度内所能分解的实际线数，而是指在水平方向上等于像高宽度内的线数。如在宽高比为4：3的电视画面水平方向上显示400条线时称水平清晰度为400×3/4＝300电视线，简称300线。电视系统中，将这样折算后的线数定义为电视线，简称线。

1.4.2 灵敏度

摄像机对光的灵敏程度简称灵敏度，是指在一定测量条件下，摄像机达到额定输出时所需的光圈数。例如，某摄像机的灵敏度为2 000 Lx（3 200 K，89.9%）、f/8.0，其中2 000Lx（3 200K，89.9%）是指测量条件，f/8.0是指摄像机的灵敏度。显然，F（光圈）数值越大，摄像机的灵敏度越高；反之，灵敏度越低。如索尼公司生产的BVP－330P摄像机灵敏度标注为2 000Lx，反射率为89.9%，f/4.5；松下公司生产的WV－F565摄像机灵敏度标注为36dB，最低照度1Lx。这表示BVP－330P摄像机关掉电子快门后，拍摄某一标准景物（如3 200K、2 000Lx、89.9%的反射率或透过率），为使摄像机有0.7Vp－p的视频信号输出，光圈应置在f/4.5；而WV－F565摄像机，当增益拨至最大（36dB）时，关掉电子快门，在1Lx的照度下，摄像机的视频信号应有0.7Vp－p的输出。

1. 最低照度

与摄像机灵敏度密切相关的一个量是最低照度，一般来说，摄像机的灵敏度越高，最低照度越小。最低照度除与灵敏度有关外，还与最小光圈数、最大增益等因素有关。因此，最低照度在一定程度上仅表示摄像机对低照度环境的适应能力，在最低照度环境下拍摄的画面噪声大、信号弱、景深浅、实际使用价值不大。用光圈值表示摄像机的灵敏度时，同样的标准景物，光圈F值越大，说明光圈孔径开得越小，摄像机的灵敏度越高。而用最低照度值表征摄像机的灵敏度时，同样的条件下，最低照度值越小，摄像机的灵敏度越高。显然，灵敏度的实质是光电换转效率高低的一个度量。近年来生产的CCD摄像机为了提高灵敏度，一般均采取在CCD像素前制作微透镜和在电路上采取诸如相关双重取样电路等技术措施。目前，各生产厂家均以2 000Lx、f/8.0或2 000Lx、f/11作为摄像机灵敏度的标准值。

2. 信噪比

简单地说，信噪比就是有用信号与噪声的比值，它是区分不同档次摄像机的主要指标，该指标越高越好。例如信噪比为60dB的摄像机就比58dB的要好。

一般来说，摄像机的信噪比与摄像器件、预放器输入电路、预放器、视频处理电路等很多部件的噪声等技术指标有关，对于特定的摄像机，在使用过程中，其信噪比主要与视频电路的增益有关。增益越高，信噪比越低，信号越差。显然，在视频电路的增益方面，摄像机的灵敏度与信噪比之间存在着相互牵制的关系。有时摄像机的生产厂家可能会用提高视频电路增益的办法来提高灵敏度，但同时其信噪比则会降低。因此，在选购摄像机时，一定要对各种技术指标进行综合比较，切不可片面地追求某一单项指标。

目前，随着高质量CCD的开发和应用，各生产厂家生产的摄像机的信噪比也在逐年提高。作为广播级摄像机，各生产厂家一般均以60dB的信噪比作为其标准值。信噪比越高，画面越干净，图像质量越高。

需要指出的是，近年来随着各种先进的数字处理技术和制作工艺在摄像机生产中的应用，目前即使普通的专业摄像机在三大技术指标方面也已达到甚至超过了几年前生产的广播级摄像机，700线的清晰度、60dB的信噪比、*f*/8.0的灵敏度已不再是区分广播级和专业级摄像机的主要指标。正因为如此，现在人们在选购摄像机时，已不再仅仅关注其技术指标，而是将目光更多地放在技术指标与使用性能的综合考虑上。

3. 几何失真

几何失真是指重现景物图像几何形状的差异程度，它是由摄像机的光学系统、摄像管及偏转线圈等引起的。几何失真主要表现为枕形、桶形、梯形、抛物形、S形失真等。失真的大小由失真的偏移量与像高之比的百分数来表示。失真小于1%时，人眼看不出失真。一般来说，摄像管式摄像机几何失真相对较大，调整也较复杂，而CCD摄像机的几何失真极小，用目前的测试仪器很难测量出来。

4. 重合误差

在电视摄像时，三管（片）摄像机的光学系统将一幅彩色图像分解为三幅单色图像。三幅单色图像的空间和几何位置必须严格地重合在一起，才能得到清晰度高、颜色逼真的电视图像。否则，合成后的图像必有红、绿、蓝边出现，重合误差严重时一条白线会变成红、绿、蓝三条线。重合误差的大小一般用红路（或蓝路）相对于绿路的偏移量与像高之比的百分数来表示。目前使用的三片CCD摄像机的重合误差较小，整个画面中通常均小于0.05%。

除此之外，摄像机还有其他一些性能指标，但分解力、灵敏度和信噪比是最主要的，通常被称为摄像机的三大技术指标。

1.5 摄像机的种类

看到演播室里的摄像机，你也许会奇怪它们为什么在体积上比 ENG/EFP 摄录一体机大那么多。但即使是体积较小的或便携式 ENG/EFP 摄像机，也比典型的家用摄录一体机更大、更重。尽管大家普遍认为大的摄像机比小的家用摄录一体机质量高，但实际上我们并不能完全凭摄像机的体积大小来判断其图像的质量。有几款数码摄录一体机的体积较小，然而它们产生的图像和声音却远比一些大模拟摄录一体机好。在这一部分，我们采用了摄像机“体积”这个词，主要是为解释如何应用它们。无论它们是模拟的还是数码的，是 HDTV 的还是 STV 的，其用法基本上差别不大。

我们经常在电视演播室里看到一些大型的高级摄像机，确切地说，它们应该被称为演播室用摄像机，而那些小的、用于实地拍摄的摄像机则应该称为 ENG/EFP（电子新闻拍摄/电子实地拍摄）摄像机，或简称为实地拍摄摄像机。尽管我们在商店电子器材部见到的小型摄录一体机往往被称为家用摄录一体机，但有几种小型数码家用摄录一体机也可以用来进行专业拍摄。这几种高级家用摄录一体机有时被称为专业家用摄像机。

摄像机和摄录一体机之间的区别在于，摄录一体机（摄像机加录像机的简称）上面有外接或内置的录像机；而其他的 ENG/EFP 摄像机则必须与一个独立的录像机连接才能进行录制工作。

1.5.1 ESP 演播室摄像机

演播室摄像机又大又重，若没有基座或某种支架的辅助则很难操纵。造成这个设备如此之重的不是摄像机本身，而是那个体积庞大的变焦镜头（变焦镜头往往附在电子台词提示器上，见图 1.32），演播室摄像机一般在演播室内使用，用于拍摄采访、新闻、游戏节目，有时也用于大型现场直播，如体育赛事，因为这时必须保证高质量的视频图像。

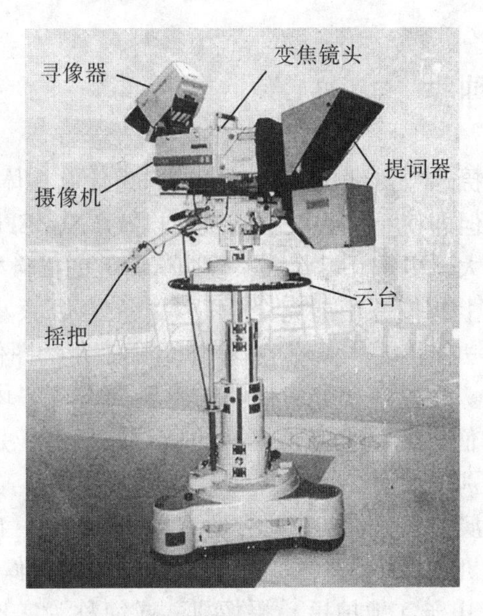

图 1.32　ESP 演播室摄像机

演播室摄像机的作用是保证在任何条件下都能得到非常清晰的图像，因此，它们都有三个 CCD、一系列控制设备和一个大的高级变焦镜头。为了保证制作过程中的光学影像质量，演播室摄像机通过电缆与各种电力设备相连，并可以通过手动控制各种电子和光学功能，比如调节光圈。和 ENG/EFP 摄像机或小型摄录一体机不同，演播室摄像机无法自己运行，必须与外接电源和控制设备连接。由于这种摄像机必须与配套设备连接，因而它们一起被称为“摄像机组合”。

1. 摄像机组合

标准的摄像机组合（Camera Chain）由四个部分组成：摄像机机身，处于组合的前端，也叫摄像头；电源；同步发生器；摄像机控制单元，简称 CCU（见图 1.33）。

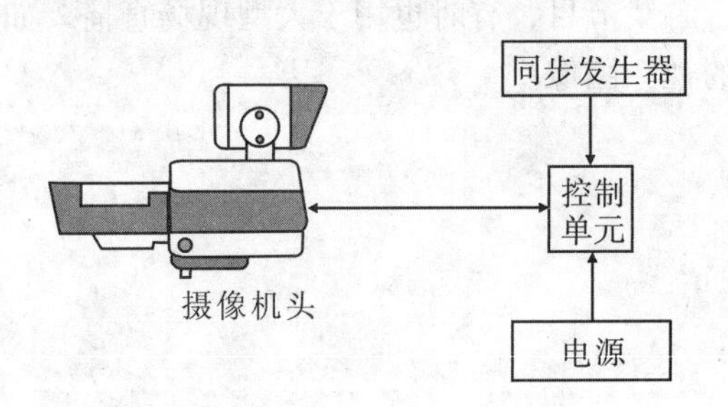

图 1.33　标准摄像机组合

① 电源通过摄像机电缆给摄像头提供必要的电能。不像 ENG/EFP 机或摄录一体机，摄像机能用电池，电源部件内置在摄像机的控制单元里。

② 同步发生器产生统一的电子脉冲，这对保持多机电子传播的所有视频扫描与各种设备（如摄像监视器和寻像器）的同步运行非常重要。

③ 摄像机控制单元（CCU）有两大功能：预设和控制。预设指摄像机开机时的调节。导播在制片过程中主要负责摄像机的预设和图像控制，确保摄像机所传送的图像颜色正确、光圈设置正确，确保摄像机已经做好调白和调黑工作，以便在黑白对比的范围内能将物体拍摄下来。导播现在可以借助计算辅助预设板来完成任务。

假设摄像机非常稳定，也就是说摄像机在一段时间内预设值不变，那么在制片过程中，导播通常只需调节光圈的大小。这项工作靠摄像机控制单元（CCU）上的光圈遥控控制键或控制杆即可完成（见图 1.34）。

图 1.34　摄像机控制单元（CCU）

2. 摄像机电缆

摄像机电缆负责将电力传输到摄像机，负责传送图像信号、内部沟通信号以及摄像机与 CCU 之间的各种技术信息。有些摄像机电缆是专门针对模拟（非数字）摄像机系统的，内部包含了众多金属线，即多芯电缆，长度有限（最长 600 米）；而一些较新式的摄像机则采用较细、较轻、较灵活的三芯导线长度可达

1 500 米左右，一根光纤电缆的长度可达 3 000 米左右。

为什么那么多演播室摄像机需要如此长的电缆？这是因为这些摄像机不仅要用在演播室里，有时还要用于现场拍摄，即发生在演播室以外的计划内活动，这时要求视频的质量非常高。在报道体育赛事，如高尔夫锦标赛、滑翔赛或足球赛时，这些摄像机往往离其他摄像机控制单元很远，有时甚至 3 000 米长的电缆都不足以将摄像机与 CCU 连接起来。

3. 连接器

一旦须将许多设备连在一起组成一个视频或音频系统，就必须要有合适的导线，尤其是匹配的连接器。尽管前期准备工作非常仔细，但拍摄中却可能因为连接器与视频或音频导线不匹配而导致拍摄推迟甚至取消。你会发现，在将这些设备带到外景地时，最重要的工作之一便是检查连接导线和连接器。你可能会听到工作人员不管连接器是阴极还是阳极，一概将它们称为“插头”，更确切地说，连接器的阳极应该叫做“插头”，而阴极则叫做“插座”。

大多数演播室摄像机都有专门连接摄像机与 CCU 导线的特殊连接器。连接许多专业设备用的同轴电缆采用 BNC 连接器，而家用设备一般采用 RCA 莲花插头（见图 1.35）。因为我们一直致力于将视频设备做得更小、更紧凑，因此你也不难发现专业级的设备上有时也会使用小型连接器。

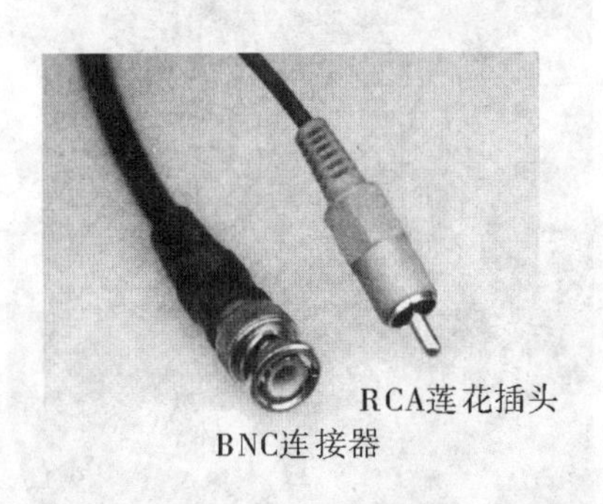

图 1.35　标准视频连接器

我们在前面已经讲到过，并非所有的 DTV（数字电视）摄像机都可以拍摄真正的 HDTV 图像。目前，最高级的演播室摄像机在 720p 或 1080i 的扫描标准下工作。一般而言，HDTV 摄像机在图像清晰度、颜色还原效果和对比度上都比标准电视摄像机做得更好。HDTV 摄像机最早是在电子摄像机的拍摄过程中为了代替胶片摄影机而开发的，但由于联邦通信委员会要求在 2006 年前实现 HDTV 电视广播，因此演播室和大型实地拍摄也开始使用这种摄像机。

若想得到清晰度很高的图像，HDTV 摄像机必须使用自己的专用镜头、高质量的 CCD、信号处理设备、寻像器，与16：9 屏幕宽高比匹配的监视器（参见下一章）以及磁带录像机。显然，HDTV 系统与标准视频设备是不兼容的。

1.5.2 ENG/EFP 摄像机

ENG/EFP 摄像机在电子新闻采集或电子实地拍摄过程中由摄像师携带。它虽然比演播室摄像机小得多，但其自身却具备全套摄像机组合。它通常由电池提供电力，但也可以通过普通家用电流适配器获得电力供应，还可以用摄像机电缆传输电能。它有一个内置调节器，可以帮助摄像师通过微调来获取高质量的图像。同演播室摄像机相比，ENG/EFP 摄像机的变焦镜头和寻像器要小得多，分量也轻得多（见图1.36）。

图1.36 ENG/EFP 摄像机

既然这种摄像机本身的配备已经很齐全，为什么还要电缆？第一，虽然 ENG/EFP 摄像机可以通过电池工作，但一般通过外接电源获得能量更好，这样可以免去因长时间拍摄而害怕用尽电池能量的担心。第二，虽然内置 CCU 可以为每个独立的摄像机拍摄出质量不错的图像，但在拍摄中必须控制好所有的摄像机所使用的图像质量。有了遥控单元（实际控制单元为遥控 CCU 或便携 CCU）的帮助，即使拍摄在不同的背景或灯光条件下进行，也只需一名摄像师就可以保证所有摄像机得到的图像在颜色和对比度上达到统一（见图1.37）。第三，由于没有磁带录像机的多余重量，这种摄像机操作起来相对更轻、更容易。第四，由于导演从监视器上看到的和摄像师从寻像器上看到的一样，因此他可以在拍摄过程中通过对讲装置给摄像师必要的指导。所有这些拍摄过程中的优势当然远远超过了将摄像机捆绑在转播车上。

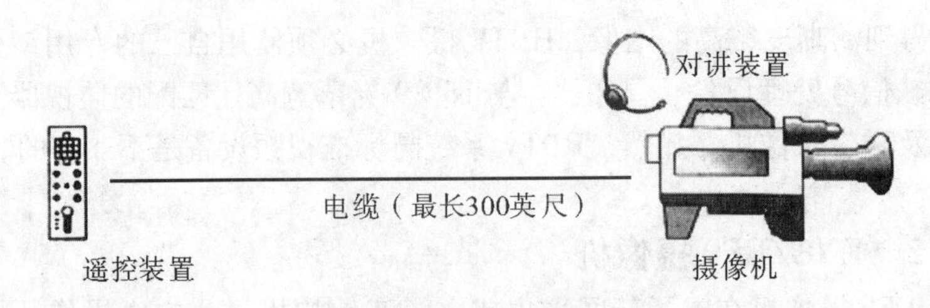

图 1.37　遥控装置

1. 摄录一体机

摄录一体机（Camcorder）是一种装备有内置磁带录像机或 P2 卡、硬盘、蓝光盘录像机的 ENG/EFP 摄像机（见图 1.38）。有些摄录一体机可以插一台磁带录像机。这里所谓的“插”，是指将录像机插在摄像机的后部组成一台完整的摄录一体机。这种插式摄录一体机的优势在于，它不只局限在具体的磁带录像机上。插式摄录一体机上用的录像机一般都不拆下来，而是当做一台摄录一体机整体使用。

图 1.38　摄录一体机

所有的摄录一体机，不论是单体式还是组合式，都有一个外接话筒，安装在机架上或机身内。所有的专业摄录一体机都有用来连接外接话筒的插孔，有些还附带一只摄像灯，以便在电子新闻采集过程中照亮一小块区域或提供辅助照明。需要注意的是，如果使用摄像机的内置摄像灯，电池的消耗速度会比不用摄像灯要快。

2. 演播室用 ENG/EFP 摄像机

虽然最好的 ENG/EFP 摄像机的质量低于最好的演播室摄像机，但演播室也经常用高级 ENG/EFP 摄像机来代替演播室摄像机。之所以如此，是因为 ENG/EFP 摄像机远比演播室摄像机价格低，且远比演播室摄像机操作简便。若想使 ENG/EFP 摄像机适应演播室的条件，必须给它换一个更大的寻像器，装一个变焦幅度与演播室面积相配的大口径镜头（光圈值最大数字较小）、控制聚焦和变焦的导线和支撑三脚架或演播室云台的支架（见图 1.39）。

图 1.39 演播室用 ENG/EFP 摄像机

1.5.3 DV 家用机

所有家用摄录一体机都有内置磁带录像机，但各种摄录一体机之间的质量相差也很大。前面提到过，三片家用摄录一体机拍摄出的图像质量一般都优于单片的摄录一体机。有些数码三片家用摄录一体机拍出来的图像质量很高，甚至已经发展成准播出级的摄录一体机。

如果将家用摄录一体机拍摄的图像与用较大、较重的专业摄录一体机拍摄的类似场景加以比较，也许很难发现图像的质量有什么差别。即使是专业摄像师有时也会对高端家用摄录一体机拍摄出来的优质图像感到吃惊，尤其是在光线充足时得到的图像。那么，它们的差别在哪里？为什么非要用那些分量又重、价格又高的设备呢？其最明显的差别在于，专业摄像机可以接受同步锁相，可以给众多摄像机提供一个同步脉冲信号，使这些摄像机以完全相同的方式扫描。如果要从一台摄像机立即切换到另一台摄像机，那么这种同步扫描功能就显得尤为重要，比如在进行一场足球赛的现场直播过程中。另外，大多数专业摄像机的透镜的光学元件（高质量的透镜元件）更好、变焦幅度更大、变焦机械更流畅、最大孔径更大。在大多数情况下，好的ENG/EFP镜头能拉到更大的角度。

ENG/EFP摄像机同样也有附加电子装置，可以得到高质量的图像，不会在无线传输或转录到磁带录像机上时出现严重受损的现象。而传输到磁带录像机或发射器上的图像质量越高，电视接收器上的图像效果就越好。但是，视频音频能否在后期制作中保持其原有的质量，通常最终取决于摄录一体机的内置录制系统。DVCPRO和DVCAM VTR系统很相似，不论它们是用在高级准播出级摄录一体机上还是用在专业摄录一体机上。

其实，不用高级ENG/EFP摄像机也能拍出有趣的录像带。好的摄像机操作更多地依赖于你拍什么图像以及如何去组织构图，而不是摄像机本身的技术。后面有关寻像器的讨论将帮助你最大限度地提高拍摄水平。

1.5.4 摄像机实用分类标准

摄像机的分类标准并不是唯一的，人们根据自己的目的、用途，以及摄像机的成像质量、存储介质、摄像元器件数量等方面对其进行了分类。不同标准的分类目的就是满足人们多种用途的需要。

1. 按成像质量分类

（1）广播级摄像机。

这类摄像机应用于广播电视领域，图像质量非常高，彩色影调还原逼真，工作性能全面，但价格比较高。如索尼公司生产的数字BETACAM系列、BETACAM SX系列、松下的DVCPRO50系列、JVC的数字D-9格式的产品等都属于这种标清设备，但是根据使用目的的不同，它们又可以分为以下三种：演播室使用（ESP）的摄像机、电子新闻采集（ENG）摄像机、现场节目制作（EFP）摄像机。

（2）专业级摄像机（又称业务用摄像机）。

专业级摄像机应用在广播电视以外的专业视频领域中，如教育领域、部队科教宣传方面、工业生产领域、医疗卫生领域等。这就突出强调了对摄像机的要求要轻便、价钱便宜，图像质量低于广播专用的摄像机。比如索尼的DVCAM系列、松下的DVCPRO系列、JVC的专业DV格式等都是属于这一级别的。

（3）民用级摄像机（又称家用摄像机）。

民用级摄像机应用在图像质量要求不高的场合，如DV格式的数字掌中宝摄像机，水平清晰度约在500线以上，信噪比约在50dB以上，这类摄像机具有超小型化的特点，比如索尼、松下、JVC掌中宝系列的摄像机都有这种类型的摄像机，这类摄像机使许多特殊条件下的拍摄成为可能。

2. 按存储介质分类

（1）磁带摄像机。

磁带摄像机是以磁带为存储介质来储存动态影像的摄像机。磁带摄像机使用的磁带格式繁多，可以根据不同的要求使用不同的磁带格式。磁带摄像机目前还是使用率最高的摄像机种类。

（2）光盘摄像机。

光盘摄像机（DVD 数码摄像机）是采用 DVD - R、DVR + R、DVD - RW、DVD + RW 为存储介质来存储动态视频图像的摄像机。DVD 数码摄像机最大的优点是"即拍即放"，能快速在大部分 DVD 播放器机上播放。而且 DVD 介质的数码摄像机在目前所有的数码摄像机中安全性、稳定性最高。它既不像磁带 DV 那样容易损耗，也不像硬盘式 DV 那样对防震有非常苛刻的要求，一旦碰坏损失惨重。不足之处是 DVD 光盘的价格与 DV 磁带相比略微偏高了一点。

（3）硬盘摄像机。

硬盘摄像机采用硬盘作为存储介质。硬盘摄像机具备很多好处，尤其是外出拍摄时不用携带大量 MiniDV 磁带或 DVD 光盘，让外出拍摄变得更加轻松、愉快，而且可以节省大量资金。大容量硬盘摄像机能够确保长时间拍摄，让你外出旅行拍摄不会有任何后顾之忧。回到家中向电脑传输拍摄素材，仅需用 USB 连线与电脑连接，就可轻松完成素材的导出，让普通家庭用户也可轻松体验拍摄、编辑视频影片的乐趣。

由于硬盘摄像机产生的时间不长，还存在诸多不足，如怕震、怕尘等。从目前来看，硬盘摄像机更适合那些有大量拍摄需求，且懂得如何保护硬盘和熟悉 PC 的人群。但随着价格的进一步下降，未来消费人群必然会增加。

3. 按摄像器件数量分类

（1）三片 CCD 摄像机。

三片 CCD 摄像机采用三个 CCD 芯片，光线通过分光棱镜将射入镜头的光线分为三基色（红、绿、蓝），将它们输入不同的 CCD，由于每一个 CCD 都有一个很大的光线采集区域，所以形成的图像质量高、色彩还原好、清晰度与信噪比高。专业级、广播级摄像机多采用这种方式。

（2）单片摄像机。

摄像机采用一个 CCD 芯片，光线通过四种辅助颜色把色彩重现。但从辅助颜色转化成原色必须通过数码摄像机进行演绎，而演绎的过程会产生色彩误差。单片摄像机的图像质量一般，多用于家庭娱乐。

4. 按一体化程度分类

（1）一体化摄像机。

一体化摄像机是摄像机和录像机结合成为一体的设备。

（2）可分离摄像机。

可分离摄像机是摄像机配以摄像机附加器，可单独作为摄像机使用，也可配合单独的便携式录像机作为摄录机使用。

5. 按清晰度等级分类

（1）标准清晰度摄像机。

主要指现行电视体制下的摄像机，清晰度一般在250~850线之间。

（2）高清晰度摄像机。

主要指高清晰度电视体制下的摄像机。如索尼公司的HDC－900A/950A演播室摄像机和HDW－F900摄录一体机，后者主要有松下DVCPRO HD100、松下DVCPRO HD－D5、索尼HDCAM等系列，其清晰度一般在1 000线以上。

1.6 实训创作

内容要点：视频采集的基础知识。

能力要求：学会选择摄像机，学会使用DV机，能够独立采集摄像机的素材到电脑。

1.6.1 影视创作的制作流程

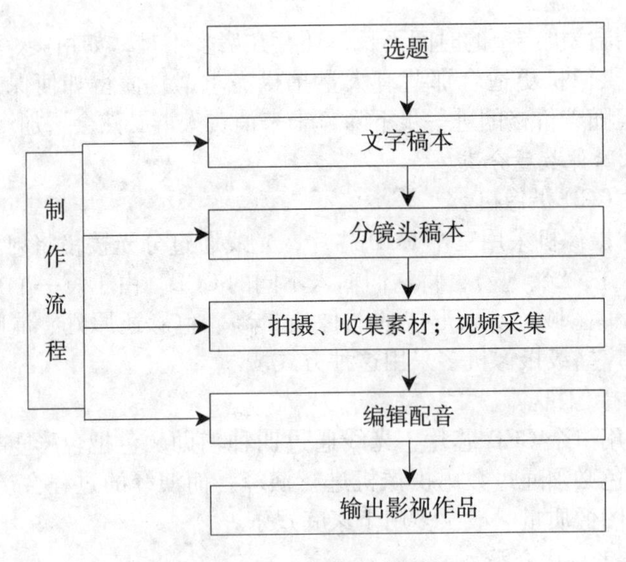

图1.40 电视片制作流程

1.6.2 选购数码摄像机（DV）

当前市面上数码摄像机市场，主要由索尼、松下、JVC、佳能、三星、夏普等公司占据主导地位。在购买的时候，可以从价格、性能、售后服务等方面来选择合适品牌。

① 从价格考虑。分为三个档次：普及档（3 000 ~5 000 元）、中等档（6 000 ~10 000 元）、专业档（15 000 元以上）。通常，摄像机的价格与其性能成正比，价格越高，摄像机的性能就越好。

② 从性能考虑。像素、光学变焦、图像传感器 CCD、最大光圈、防抖动功能等都是影响成像质量的要因，切忌片面。

③ 从售后服务考虑。在“货比三家”了解了实际的价格之后，尽量到正规店面购买，以保障产品的售后服务。

1.6.3 数码摄像机的基础使用方法

数码摄像机的基础使用方法主要是在对设备的功能键作用有清楚了解的基础上，会操作会应用。下面以 JVC－DV5000AC 为例，结合该设备的配套设备分析它的使用方法。

交流电源适配器／电池充电器AA-V40ED

电池组BX-V408E-B

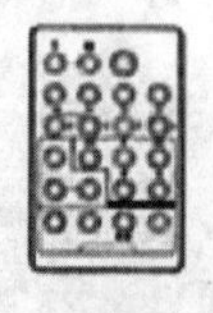

多厂牌遥控器RM-V717U

音频／视频电缆（3.5小插头至RCAC插头）

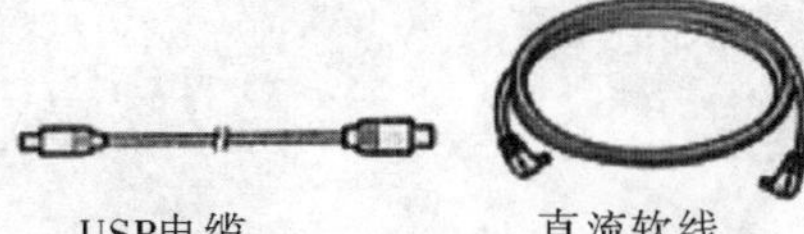

USB电缆

直流软线

编辑电缆

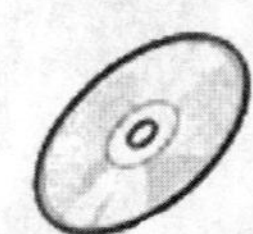

软件（CD-ROM）

镜头遮光罩

镜头盖

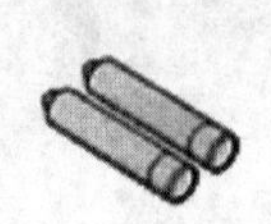

AAA（R03）电池 ×2（用于遥控器）

存储卡8MB（已插入摄像机）

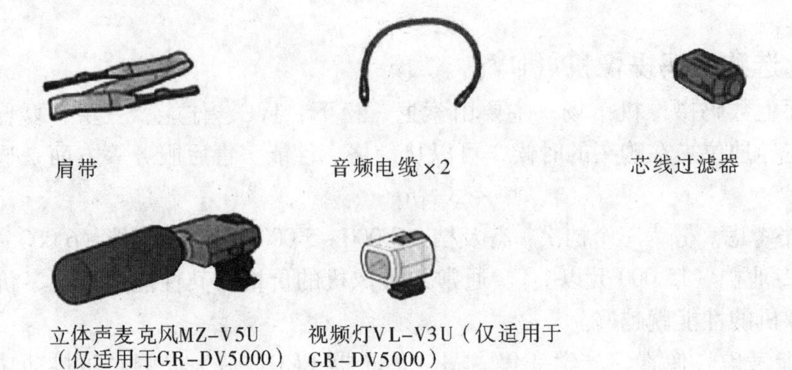

图 1.41 JVC－DV5000AC 的配套设备

1. 数码摄像机的构成

① 镜头；

② 机身；

③ 液晶彩色显示屏；

④ 取景器（框）；

⑤ 录、放按钮；

⑥ 辅助设备：脚架。

图 1.42 JVC－DV5000AC 支架

2. 数码摄像机的基础使用方法（以 JVC－DV5000AC 为例）

（1）如图 1.43a 和图 1.43b 所示，JVC－DV5000AC 的主要特性包括：1/4 英寸高感度 CCD，133 万动态像素（摄像），192 万静态像素（照片），10 倍光学变焦、f/1.2 大光圈非球面镜头、540 线逐行扫描、带外接射灯、内置闪光灯、带直指性外接麦克风，带手动变焦、自动变焦功能，有外接耳机、音频线接口。采用 f/1.2 的大光圈在同等明暗条件下能进更多的光线，因此 JVC－DV5000AC 在暗光环境下有突出表现。自带的外接射灯则可以调节环境亮度；而带直指性外接麦克风能够在拍摄时更好地避免环境噪声的影响。

图 1.43a　JVC－DV5000AC 正面图

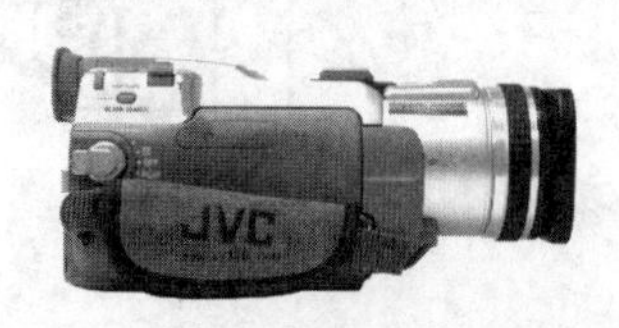

图 1.43b　JVC－DV5000AC 侧面图

（2）如 1.44 图所示，电源开关⑧、拍摄⑥及回放⑦以及变焦等控制钮都集中在机器右侧，使用右手可以很方便地进行控制。变焦杆③的软硬程度比较合适，可以稳定地进行变焦。不过拍摄回放开关的活动范围比较大，对于手小的人来说，可能需要适应一下才行。回放控制等按钮集中在左侧，打开液晶屏即可看到，这种设计不及索尼的触摸屏用起来方便。

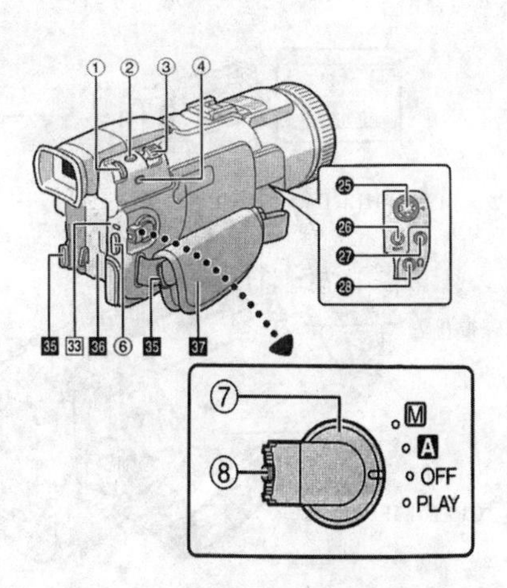

图 1.44　机身功能钮的位置

（3）如图 1.45a 所示，JVC－DV5000AC 设备的电池在机身后部，当把卡簧①摁下，才可以把电池③从电池插槽②中拔下；安装时亦然，只是逆向操作即可。

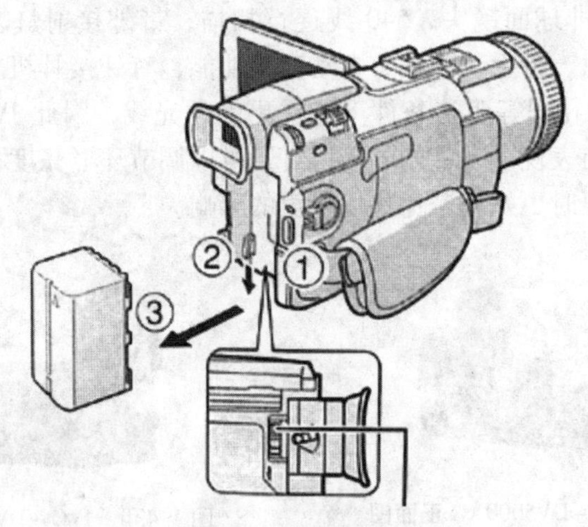

图 1.45a　机尾功能钮的位置

（4）如图 1.45b 所示，先用手轻扶带仓盒盖，然后摁下 OPEN/EJECT 带仓开关，就可以将带取出；放带的时候，注意把带的里面面向磁头，带走的一端朝下，关带仓时要听到一声响，证明带仓已锁好。

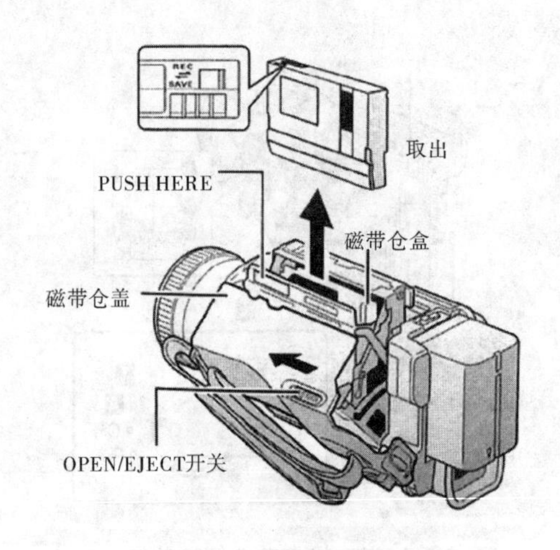

图 1.45b　带仓分解示意图

(5) 如图1.47所示，JVC－DV5000AC设备的外接电源需要有一个交流电源适配器，因为摄像设备需要直流电，而外接电源是交流电。把外接电源接到DC接口后，要把选择电源从机内改为机外。

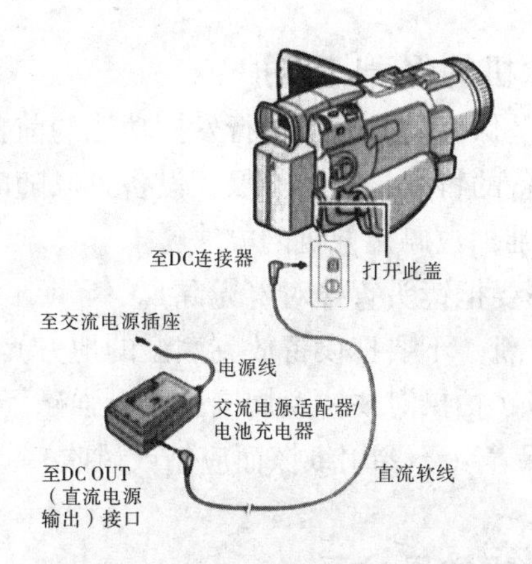

图1.46　外接电源分解示意图

(6) 如图1.47所示，用1394数据线接到电脑时，双方都要选择USB接口，而电脑必须装备了1394卡，才可以通过磁带播放输出，电脑才可以把视频文件存储到电脑中进行处理。

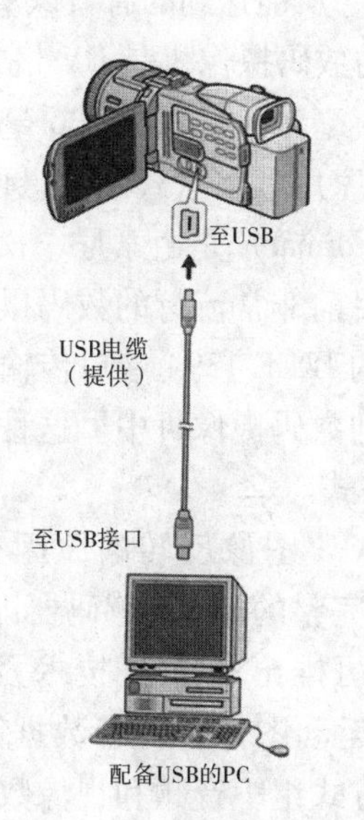

图1.47　数据线连线示意图

以上的操作，可以由老师以具体设备为例作出示范，每个同学尝试性地操作就可以。需要提醒大家的是，不仅 JVC - DV5000AC 设备原理操作如此，其他 DV 大体操作情况也如此。

1.6.4 数码摄像机的保养与维护

设备的保养和维护是保证设备正常运行发挥功能的前提，不善于对设备进行保养和维护或不了解设备的特点，就很难保证设备可以随时随地地正常使用。下面我们介绍几种保养与维护数码摄像机的方法：

① 勿拍摄强光（不要把镜头直接对着光源）。

② 防烟、防尘、防潮（不要把设备放到潮湿的地方）。

③ 远离磁场和电场（拍摄时要注意周围是否有强磁场）。

④ 镜头与 LCD 的保养（不要用纸擦而应粘或风吹）。

1.6.5 数码摄像机常见术语

对数码摄像机的了解和认识首先要从习惯用语开始。

① CCD。CCD 是摄像机的灵魂。镜头在聚光后把光线射向三棱镜，将 RGB 分色后再将三基色通过 CCD 转换成电信号，并在变频后传送到磁头。CCD 有大小及像素之分，按照大小可分为 1/2、1/3、1/4、1/6 英寸，而像素则从 80 万像素到 300 万像素。CCD 的尺寸越大，所能达到的有效像素越高，画面的清晰度也越高。

② DV 格式。现在销售的数码摄像机是 DV 格式，使用的都是一样的摄像带，这种磁带比较小，带宽是 6.3 毫米，所以也叫 6 毫米机，是目前主流的格式，也是 56 家以上厂商广为接受的家用数字盒式磁带摄像机的统一规格。

DV 格式（Digital Video Format）是由索尼、松下、JVC 等多家厂商联合提出的一种家用数字视频格式。目前非常流行的数码摄像机就是使用这种格式记录视频数据的。它可以通过电脑的 IEEE 1394 端口传输视频数据到电脑，也可以将电脑中编辑好的视频数据回录到数码摄像机中。这种视频格式的文件扩展名一般是“. avi”，所以也叫 DV-AVI 格式。

目前（2007 年 10 月）AVI 图像反转的原因很可能是暴风影音和 Windows Media Player 冲突，下载一个完整的 DIVX 解码器即可以解决。

1992 年初，Microsoft 公司推出了 AVI 技术及其应用软件 VFW（Video for Windows）。在 AVI 文件中，运动图像和伴音数据是以交织的方式存储，并独立于硬件设备的。这种按交替方式组织音频和视像数据的方式可使得读取视频数据流时能更有效地从存储媒介得到连续的信息。构成一个 AVI 文件的主要参数包括视像参数、伴音参数和压缩参数等。

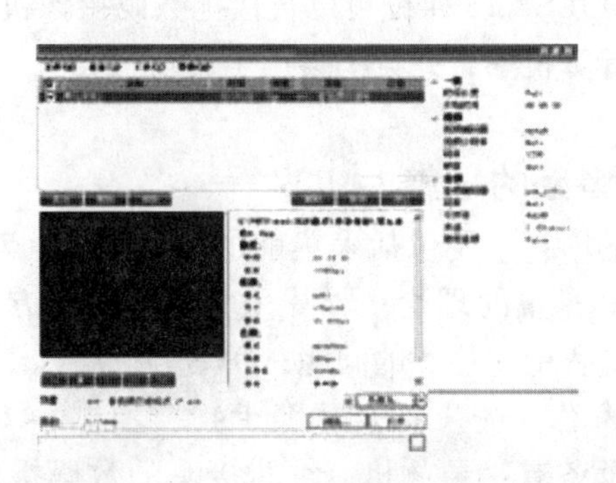

图 1.48　AVI 参数调节

AVI 没有 MPEG 这么复杂，在 WIN3.1 时代，它就已经问世了。它最突出的优点就是兼容性好、调用方便而且图像质量好，因此也常常与 DVD 相并称。但它的缺点也是十分明显的——体积大。也是因为这一点，我们才看到了 MPEG－1 和 MPEG－4 的诞生。两小时影像的 AVI 文件的体积与 MPEG－2 相差无几，不过这只是针对标准分辨率而言的——AVI 的分辨率可以根据不同的应用要求随意调整。窗口越大，文件的数据量也就越大。降低分辨率可以大幅减小它的体积，但图像质量就必然受损。与 MPEG－2 格式文件体积差不多的情况下，AVI 格式的视频质量相对而言要差很多，但制作起来对电脑的配置要求不高，因此经常有人先录制好了 AVI 格式的视频，再转换为其他格式。

③ 光学变焦。摄像机的光学变焦是依靠光学镜头结构来实现变焦的，就是通过摄像头的镜片移动来使要拍摄的景物放大与缩小，光学变焦倍数越大，越能拍摄较远的景物。现在的家用摄像机的光学变焦倍数为 10～25 倍。

④ 数码变焦。摄像机的数码变焦实际上是一种画面的电子放大，把原来 CCD 影像感应器上的一部分像素放大到整个画面。比如有四个小点，没有充满整个画面，通过电子放大，使这四个小点都分别变大，充满整个画面。也就是说，通过数码变焦，拍摄的景物放大了，但它的清晰度下降了，所以数码变焦太大并没有实际的意义。现在的摄像机的数码变焦为 44～600 倍，但在实际使用中，有 40 倍就足够了。

⑤ 白平衡。摄像机的白平衡是不同光源下 CCD 校正颜色的依据，一般都设置在“自动”的位置。有的机型也可针对晴天、阴天、室内光线等不同环境手动调整。

⑥ IEEE 1394 卡。IEEE 1394 卡又称为 FireWire 或 I－Link，是一种专门为数

码视频设备研发的外部串行总线标准。IEEE 1394 卡的传输速率高达 400MB/s，通过 DV 端子以专用的 IEEE 1394 线可以直接把数码摄像机拍摄的高质量视频和音频信号同步传输到计算机中，并且不会产生质量损失。

1.6.6 视频、音频的采集

视频、音频采集的内容主要包括采集前的设备准备；对 1394 采集卡的了解（名称、种类及作用）；采集的理论；影片采集的种类、方式及作用；演示采集的流程及设置；采集过程中应注意的问题；DV 短片欣赏。

1. 采集前的设备准备（安装 1394 采集卡）

采集前应准备的设备有：录放机（4 芯接头的数码摄像机）、DV 带、1394 数据接口线、视频采集卡（1394 采集卡）。

2. 1394 采集卡

1394 采集卡的全称是 IEEE 1394 Interface Card，IEEE 1394 是一种外部串行总线标准；它可以达到 400MB/s 的数据传输速率，十分适合视频影像的传输。

图 1.49 1394 采集卡

标准的 1394 接口可以同时传送数字视频信号以及数字音频信号。相对于模拟视频接口，1394 技术在采集和回录过程中没有任何信号的损失，正是由于这个优势，1394 采集卡更多的是被人们当作视频采集卡来使用。

3. 1394 采集卡的种类及作用

目前市场上的 1394 采集卡基本上可以分成两类：带有硬解码功能的 1394 采

集卡；用软件实现压缩编码的1394采集卡。

(1) 带有硬解码功能的1394采集卡。

如EZDV采集卡，它不仅能将电视机或者录像机的视频信号输入电脑，还具备硬件压缩功能，可以将视频数据实时压缩成MPEG－1格式的视频数据流并保存为“.MPEG”文件或者“.DAT”文件，从而可以方便地制作视频光盘。比较有名的品牌有Pinnacle（品尼高）、Snazzi等。

(2) 用软件实现压缩编码的1394采集卡（普通型）。

这种1394采集卡的功能是将视频信号输入电脑，成为电脑可以识别的数字信号，然后在电脑中利用软件进行视频编辑。如威盛IEEE 1394采集卡。

(3) 1394采集卡的作用。

通俗地说，1394采集卡所要起的作用就是把数码摄像带中的视频内容传输到硬盘里，1394采集卡仅是一个数据传输接口。

通过1394采集卡传输到硬盘里的AVI文件再通过软件进行编辑、后期加工，其实，即使1394采集卡上有压缩编码的硬件，也只在编辑生成MPEG文件的时候起作用，在传输数据的时候是不起作用的。

(4) 采集的理论。

我们把模拟图像经过采样、量化以后转换为数字图像并输入、存储到硬盘的过程叫做采集。

视频采集的模拟视频信号源可以是录像机、摄像机、摄录机、影碟机等，通过视频采集卡可将录像带、激光视盘等上的图像或现场的图像输入计算机。视频采集卡的工作方式可以是单帧采集或连续采集；可将采集的图像序列放在内存或磁盘上；可对图像进行压缩或不压缩。

(5) 采集流程如图1.50、图1.51所示。

图1.50 采集流程

图 1.51　采集示意图

4. 影片的采集方式

影片（单个）采集和批量采集

(1) 影片（单个）采集（Movie Capture）。

影片（单个）采集就是进行视频采集时按镜头内容的不同（分镜头）进行单个采集，或者根据需要一次性地采集所需的所有镜头内容。所采集的影片格式一般分为 MPEG（VCD、DVD）和 AVI 两种。

根据实际需要来选择影片的采集方式：为了节约硬盘空间，如果不需要复杂的后期编辑的话，可进行批量采集。

(2) 批量采集（Batch Capture）。

批量采集就是进行视频采集的批处理，先设想要采集的几个素材的入点（一个镜头的起始位置）和出点（一个镜头的结束位置），登记时间码信息，然后让软件根据这些设置自动地捕获素材。

一般电视台常用这种采集方式，因为这样可以提高编辑效率。可以练习用 Premiere 来演示影片单个，采集和批量采集整体流程及其设置。

5. 视频、音频的采集（示范操作）

(1) 采集 DV 视频、音频文件（用 Premiere 采集）。

首先将数码摄像机开启至 VCR（play）模式（播放模式），然后将数码摄像机接通 FireWire 连线（可以热插拔），接通电源。

运行 Premiere 6.5，载入一个 DV 预设置，一般 Standard 32kHz 或 48kHz（区别在于声音的采样频率不同）。如果要自行设定的话，还要注意 Field 的设置选 Lower Field First。如果这个场序的设定不对，在电视上播放时运动画面就会不连贯。

第一步：启动 Premiere 6.5，载入一个新的工程设置：

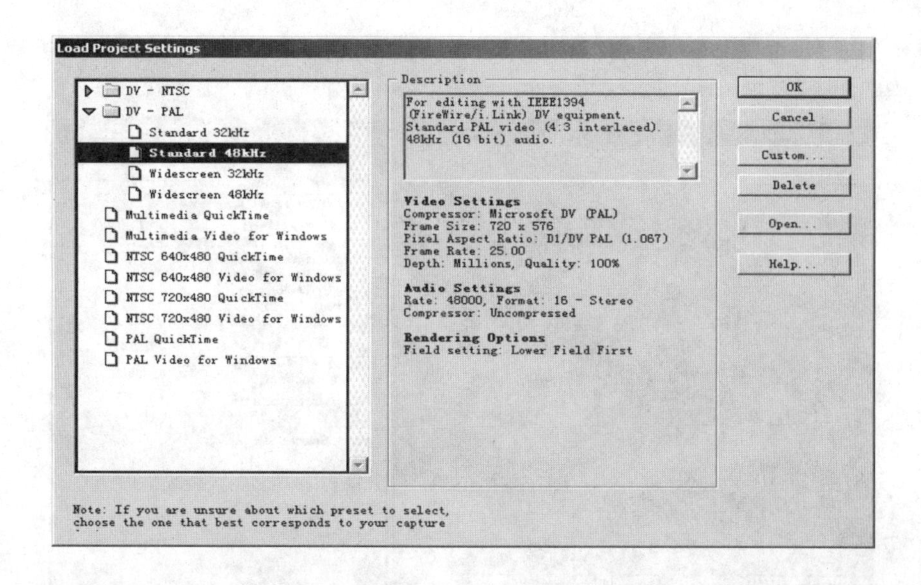

接着，点 Premiere 6.5 的菜单 File→Capture→Movie Capture：

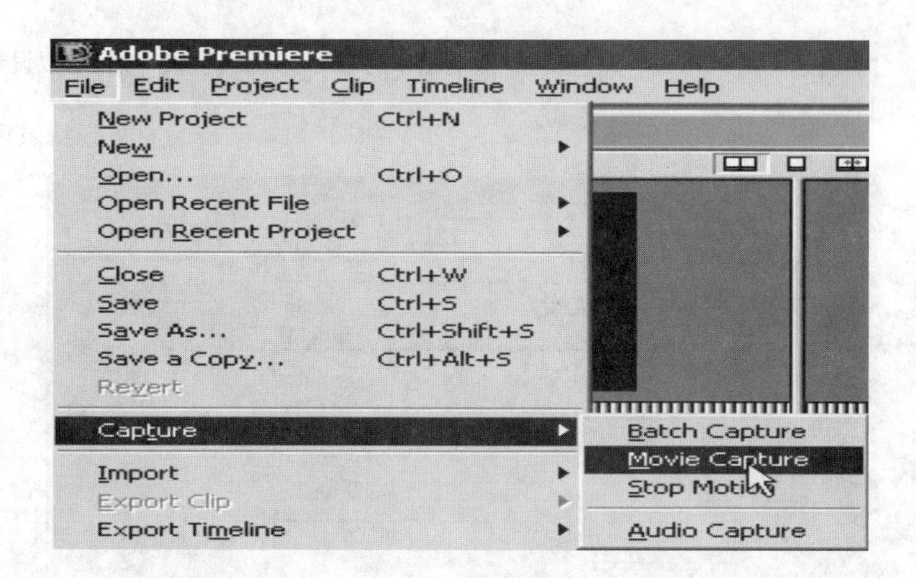

出现 Movie Capture 界面，接下来进行界面设置：

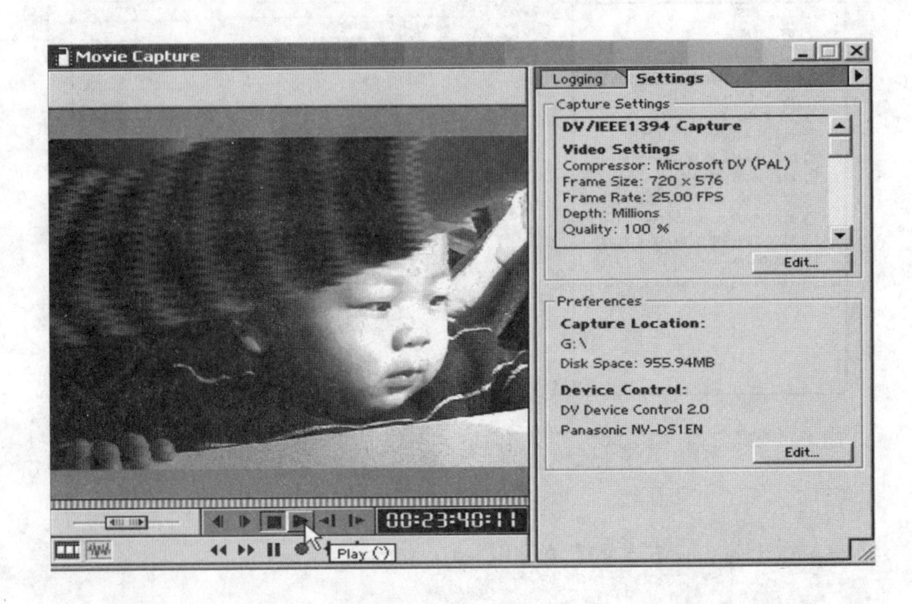

需要设置存放 AVI 的硬盘分区，点上图中的 Preferences 的 Edit 按钮可以设置采集目标磁盘：

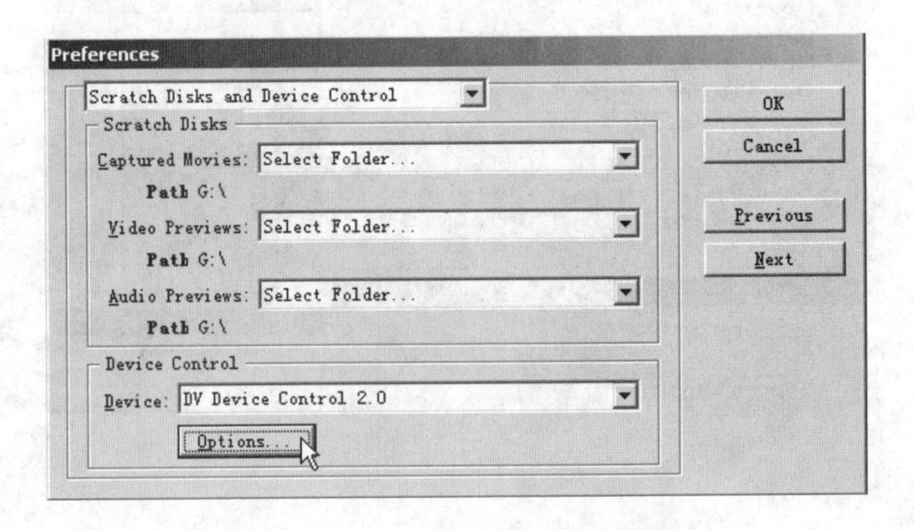

点 Device Control 中的 Options，可以选择采集的制式（PAL/NTSC）、摄像机

生产厂家、型号等。如果列表中没有自己摄像机的型号，Device Brand 和 Device Model 选用 Generic。

DV Device Control Options
Video Standard: PAL
Device Brand: Panasonic
Device Model: NV-DS1EN
Timecode Format: Non Drop-Frame
Check Status : Online
OK
Cancel

如果一切正常，点 Play 键，可以控制摄像机播放，再点红色的按钮就可以录像（采集）了。按键盘的 ESC 键可以停止采集。

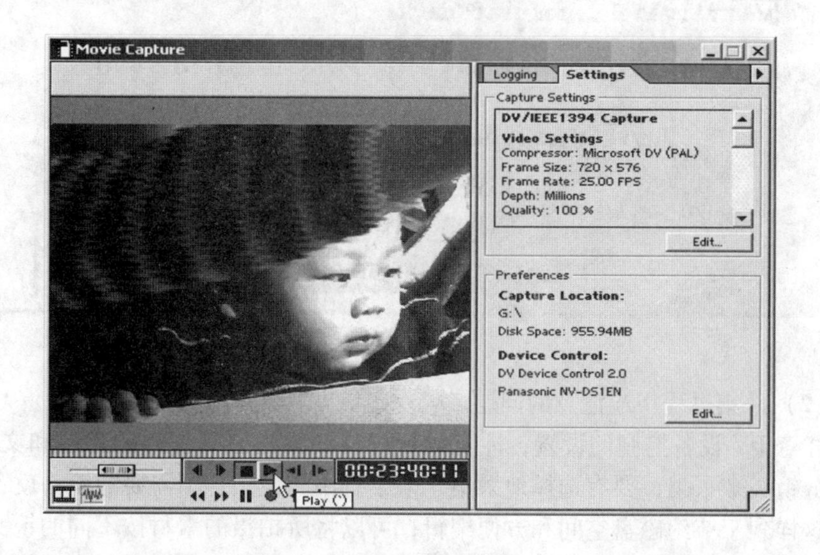

回录：经过剪辑后，如果要回录到录像机，则可以点菜单 File→Export Timeline→Export to Tape。

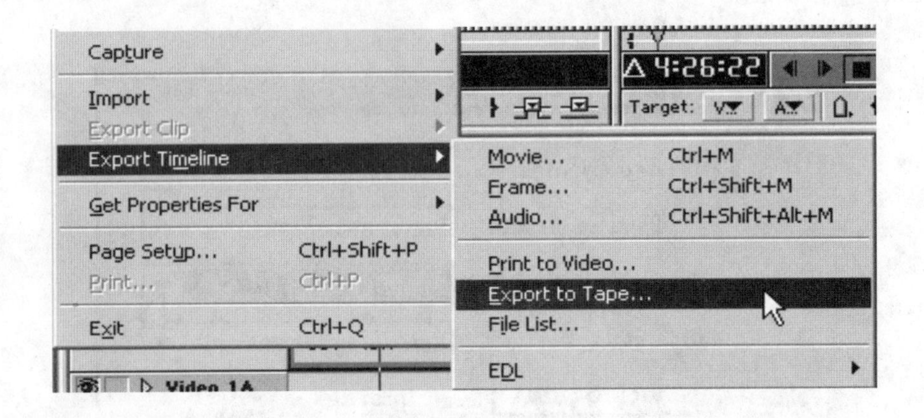

弹出“Export To Tape Settings”窗口后，勾选“Activate recording deck”（激活记录设备），再点“Record”。

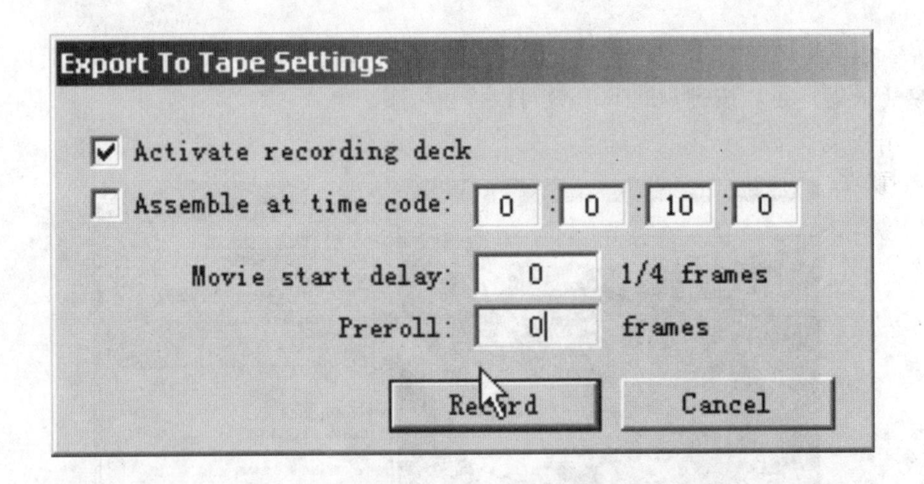

（2）采集过程中应注意的问题。

注意 DV 设备控制的设置；注意设置好将要采集影片保存的路径和文件名；注意分镜头来采集，要有选择地采集，采集有用的镜头，不需要的镜头就不要采集，这样利于节约磁盘空间和方便编辑；可以将所拍摄的素材按不同的镜头、场景分开进行采集、命名，便于后期编辑时查找需要的镜头和剪辑制作；注意单独采集视频、音频时的设置；注意 FAT32 的硬盘分区的格式最大可以采集到 4G 的

Windows，大约18分钟。

（3）为什么最大只能采集到4G的Windows，极限18分钟呢?

这是由硬盘分区的格式问题造成的，FAT32硬盘分区格式只支持最大为4G的单个文件。一旦采集的视频文件超过了4G，就无法继续采集，这个4G的影片长度大概为18分钟，所以出现了一到18分钟就自动停止采集的现象。

解决的方法只有一个，那就是把硬盘的FAT32格式转化为NTFS格式，NTFS最大可支持单个为64G的文件，对于数码摄像机的视频采集来说已经完全足够。

Windows XP、Windows 2000操作系统支持硬盘的NTFS格式。转换硬盘分区格式（将FAT32格式转换为NTFS格式）的方法有两种：第一种，直接格式化（会导致硬盘数据的丢失）；第二种，可以使用Windows XP和Windows 2000自带的分区转换工具Convert. exe。

用Windows XP和Windows 2000自带的分区转换工具Convert. exe的具体操作：

在转换之前，确保没有运行任何应用程序：（假设转换的分区为E盘）点击“开始”、“运行”，然后在运行窗口输入“CONVERT e：/fs:ntfs/v”，其中“e:”表示E分区，也就是常说的E盘，“/fs：ntfs”是指定转换为NTFS格式，“/v”则表示指定“Convert”应该用详述模式运行，三个参数用空格格开，然后按回车键运行就可以执行转换了，转换之后，所有的数据是依然存在的，不会丢失。（注意：一般不要转换系统C盘）

【思考题】

1. 摄像机的基本类型有哪些?
2. 选购数码摄像机的参考依据有哪些?
3. 数码摄像机的构成部件有哪些?
4. 简述1394采集卡的种类及作用。
5. 采集过程中应注意哪些问题?

The Operation of the Camera

第 2 章

摄像机的操作

本章学习的主要内容是摄像机的操作及摄像机的运动方式。摄像机的操作是摄像师驾驭摄像设备的过程，也是人通过摄像机不同运动方式认识世界和表现世界的方式。它基于技术设备的调试与驾驭，为一定的艺术目的而进行艺术创作。

【本章学习要点】

本章将讲解摄像机的基本操作和运动，以及如何完成这些运动，这些运动有什么样的艺术效果。本章的目的是让初学者能获得最好的影像素材。

【本章内容结构】

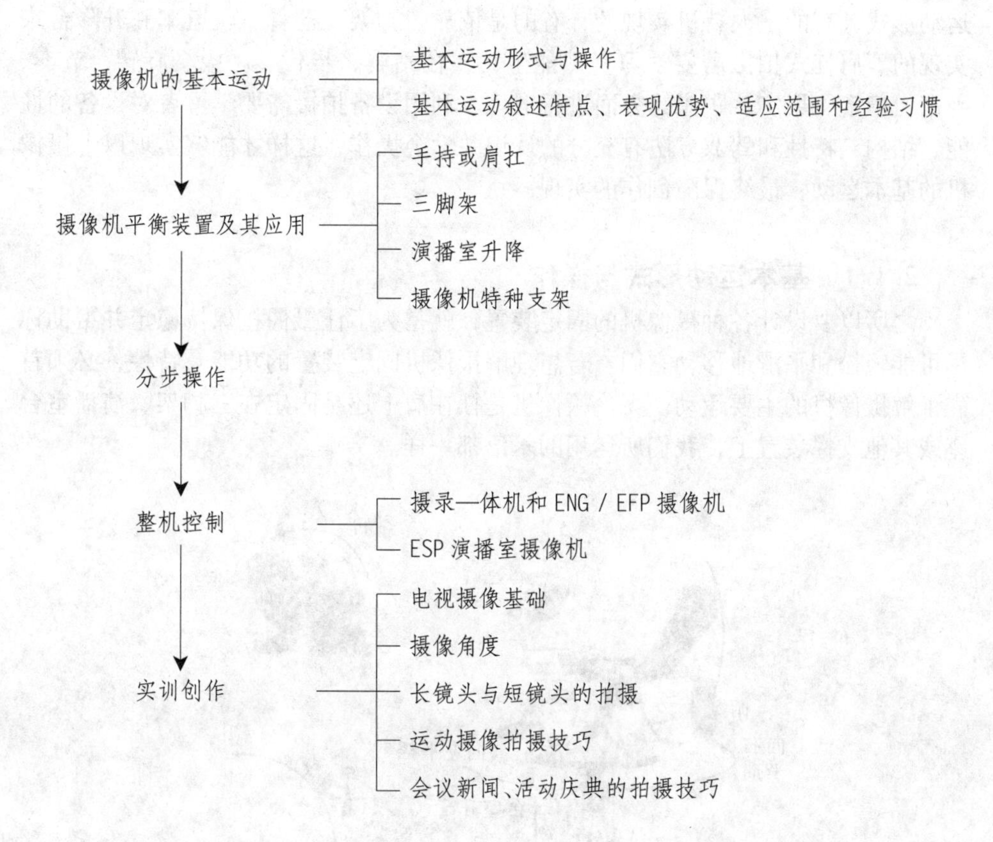

2.1 摄像机的基本运动

摄像机的基本运动包括摇、俯仰、升降、移动、横移/跟拍、弧形运动、台座升降、摇臂悬摆以及变焦（简单说：推、拉、摇、移、跟、综合）。实现以上运动形式，有的是人持机实现的，有的是依靠三脚架、摇臂、轨道车和升降台来实现的。肩扛式拍摄需要学习者熟能生巧，在站姿、步伐、呼吸、旋转、节奏、平衡、稳定、聚实、跟焦等方面进行锻炼。利用设备拍摄需要学习者对设备的性能、结构、特性和驾驭方法有充分的认识并学会操作，这样才能够实现以上摄像机的基本运动，最终保障创作的实现。

2.1.1 基本运动形式与操作

之所以要设计各种摄像机的固定装置，就是为了让摄像机保持稳定并帮助你尽可能轻松和平滑地移动它们。若想理解摄像机固定装置的功能及特性，必须首先了解摄像机的主要运动。无论摄像机是扛在肩上还是固定在三脚架、演播室台座或其他支撑装置上，我们所运用的术语都一样。

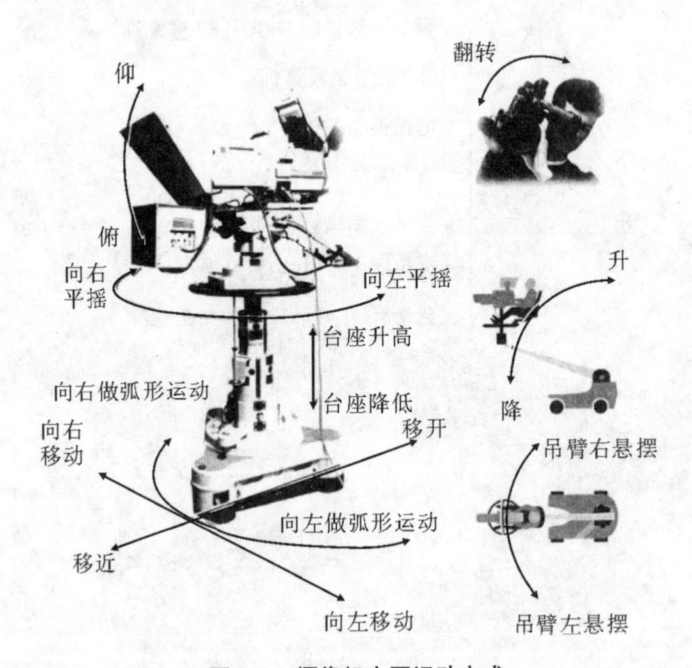

图 2.1 摄像机主要运动方式

摄像机的运动方式分为九种：①摇（Pan）；②俯仰（Tilt）；③翻转（Cant）；④台座升降（Pedestal）；⑤移动（Dolly）；⑥横移/跟拍（Truck or Track）；⑦弧形运动（Arc）；⑧升降（Crane or Boom）；⑨摇臂悬摆（Tongue）。虽然摄像机在变焦过程中一般保持不动，但有时变焦也包括在其运动方式中，见图 2.1。

1. 摇

摇是在摄像机机身不动的情况下做水平方向运动。

（1）摇的含义：主要是指人视点的水平转移。

（2）摇的操作要领。

① 右摇指摄像机做顺时针方向运动，以便让镜头更多地对准右侧；左摇指摄像机做逆时针方向运动，以便让镜头更多地对准左侧。比如，如果向屏幕左侧移动的物体需要更大的引导空间（后面章节将讲到），那么就应该向左摇；如果站在靠屏幕右侧的一个人需要更多的鼻前空间（后面章节将讲到），则应该向右摇。

② 在摇的过程中，一要有起幅和落幅；二要模仿人眼控制摇的角度和速度（相比人转头要慢，当然快甩例外）；三要提前预演，主要控制跟焦、确定落幅、把握节奏速度，以及调整呼吸、站姿、步伐等；四是如果用三脚架就要提前调整好阻尼。

（3）摇的艺术效果。

① 表现人的视点转移，并伴随着丰富的心理活动。a. 兴趣的转移往往伴随着摇，例如现场某个角落的骚动，这时有突发性，表现内心的好奇欲想获得满足；b. 心绪的茫然也可以用摇来表现；c. 到了一个陌生地点，需要观察环境也可以用摇；d. 被吓着了，往往用快甩；e. 对眼前的问题不再感兴趣也可以用摇；f. 对一个对象的仔细审视也可以用上下摇的方式。

② 用摇的空镜头暗示人物心理，充满寓意，重在艺术表现和延伸。一般在电影中常见，例如《红高粱》中红高粱的摇镜头。也可以是视野由小到大的变化等。（详见本章第二节）

2. 俯仰

俯仰是指让摄像机镜头做上下运动。

（1）俯仰的含义：主要是指人视点的垂直转移。

（2）俯仰的操作要领。

① 仰摄指缓缓地让摄像机镜头向上仰；俯拍指缓缓地让摄像机镜头向下拍。如果需要更多的头顶空间来抵消屏幕上边框的上拉力，则应该稍微仰起镜头。如果头顶空间过大，而你又想让特写中的人物多露出一点脖子和肩膀，则可以用

俯拍。

② 通过变焦镜头实现景深的变化，一般仰是从长焦过渡到广角；俯则是逆反操作。前者是由紧到松，后者则相反；在俯仰拍摄过程中要注意以你所观察的对象作为线索，逐层展开或相反；俯强调落幅，仰强调起幅。

（3）俯仰的艺术效果。

① 俯是由大到小，由广到狭的过程，同时，俯也是人心绪变化的写照，具有哲理性的思辨。

② 视点空间的变化。可以是对环境的认识，也可以是对社会历史现实的变化的感受，还可以是崇高美的拥有，或心胸狭窄的表现。可以是现实到理想的延伸，也可以是思想的提炼升华，还可以是寓意的挖掘和升华。

3. 翻转

翻转是让镜头向一侧做俯仰运动，既可以让摄像机向左运动，也可以让其向右运动。

（1）翻转的含义：主要是指人视点的垂直晃动。

（2）翻转的操作要领。

① 在向左翻转时，水平线将向上倾斜，其最低点落在屏幕的左侧，最高点在屏幕的右侧。向右翻转产生的效果相反。倾斜的水平线会使画面显得更不稳定，进而能增强动感。用手持或肩扛式摄像机做翻转运动相对比较容易，固定在支架上的摄像机无法做翻转运动。

② 翻转的幅度没有俯仰的幅度大，主要把握适中的运动幅度即可；翻转时主要靠人的腰部侧晃产生运动，而不要用肩，否则会影响画面稳定。

（3）翻转的艺术效果。

① 主要用于动感比较强的娱乐节目，增强画面的不稳定性，引起观众注意。

② 可以增加现场真实紧张的气氛，有的时候还可以产生戏剧效果。

4. 台座升降

台座升降是指提高或降低三脚架或演播室台座上的中柱。

（1）台座升降的含义：主要是指人位置的垂直变化所产生的视觉变化。

（2）台座升降的操作要领。

① 调节台座的中柱，升高或降低台座的垂直位置，进而使镜头的水平高度升高或降低。

② 将摄像机提到超过头顶的位置或慢慢将它降低到地面，即可让手持摄像机做升降运动。

（3）台座升降的艺术效果。

① 摄像机的这种运动可以使镜头处于各种水平位置来完成，也就是说，摄

像机看场景的感觉犹如你站在梯子上往下或跪在地下往上看的感觉。

② 一般台座升降垂直运动主要是改变镜头的垂直位置，这样的过程与纵深镜头的组接可以表达人们对眼前事物的认识提升，也可以表达作者对该事件的态度，而空间展示往往具有作者主观态度的艺术表达，或讽刺、或强调、或崇拜、或表达强烈的情绪。

5. 移动

移动是指借助移动式摄像机支架使摄像机沿一条大概的直线（Z 轴）移近或移开被拍摄物。

（1）移动的含义：靠近对象或远离对象。移近即将摄像机向被拍摄对象靠近；移开或移回则是让摄像机离开被拍摄对象。

（2）移动的操作要领。

① 如果采用手持或肩扛摄像机，只需将摄像机在 Z 轴上移近或移开。即便摄像机没有固定在移动式摄像机支架上，有些导演也把那些摄像机的这种移动方法叫做“推近”或“退后”，有些导演则只简单地指示说“靠近”或“离开”。

② 移动可以利用移动式摄像机支架或轨道车；人在“靠近”或“离开”被摄对象时尽量保持稳定；注意，用变焦镜头实现“靠近”或“离开”被摄对象不属于移动。

（3）移动的艺术效果。

① 在移动拍摄时，观众似乎是随着摄像机进入和退出所拍摄的画面。

② 故事的开始或结束；心理距离的远近；感情的悲喜等。（详见本章第二节）

6. 横移/跟拍

横移/跟拍是指借助移动式摄像机支架（也可手持或肩扛）使摄像机向水平方向移动。

（1）横移/跟拍的含义：如果说移动是纵向的“靠近”和“远离”对象，那么横移/跟拍就是展示对象的正面风采和水平方向的跟踪。

（2）横移/跟拍的操作要领。

① 若是左右横移，则水平移动摄像机支架并使镜头以正确角度对准移动的方向；若想跟拍某个走在人行道上的人，则必须沿着马路横移摄像机，将镜头对准该人。横移时尤其要注意保持足够的引导空间。

② 跟拍与横移往往是一个意思。有时，跟拍指单纯使摄像机跟随被拍摄的移动物体一起移动。若是使用手持或肩扛摄像机，则在将镜头对准运动物体的同时必须让摄像师与该物体保持运动方向的一致。

（3）横移/跟拍的艺术效果。

① 横移/跟拍是从水平位移的角度观察对象的一种方式；它的优势就是把人

物与环境融合起来，往往是一种常用的叙事手段。

② 横移/跟拍也是一种观众视角，通过人物的行进，同时可以展示街道、人流、社会时代背景，营造气氛和情境。（详见本章第二节）

7. 弧形移动

弧形移动是指运动路线略微呈弧线的前后移动或横移。

（1）弧形移动的含义：它与移动的含义基本相同，不同的是在跟对象横移的时候，有时根据故事情节需要或接近或远离，并呈弧线式。一般在人物出场时为由远及近，等到人物处理完事件，镜头逐渐远离。

（2）弧形移动的操作要领。

① 向左做弧形移动指前后移动时路线向左突出呈弧线，或围绕物体向左做弧线横向移动；向右做弧形运动指前后移动时路线向右突出呈弧线，或围绕物体向右做弧线横向移动。

② 若是使用手持或肩扛摄像机，只需在将镜头对准物体时沿略呈弧形的路线进行即可。如果离镜头较近的人全部或几乎全部挡住了离镜头较远的人（见图2.2a），为了突出离镜头较远的人，就必须采用过肩镜头，这时就要向左做孤线横向移动（见图2.2b）。

图2.2a　人物被遮挡

图2.2b　用弧线运动修正被遮挡

（3）弧形移动的艺术效果。

① 对访谈双方来说，一方面使长时间呆板的画面变得生动，另一方面可以强调现场环境的真实性。

② 对于电影的故事情节发生发展的节奏控制按照缓—急—缓，然后过渡到另一场是很有效的；同时它的处理方式也是对情节的一种暗示，或给观众一段心理准备的时间酝酿情绪等。

8. 升降

升降是指用摇臂或悬臂上下移动摄像机。

（1）升降的含义：视点的空间变化幅度非常大的一种拍摄，呈现空间环境与主体关系不断变化的艺术效果。

（2）升降的操作要领。

① 摇臂升高或调高指升高带有摄像机的摇臂；降低或放下指降低摇臂和摄像机。摇臂不仅能使摄像机和摄像师升降，在拍摄大场面的全景时还能加载第二个人（通常为导演），将其带到离地面 30 英尺的高空。摇臂本身由一名驾驶员和一名助手操纵，悬臂则是一种可由一名摄像师独立操作的简易摇臂。摇臂或悬臂的移动效果与台座的升降有点相似，只是镜头可以做的弧形运动是一种垂直弧形，且范围更大。例如，可以用悬臂使摄像机从拍摄舞蹈者全景的俯拍镜头过渡到摄像机贴近地面从视平线向上拍某位舞蹈者的特写的位置。将便携式摄像机举过头然后迅速降低到接近地面的高度并不能产生摇臂所产生的那种效果，除非摄像师身高 10 英尺，否则很难有充足的高低落差来模拟摇臂的运动。

② 配重要适当，保证操作灵活；机身运动与镜头运动要相协调；实拍之前要预演多次，机位运动要到位，速度节奏要注意控制。用摇臂拍摄要重点把握节奏，一个运动形式与另一个运动形式之间的过渡要有明显的定格，然后才可以进行下一个运动。

（3）升降的艺术效果。

① 主要强调垂直运动，或从上俯瞰，循着曲线途径作快速接近对象的运动，或从下向上仰视，作燕子掠过水面式运动。

② 它可以表现场面的宏大气势，也可以表现个人的英勇，重要的是它可以把二者结合起来给人以崇高感；由于升降的变化幅度大，常给人以强烈的反差感、深度感、层次感。

9. 摇臂悬摆

摇臂悬摆是指通过摇臂或悬臂使整台摄像机做从左至右或从右至左的水平移动。

（1）摇臂悬摆的含义：升降运动与悬摆运动都属于特效效果，主要是写意手法的运用。

（2）摇臂悬摆的操作要领。

① 若摇臂向左或向右悬摆，摄像机不改变所对准的大方向，只是悬臂左右摆动。摇臂悬摆能产生类似于横移的效果，但摇臂运动的水平幅度大得多，速度也快得多。摇臂的悬摆经常与升降相结合。例如，可以利用摇臂悬摆来跟拍，以突出舞蹈演员行云流水般的舞蹈动作。

② 即便你能动用摇臂，也应当尽量少用这种比较极端的摄像机运动方式，只能在有助于强调镜头的情况下使用。如果场面不是很宽广，可以让手持摄像机做水平运动，同时保持镜头的大方向不变，通过这种方法来模拟摇臂的悬摆。没

有摇臂或悬臂，无法创造出摇臂悬摆时水平掠过地面的效果。

（3）摇臂悬摆的艺术效果。

① 这是一种抒情与写意的表达方式，可以通过配乐，令观众产生美好轻盈的感觉，它是对美好生活的赞美和歌颂，使观众整体有一种放松的感觉。

② 摇臂悬摆可以把内心美好的感觉形象化，催生观众的艺术联想，同时也能强调美的形态、事物多与繁，达到美不胜收的艺术效果。

10. 变焦

变焦是指在摄像机机身保持不动的情况下改变镜头的焦距。

（1）变焦的含义：点与面的转换，“拉镜头”强调人物所处的环境，“推镜头”强调环境中的“这一个”。

（2）变焦的操作要领。

① 起幅、落幅要确定好，“拉镜头”要注意起幅，“推镜头”要注意落幅；速度要均匀，同时注意你的设备能力（镜头的变焦倍数），若够不着，效果就会打折扣。

②“拉镜头”的起幅、“推镜头”的落幅要注意聚焦实；速度根据情节需要来把握，可快可慢。

（3）变焦的艺术效果。

①“推镜头”指逐渐改变镜头焦距，使之达到长焦位置，以缩短影像与观众之间的距离；“拉镜头”指逐渐改变镜头焦距，使之达到广角位置，以加大影像与观众之间的距离。尽管变焦的结果是景物靠近或离开屏幕，而非摄像机进入或退出画面，但我们通常也将变焦归入摄像机的“运动”。

② 推拉变焦镜头可以模拟观众心态，参与剧情或游离出剧情。

2.1.2 基本运动叙述特点、表现优势、适用范围和经验习惯

运动镜头与固定镜头相比，具有画面框架相对运动、观众视点不断变化等特点，它不仅通过连续的记录和动态表现在电视屏幕上呈现了被摄主体的运动，通过摄像机的运动产生了多变的景别和角度、多变的空间和层次，形成了多变的画面构图和审美效果，而且，摄像机的运动使不动的物体和景物发生了运动和位置的变换，在屏幕上直接表现了人们生活中流动的视点和视向，不仅赋予电视画面丰富多变的造型形式，也使得电视成为更加逼近生活、逼近真实的艺术。如果说摄像机在固定画面中所形成的不同景别和拍摄镜头角度突破了观众与戏剧舞台之间的距离感和方位局限，那么，摄像机的运动就进一步彻底地改变了观众视点固定的状态，就像“天方夜谭”中的飞毯一样，摄像机摆脱了定点拍摄的局限而

“飞翔”起来，使观众能够通过屏幕用运动着的视点观察运动中的生活和生活中的运动。

随着现代科技对电视摄像的技术保障日益完善，加之影像文化的发展和不断成熟，人们通过对电视的视距样式和视觉潜能的开发，通过种种复杂、多变乃至新奇、独特的摄像装备和拍摄方式所拍到的运动画面，着实创造出一个全新的荧屏世界，令观众大饱眼福。可以说，当我们凭着拍摄固定画面的良好功底和全面素质走进电视艺术的殿堂之后，会欣喜地发现一个更为美妙、更求创造、更富诱惑的运动画面的神奇世界，会情不自禁地产生强烈的创作激情和迎接挑战的冲动。千里之行，始于足下。也正是为了尽早成为能够娴熟地驾驭运动摄像的优秀摄像师，我们必须对运动摄像的各种形式、各个环节、各项要求加以全面的了解，最终实现出色的运用。下面我们将结合传统的提法：推、拉、摇、移、跟、综合六种摄像机运动形式，对它们所产生的艺术效果、作用与表现力、拍摄时需注意的问题进行系统讨论。

1. 推镜头的两种拍摄

无论是利用摄像机向前移动还是利用变动焦距来完成的推镜头，其画面都具有以下一些特征：

图 2.3　推、拉镜头效果（自上而下为拉、自下而上为推）

（1）推镜头的艺术效果。

① 推镜头形成视觉前移效果，推摄时由镜头向前推进的过程造成了画面框架向前运动。从画面来看，画面向被摄主体方向接近，画面表现的视点前移，形成了一种较大景别向较小景别连续递进的过程，具有大景别转换成小景别的各种

特点。与固定画面不同，观众能够从画面中直接看到这一景别变化的连续过程。比如，推镜头中一个被采访者从全景到面部的特写可以在一个镜头里“一气呵成”，而不必像固定画面中那样由全景镜头跳接到特写镜头。

② 推镜头具有明确的主体目标。推镜头虽然有推速缓急的变化和推进时间长短等不同，但都可以分为起幅、推进、落幅三个部分。推镜头画面向前运动，既非毫无目标，也不是漫无边际的，而是具有明确的推进方向和终止目标，即最终要强调和表现的被摄主体，由于这个主体决定了镜头的推进方向和最后的落点。比如，拍摄摘取奥运会金牌的中国运动员时，从运动员胸佩金牌、手捧鲜花的全景镜头一直推到运动员眼噙泪花、面露微笑的生动面部特写，那么开始的那个全景画面即为起幅，最后的特写画面即为落幅，在起幅和落幅之间的连续的画面运动即为推进。

③ 推镜头将被摄主体由小变大，周围环境由大变小。随着镜头向前推进，被摄主体在画面中由小变大，由不甚清晰到逐渐清晰，由所占画面比例较小到所占画面比例较大，甚至可以充满画面。与此同时，被摄主体所处的环境由大到小，由所占画面空间较大逐渐变成所占空间较小，甚至消失“出画”。例如，在拍摄中国登山运动员成功登上珠穆朗玛峰的顶峰时，画面一开始是运动员脚踏皑皑雪山、背倚蔚蓝高天、站在国旗旁边的大全景画面，这时运动员特定的环境是清楚的，但运动员的面部表情并不十分明晰。然后用推摄向运动员的面部推去，直至特写，从画面中我们看清了运动员干裂的嘴唇、冻红的脸庞和喜悦的神情；同时，随着镜头的推进，环境中的雪山、蓝天和国旗都基本推出了画面。

（2）推镜头的作用与表现力。

① 突出主体人物，突出重点形象。推镜头在将画面推向被摄主体的同时，取景范围由大到小，随着次要部分不断移出画外，所要表现的主体部分被逐渐“放大”并充满画面，因而具有突出主体人物、突出重点形象的作用。

推镜头在形式上通过画面框架向被摄主体的接近，从两个方面规范了观众的视点和视线。一方面，镜头向前运动的方向性有着“引导”，甚至是“强迫”观众注意被摄主体的作用；另一方面，推镜头最后的落幅画面使被摄主体处于画面中醒目的结构中心位置，给人以鲜明强烈的视觉印象。也就是说，观众很容易在这一“进”一“显”的过程中领悟到画面所要表现的主要人物和形象。

比如，在拍摄新闻场面时常用推镜头来选择和交代众多参与者中的重要人物、领导者或权威人士等。在中央电视台《新闻联播》中播出的一条有关中、英香港问题联络会议的新闻里，当与会代表们步出会场，走向设在门厅正前方的两架立式麦克风接受新闻界采访时，由于现场人头攒动，加上众多新闻记者的簇拥包围，中方首席代表外交部部长钱其琛仿佛“淹没”在众人之中，记者就用一个推镜头，从略带俯角的全景画面推向钱外长回答提问的中景画面。这样，非常自然地把该新闻中的主要人物从一个纷乱熙攘的场景中突显出来，既没有割裂钱外长与周围环境的联系，又使得观众能够看清该场景中的重要人物，获取该场景中最重要的信息。

② 突出细节，突出重要的情节因素。细节在电视画面造型表现中具有重要作用，但是细节与事物整体的联系又是单一特写画面所不能交代清楚的。而推镜头能够从一个较大的画面范围和视阈空间开始，逐渐向前接近这一画面和空间中的某个细节形象，这一细节形象的视觉信号由弱到强，并通过这种运动所带来的变化引起了观众对这一细节的注意。在整个推进的过程中，观众能够看到起幅画面中的事物整体和落幅画面中的有关细节，并能够感知到细节与事物整体的联系和关系，这正弥补了单一的细节特写的不足。

而且，许多事物的细节和某些情节因素因其形象本身的细小微弱和不甚明显，在大景别画面中观众一般不易看清它。推镜头将细节形象和特定的情节因素在整体中呈放大状地表现出来，具有重点交代和突出显现的效果。比如，中央电视台《焦点访谈》的优秀节目《收购季节访棉区》中，当记者和摄像师赶往违反国家法规私自收购棉花的加工厂时，听到风声的加工厂老板仓促避去，但记者敏锐地发现老板办公室中桌上的茶杯余温犹存，显然人走不久。摄像师从全景画面推摄成记者手试茶杯温度的特写画面，非常好地传递了这种现场信息。此后，当记者追问留在加工厂未及躲避的收棉女工在干什么时，女工支支吾吾谎称在玩，摄像师发现女工发辫间有不少收棉时沾上的棉绒，于是从该女工的近景画面推摄成头发和棉绒的大特写画面，清楚地告诉观众她在说谎，摄像师在现场通过锐利的目光和有力的造型表现形式，为这次报道提供了重要的能够说明问题的细节形象和情节因素。

③ 在一个镜头中介绍整体与局部、客观环境与主体人物的关系。我们经常可以在屏幕上看到一些推镜头从远景或全景景别起幅，首先展现在观众面前的形象是人、物所处的环境，随着镜头向前推进，环境空间逐步出画，人物形象越来越大并成为画面中的主体形象。由于这种推镜头从环境出发，通过镜头运动进一步“深入”该环境中的人物，在一个镜头中既介绍了环境又表现了特定环境中的人物。如中央电视台播出的一条报道波黑战乱中儿童悲惨命运的新闻中，起幅画面是一间被炮弹炸得千疮百孔的民宅内，当镜头推向墙壁上一个较大的窟窿时，观众透过前景的弹孔居然看到隔壁那间屋子里还有两个蜷缩在角落的孩子。这个推镜头异常丰富且极具震撼力地表现出了儿童在战火中危险、无助的艰难处境。

这种推镜头还有强调全局中有这么一个局部，表现特定环境中的特定人物的意味。比如，镜头从教室的全景推至学生小王，画面语言表达了“教室里有小王”的意思，强调了“小王”这一重点形象；这样一个镜头的引申意思是“教室里有小王，而不是小李或小赵等”。而如果镜头从小王的近景拉开，然后出现教室的全景，则其画面语言传达出“小王在教室”的意思，它强调的是“教室”这一重点形象；它的引申意思是“小王是在教室里，而不是在家或在图书馆等”。由上述推摄、拉摄的对比例子可见，镜头向前运动和向后运动表现的侧重点是不同的。推镜头本身有向前运动的特点，其画面从环境到人物，从群体到个体，从整体到局部，常常强调的是环境中的人物、群体中的个体及整体中的局部。

④ 推镜头在一个镜头中景别不断发生变化，有连续前进式蒙太奇的作用。前进式蒙太奇组接是一种从大景别逐步向小景别跳跃递进的组接方式，它对事物的表现有步步深入的效果。比如，从跳孔雀舞的舞蹈演员的全景画面跳接中景画面再接模拟雀翎的手部特写画面，就是一个强调优美的手部造型的前进式蒙太奇组接。

推镜头也是画面空间从大到小，向前递进。但它还具有前进式蒙太奇组接所不具备的特点，即推镜头画面景别不是跳跃间隔变化的而是连续过渡递进的。它的重要意义在于其保持了画面空间的统一性和连贯性，消除了蒙太奇组接带来的画面时空转换可能产生的虚假性。它从大景别起幅不间断地向小景别落幅变化，使主体与所处的环境的联系具有无可置疑的真实性和可信性。比如说，拍摄两名气功师表演以铁枪尖互刺咽喉的现场节目，从两人的大全景画面一直推到某一位气功师咽喉顶住枪尖的特写画面，这一蒙太奇句子展现的是气功师是在“真刀真枪”地表演，排除了那种中途换假道具的欺骗手法，使得整个镜头表现出强烈的真实感。

⑤推镜头推进速度的快慢可以影响和调整画面节奏，从而产生外化的情绪力量。推镜头使画面框架处于运动之中，直接形成了画面外部的运动节奏。如果推进的速度缓慢而平稳，能够表现出安宁、幽静、平和、神秘等氛围。如果推进的速度急剧而短促，则常显示出一种紧张和不安的气氛，或是激动、气愤等情绪。特别是急推，被摄主体急剧变大，画面从稳定状态急剧变动继而突然停止，爆发力大，画面的视觉冲击力极强，有震惊和醒目的效果，具有一种揭示的力量。如在中央电视台《东方时空》（原《焦点时刻》）栏目播出的节目“解决经济纠纷，不能扣押人质”中，摄像师在拍摄非法拘禁众多当事人的小黑屋时，着力表现了铁门上给人质送饭的圆洞，从全景画面急推成圆洞的特写画面，给观众一种“触目惊心”的强视觉刺激，骤然充满画面的黑洞仿佛是暗示和象征了一种法律上的漏洞，具有控诉的情绪力量。

再比如，在以香港回归为主题的优秀音乐电视作品《公元1997》中，有两个形成鲜明对比的慢推和急推的段落。当歌词中唱到祖国人民对香港回归的期盼和关注时，画面中先后出现的是工人、农民、士兵等具有代表性的人群，每个人群都以缓慢而匀静的推镜头来表现，这些慢推画面组接起来传达出一种众望所归的自豪感和齐心协力的凝聚力，缓缓推进的画面造型运动喻示出这种情绪力量。而当歌词唱到有关“九七”回归日渐临近的内容时，画面中组接了数个时钟的急推镜头，如北京站前的大钟、电视大楼的顶钟等，这些“扑面而来”的时钟特写画面犹如一个个发出呐喊的巨口，告诉全世界香港回归的时间就要到来。这种动感强烈、极富冲击力的急推形式直观形象地外化出了香港回归的紧迫感和喜悦感，充分地表现了歌曲内容的情感意义。可见，对推镜头不同推进速度的控制，可以通过画面节奏和运动节奏反映出不同的情感因素和情绪力量，可以由画面框架和视觉形象快慢不同的运动变化引发观众对应的心理感受和感情变化。

⑥ 推镜头可以通过突出一个重要的戏剧元素来表现特定的主题和含义。在电影故事片和电视剧中，推镜头将画面从纷乱的场景引到其细小的表情动作等，通过画面语言的独特造型形式突出地刻画那些引发情节和事件、烘托情绪和气氛的重要的戏剧元素，从而形成影视所特有的场面调度和画面语言。比如，在电视剧《凤凰琴》中有一场雨天里张老师在课堂上念作文的戏，作文是一个女学生讲述自己的母亲起早贪黑采摘中药、赚钱为山村小学筹集办学经费的动人故事，画面以写这篇作文的眼含泪水的女学生为起幅，略带仰角地向教师对面的屋檐推去，落幅是雨水打在屋檐上如注滴落的近景画面，喻示出片中人物的心理活动和当时场景下的情绪气氛。如果这一近景画面不用推镜头的方式把它突显出来，那么这雨水就仅仅是场景中微不足道的环境因素。而当镜头向它“奔”去并以近景景别将它清晰地呈现在画面上时，它就成了极其重要的戏剧元素，具有了深刻的喻义和表现力量。像这样的调度和画面表现，在摄影照片中是不可能实现的。

⑦ 推镜头可以加强或减弱运动主体的动感。当我们对迎着摄像机镜头方向而来的人物采用推摄时，画面框架与人物形成逆向运动，画面向着迎面而来的人物奔去，双向运动使得它们在中途就相遇了，其画面效果是明显加强了人物的动感，仿佛其运动速度加快了许多。

反之，当对背向摄像机镜头远去的人物采用推摄时，由于画面框架随人物的运动一并向前，有类似跟镜头的效果，使向远方走去的人物在画面的位置基本不变，因而就减弱了这个人物远离的动感。比如，拍摄走向刑场的革命烈士时，从背面推摄的画面效果就会使得烈士的步伐凝重、深沉，仿佛有一种不舍其去的挽留之意。

对于运动的人物如此，对其他运动物体亦然。需要指出的是，在推摄时如果用变焦的方式，因为镜头运动的范围受变焦镜头的变焦倍数所限，故只能在一段距离之内实现对运动主体的动感加强或减弱的修饰。

2. 拉镜头

拉镜头是与推镜头相反的摄像机运动形式。

（1）拉镜头的艺术效果：与推镜头的艺术效果相反。

（2）拉镜头的作用与表现力。

① 拉镜头有利于表现被摄主体和主体所处环境的关系。拉镜头使画面从某一被摄主体逐步拉开，展现出主体周围的环境或有代表性的环境特征物，最后在一个远远大于被摄主体的空间范围内停止。也就是说在一个连贯的镜头中，既在起幅画面中表明了主体形象，又在落幅画面中表现了主体所处的环境或情境。这种从主体引出环境的表现方式是一种从点到面的表现方式，它在点面关系上具有两个层面的意思：

其一，表现此点在此面的位置。拉镜头常有“某人（或某物）在某处”的意味。比如，在《焦点访谈》专访来华访问的古巴领导人卡斯特罗的节目结尾，起幅画面是卡斯特罗神采飞扬的特写画面，待镜头拉出后，观众在全景画面中看见他正站在万里长城之上，或许正兴奋地告诉翻译自己成了“好汉”呢。这个拉镜头说明了“卡斯特罗站在中国长城上”的新闻事实。

其二，表明点与面所构成的某种关系。比如，在一则反映美国前棒球明星辛普森涉嫌谋杀到法庭接受审判的新闻中，有一个拉镜头的起幅画面是一名头戴钢盔、手持冲锋枪的白人警察严阵以待的中景画面，随着镜头逐渐拉开，观众看见他站在法庭大门前的台阶上，正紧张地注视着在法院前的大街上游行示威的人群，落幅画面中，这个白人警察和其同事们组成的警戒线非常醒目地横在了高大威严的法院和示威人群之间。这个拉镜头从这名白人警察开始，看似是对警察这个形象的强调，实际上它的全部意义是在画面最后出现他处身的特定环境时才完成的。它强调的是此点（警察）和此面（警戒现场）的关系，并以该镜头的落幅画面作为揭开画面表现意义的关键之笔。

② 拉镜头画面的取景范围和表现空间是从小到大不断扩展的，使得画面构图形成多结构变化。由于拉镜头从起幅开始画面表现的范围不断拓展，新的视觉元素不断入画，原有的画面主体与不断入画的形象构成新的组合，产生新的联系，每一次形象组合都可能使镜头内部发生结构性的变化。它不像推镜头，被摄主体和画面结构一开始就在画面中间表现出来，观众对起幅中已出现的主体和结构关系早有思想准备。而拉镜头的画面随着镜头的拉开和每个富有意义的形象入画，促使观众随镜头的运动不断调整思路，去揣测画面构图中的变化所带来的新意义及引发出的新情节，这样逐次展开场面的拉镜头比推镜头更能抓住观众的视觉注意力。

举例说，中央电视台《人与自然》中一个讲述非洲热带草原上动物生存的故事短片，其中有这样一个拉镜头：起幅画面中羚羊群在一个水塘边饮水，随着镜头逐渐拉开，依次入画的有在饮水的几头非洲象和一群斑马，时值黄昏，水面波光影映，好一派宁静和美的景象！镜头继续拉开，画面右下方的草丛中忽然出现了两只猎豹，顿时令“群兽饮水图”为之一变！在最后的落幅中，陡然发现了猎豹的动物们仓皇逃散，哪里还有刚才的那般宁静？可见，拉镜头不仅逐渐扩展了视阈空间，而且随着镜头的拉开不断入画的新形象会给予观众一种新感觉，先后出现的形象及其变化组合使得镜头表现富有层次，有时候能产生“一波三折”、“一咏三叹”式的结构变化和情节变化。

③ 拉镜头可以通过纵向空间和纵向方位上的画面形象形成对比、反衬或比喻等效果。拉镜头是一种纵向空间变化的画面形式，它可以通过镜头运动首先出现远处的人物或景物，随着画面的拉开再出现近处的人物或景物，然后将前景的人物、景物和背景的人物、景物同处于落幅画面之中，利用其间的相对性、相似性或相关性产生内容上的相互关系和结构上的前呼后应。比如，一则呼吁精神文明建设的新闻中，有一个拉镜头的起幅画面是一个妇女坐在街边嗑瓜子并乱吐瓜子壳，待镜头拉开，在她身侧两米的地方就是一个广告牌，上面还有清晰可辨的“请勿乱扔果皮纸屑”的字样。这一前一后的两个画面形象，无疑产生了非常明显的对比关系，其画面意义可谓一目了然。

拉镜头这种利用纵向空间上的两个具有相关性的画面形象形成某种对比关系的表现方法，与摇镜头通过镜头摇动对横向空间上的两个事物的对比表现有着异曲同工之处。所不同的是，拉镜头侧重于纵深方向上两点形象的捕捉，而且能够在落幅中使其前后共存；摇镜头则适合于横向空间中两个主体的表现，但一般很难将这两个主体同时保留在落幅之中。

④ 拉镜头以不易推测出整体形象的局部为起幅，有利于调动观众对整体形象的逐渐出现直至呈现完整形象的想象和猜测。随着镜头的拉开，被摄主体从不完整到完整，从局部到整体，给观众一种“原来是……”的求知后的满足。这种对观众想象的调动本身，形成了视觉注意力的起伏，能使观众对画面造型形象的认识不是被动地接受，而是主动地参与。比如说，在一条反映黄河两条支流所在县不同“治黄”态度的新闻中，有一个拉镜头的起幅是一半清澈、一半混浊的黄河河水的近景画面，乍看起来观众不能明白这是怎么回事。待镜头逐步拉开，原来这是黄河两条支流交汇处的河面，在最后的大全景落幅画面中，观众就能够清楚地看到其中一条支流是清绿洁净的，另一条则是混浊泛黄的，这才弄明白了同一条河却“泾渭分明”的原因所在。

此外，拉镜头这种逐步展开式的画面造型方式，还常在电视剧中起到“拉”出“意料之外”情况的作用。比如一个特务正在跟踪我地下党员，待镜头拉出，这个特务分子的身后还有一名我地下党员在跟踪着他。类似这种精心设计、调度的戏中戏，会让观众在一系列意想不到的变化中去思考和回味。

⑤ 拉镜头在一个镜头中景别连续变化，保持了画面表现时空的完整和连贯。拉镜头的连续景别变化有连续变化又连续后退式蒙太奇句子的作用。与推镜头正好相反，它是小景别向大景别的过渡，但它们在通过镜头运动而不是通过后期编辑来实现景别的变化这一点上又是一致的。因此，拉镜头由于表现时空的完整和连贯，同样在画面表现上具有无可置疑的真实性和可信性。

世界著名的“空中飞人”科克伦1996年在中国的长江三峡上走高空钢索时，摄像师拍摄了这样一个拉镜头：中景起幅画面中科克伦神情专注，手握数米长的平衡竿，小心翼翼地向前行进，猛烈的山风吹得他头发零乱、衣襟乱飞；随着镜头逐渐拉开，观众看到他脚下那直径仅有寸余的钢索，以及他时而摇晃的身姿，在略带仰角的落幅画面中，系于两边峡岸上的一线钢索上，科克伦的身影已经很小了，观众还看到了高悬的钢索之下湍急的江流，可以说这个拉镜头十分真实地表现了科克伦“飞”越三峡时的惊险场景。更重要的是，这样一个拉镜头从人物中景到大全景场面的过渡是不间断的，因而它排除了画面编辑、分切所具有的时空、人物的转换可能性，观众通过整个镜头看到的是同一个人的表演，是当时环境中真真切切的现实。因此，在纪实性节目的拍摄中，我们可以有意识地运用推、拉镜头来强化时空连贯的纪实性效果和造型表现上的真实性。

⑥ 拉镜头内部节奏由紧到松，与推镜头相比，较能发挥感情上的余韵，产生许多微妙的感情色彩。拉镜头的起幅画面往往是主体形象鲜明突出，有先声夺人的艺术效果，随着镜头的拉开，画面越来越开阔，相应地表现出一种“豁然开朗”的感情色彩。如，苏联影片《一个人的遭遇》中有一个著名的拉镜头：主人公索克洛夫逃出监狱后，躺在一片草地上，镜头从逃亡者的上空逐渐拉开（伴有升起），树林入画了，河流入画了，山丘入画了，人在大自然中那么渺小，天地却是如此宏阔，主人公被大自然拥抱了，他自由了。或许只有这样的画面语言和表达方式才能如此生动形象地传达“自由”的含义。在这里，富有思想的拉镜头运动使得画面的造型富有了感情。

再比如，在一部反映老年人晚景的专题片里，摄像师把一个儿孙不孝、独居窄巷的老大爷推着卖冰棒的小车缓步回家的情形处理成拉镜头：夕阳余晖下的深长的小巷里，老人佝偻的身躯逐渐远去，画面中仿佛渗透着一种难于言表的酸楚、凄凉之感。可见，拉镜头如果运用得当，往往能在特定情境下“拉”出情绪、“拉”出感情，有一种延展画面时空、回味画面内涵的意味。

⑦ 拉镜头常被用作结束性和结论性的镜头。拉镜头画面表现空间的拓展反衬出主体的远离和缩小，从视觉感受上来说，往往有一种退出感、凝结感和结束

感。在最终的落幅画面中，主体仿佛是像戏剧舞台上的“退场”和“谢幕”一般。如我国影片《少年犯》中，调查少年犯罪问题的女记者的儿子最终也成为少年犯而被公安人员带走，她不知所措地望着远去的警车。镜头从她的中景逐渐拉开，人物形象愈来愈小，最后消失在层层叠叠的楼群之中，镜头落幅是这个城市鳞次栉比的楼群的大远景画面。这个拉镜头不仅通过画面造型本身表现了主人公“远去”，故事“终结”，喻示着影片的结束，同时通过镜头运动引发了这样的思绪：少年犯罪问题也许不只是这个记者一个家庭的悲剧，而是一个应当引发社会各界和千百个家庭重视的社会问题。

再比如，一则反映城市儿童缺乏运动场所和游戏绿地的新闻，结束部分也是一个拉镜头：起幅画面中几个小男孩在街边的一小块草坪上踢足球，周围车来人往，镜头逐渐拉开，远处出现了一座正在紧张施工的高大楼宇的全景画面。在最后的落幅里，前景是几个追来逐去的小男孩，背景是显得异常庞大的钢筋混凝土建筑。这个拉镜头也带有某种结论性的意蕴，即此起彼伏的城市建设仍在不断地侵蚀着本已严重不足的儿童活动空间。

⑧ 利用拉镜头来作为转场镜头。从特写拉成全景的拉镜头，由于其起幅特写画面背景空间表现的不确定性，经常在电视剧等节目中被用作转场镜头，它使得场景的转换连贯而不跳跃，流畅而不突兀。如要表现主人公从办公室到自己家里的转场，就可以作这样的处理：主人公在办公室的桌边坐下，下一个镜头即接我们所说的转场式的拉镜头——从主人公特写拉开成为全景画面，只不过，这时主人公已经是坐在家中的沙发上了。像这样以拉镜头转场的情况，在各类电视节目中还有很多，需要我们认真观察和学习，以便自己在实践中运用。

3. 摇镜头

图 2.4　摇镜头效果

(1) 摇镜头的艺术效果。

① 摇镜头犹如人们转动头部环顾四周或将视线由一点移向另一点的视觉效果。在镜头焦距、景深不发生变化的情况下，画面框架发生了以摄像机为中心的运动，观众的视点随着镜头“扫描”过的画面内容而相应变化。如摇镜头从射击运动员摇到他正瞄准的靶面，就仿佛是观众把视线从运动员转向了靶子。

② 一个完整的摇镜头包括起幅、摇动、落幅三个贯连的部分。摇镜头的运动使得画面的内容不通过编辑而发生了变化，画面变化的顺序就是摄像机摇过的顺序，画面的空间排列就是现实空间原有排列，它不破坏或分割现实空间的原有排列，而是通过自身运动忠实地还原出这种关系。如画面从起幅的教室向右横摇至落幅的图书馆，那么在所拍摄的现实中，也是这种教室在左、图书馆在右的位置关系。

③ 一个摇镜头从起幅到落幅的运动过程，迫使观众不断调整自己的视觉注意力。由拍摄者控制的摇摄方向、角度、速度等均使摇镜头画面具有较强的强制性，特别是由于起幅画面和落幅画面停留的时间较长，而中间的摇动中的画面停留时间相对较短，因此，摇摄的起幅和落幅犹如一个语言段落中的“起始句”和“结束语”，更能引起观众的关注。

④ 展示空间，扩大视野。电视画面由于框架内空间的局限，对于一些宏大的场面和景物的表现就往往显得力不从心。摇镜头通过摄像机的运动将画面向四周扩展，突破了画面框架的空间局限，创造了视觉张力，使画面更加开阔，周围景物尽收眼底。

这种摇镜头多侧重于介绍环境、故事或事件发生地的地形地貌，展示更为开阔的视觉背景，它具有大景别的功能，又比固定画面的远景有更为开阔的视野，在表现群山、草原、沙漠、海洋等宽广深远的场景时有其独特的表现力量。电视连续剧《木鱼石的传说》中，第一个镜头用远景缓摇，画面是群山连着群山，云海连着云海，莽莽苍苍，云腾雾绕，一下子就把观众带到了特定的故事氛围中。

这种展示空间、扩大视野的摇镜头通常是用远景景别或全景景别匀速而平稳地摇摄完成，其立意是通过摇的全过程给人一个完整的印象，而不是具体地描述某一个物体，它对镜头整体形象的追求大于对具体细节的描述。这种摇镜头常侧重写虚造境，追求画面意境和气氛，有较强的抒情性。比如，有一条反映国庆节天安门广场上万众瞩目看升旗的新闻，摄像师用一个摇镜头摇过围观的人群，只见人群有年逾花甲的老夫妻、有戴着红领巾的少先队员、有大学生模样的年轻人、有胸前佩戴勋章的老红军……他们抬头仰视的神态、严肃的面部表情等，形成了画面总体效果上的庄严肃穆的气氛。

（2）摇镜头的作用与表现力。

① 有利于通过小景别画面包容更多的视觉信息。摇镜头扩展了画面的表现空间，可以包容更多的视觉信息。对超宽、超广的物体，如跨江大桥、拦河大坝等横线条景物用横摇；对超高、超长的物体，如高耸入云的电视信号发射塔、幽深的山谷等纵线条景物用纵摇，能够完整而连续地展示其全貌。这种超比例形状的再现，本身包含了镜头运动的表现性，正是摇镜头的运动和扩张把被摄物的形状表现出来，形成壮观雄伟的气势。特别是对长条幅的会标、高压输电线、旗杆等细长物体，摇镜头又以包容视觉信息量大显得有力量。它可以根据物体特征而运用较小的景别，让物体充满画面，将无意义的部分排除在画外，“摇出”一幅视觉信息饱满且容量大的横卷或纵卷，达到用小景出大效果的目的。

② 介绍、交代同一场景中两个物体的内在联系。生活中许多事物经过一定的组合后都会建立某种特定的关系，这些关系如果一同放在一个大视野中并不容易引起人们对它的注意，而用摇镜头将它们分开再合成表现时，可以在形式上提醒人们注意。随着对摇摄所建立起来的前后关系的回味，人们很容易从中悟出创作者的表现意图，达到随着镜头的运动而思考的目的。创作者也正是利用人们具有的这种思维联想特性，运用镜头运动所形成的画面语言来讲述故事、表现生活。如果将两个物体或事物分别安排在摇镜头的起幅和落幅中，通过镜头摇动将这两点连接起来，这两个物体或事物的关系就会被镜头运动造成的连接提示出来。例如，从新闻发言人摇到听取发言的新闻记者，从国徽摇到正在宣读判决书的法官，从国旗摇到旗杆下的士兵，等等。在这样的画面中，新闻发言人与记者、国徽与法官、国旗与士兵的关系用镜头语言表现得十分清楚。

摇镜头除了通过镜头摇动使两个物体建立某种联系外，还通过摇出后面的物体对前面的物体的进一步说明来规范观众的思路。例如，画面表现一个人走进一个大门后镜头摇起来出现邮局的牌子，画面通过视觉形象明白地告诉观众这个人走进的是邮局，而不是别的地方。由于有了后面这个画面才使得前面画面的意义更为明确。在故事片和电视剧中，常用这种看似无意实则有心的表现方法为后面的剧情发展埋下伏笔。

③ 利用性质、意义相反或相近的两个主体，通过摇镜头把它们连接起来表示某种暗喻、对比、并列、因果关系。例如，从一个正在扫地的清洁工摇到一旁正往地上吐瓜子皮的青年；从一片花丛摇到一群天真的孩子；从树上的乌鸦摇到树下的赌博者；从一个正向外涌出工业废水的管道口摇到河里漂浮的死鱼。这种通过摇来建立某种对应关系的镜头，如同对列蒙太奇的表现性组接一样，把生活中富有对比因素的两个单独形象连接起来，它所表现的意义远远超出这两个形象本身，但需要注意的是，两个单独形象必须在同一场景中，确切地说是在摄像机

所能拍摄到的视阈范围中。这本身就因两个事物在同一时空而具有了强大的真实性，它比对列蒙太奇那种将两个场景中拍摄的画面组接在一起的表现方法更少人为加工的痕迹和节目制作者的主观表现性，因而在纪实性节目中具有不可置疑的论证力量。

④ 在表现三个或三个以上主体或主体之间的联系时，镜头摇过时或作减速，或作停顿，以构成一种间歇摇。间歇摇在一个镜头中形成了若干段落或间歇，常常用来表现或揭示一组画面主体由于某一因素或原因所构成的内在联系。这种摇镜头通过镜头的运动轨迹形成一条无形的线和线上间隔相连的点，把几个主体串联起来，有红线串散珠的艺术效果和作用。比如，拍摄中国女排姑娘们喜获冠军后一同站在领奖台上的画面时，就可以用一个一气呵成的间歇式的摇镜头，摇过每个队员时稍作暂停而又不切断，既让观众看到每个队员的不同神态和表情，同时又通过画面的造型形式喻示出这是个团结奋进的大集体。

《东方时空》的《时空报道》栏目中有一期“马路求援者的真实面目”的报道，揭发了一些贵州农村女青年冒充因家贫失学的大学生骗取过往行人的同情和捐赠的情况。当这些被揭穿后的女青年被带到公安局时，记者用了一个间歇式摇镜头摇过了站成一排的行骗者，在每个人的特写画面上停顿一下之后把她们“串”了起来，既让观众看到她们各自的模样和不同的反应，又给观众一个行骗团伙的整体印象。

⑤ 一个稳定的起幅画面后利用极快的摇速使画面中的形象全部虚化，以形成具有特殊表现力的甩镜头。用几个有清楚稳定的起幅而无清晰明确的落幅的急速摇镜头组接起来，从画面效果上看酷似急速的间歇摇，但它与间歇摇的重要不同点在于它是由编辑完成的，而不是一个镜头拍得的。这种甩镜头组接的画面动感更强、力度更大，整个画面从急停到急速运动再到急停反复多次，使画面运动有一种突然性和爆发力。在一部讲述美国职业篮球巨星“飞人”乔丹奋斗史的专题片中，有一组甩镜头，起幅都是乔丹飞身上篮的画面，然后甩虚，接在一起之后形成了乔丹不断起“飞”、虚化的运动历程，非常具有视觉冲激力地刻画出乔丹那种在篮球场上君临一切、无法阻挡的运动天赋。

由于甩镜头表现的不是同一视阈内的事物，因而拍摄时要求甩（急摇）的部分一定要甩虚，否则从视觉上不能拉开各组事物的空间距离，就与间歇摇无区别了。拍摄时急摇的部分应注意选择纵向线条丰富、较密集、有层次的景物，才容易得到好的效果。

⑥ 用追摇的方式表现运动主体的动态、动势、运动方向和运动轨迹。用长焦距镜头在远处追摇一个运动物体，摇动的方向、角度、速度均以这个被摄动体为“基点”，被摄体朝哪运动镜头就摇向哪方，被摄体移动快，镜头摇动也快，

用此方法将被摄动体相对稳定地处理在画框内的某个位置上，这种摇镜头可以使观众在一段时间里看清这个动体的动态、动姿和动势，例如在电视体育节目中经常见到的场地赛马，摄像机在场地中心随奔跑的马摇动，观众通过画面可以在较长的时间内清楚地看到运动员在马背上的身姿及赛马四蹄腾飞的动态。

用长焦距镜头追摇某个运动物体，在有众多不同方向、不同速度的运动体的场面中，当镜头摇速与被摄主体运动速度一致时，可以将这一运动主体从混乱的场面中分离出来，达到突出主体的效果。比如，在现场直播一场马拉松比赛的过程中，摄像师发现一个须发皆白、精神矍铄的老人也在人群中慢跑，为了表达“重在参与”的奥林匹克体育精神，他用了一个追摇镜头来跟拍这位老人，因为老人的速度是所有参赛者中最慢的，因此，这个摇镜头中老人的主体形象始终是清晰的，其他的参赛者都快速地“划过”了画面。

⑦ 对一组相同或相似的画面主体用摇的方式让它们逐个出现，可形成一种积累的效果。

如同修辞学中的排比句，在一段视觉流中，同形物体的重复出现可以强化人们对这个物体的印象。例如对摩天大楼的表现，从镜头的起幅到落幅，出现在画面上的是不断运动并且不断重复的楼层而不用全景景别逐层向上摇。这种摇镜头延长了人们对大楼的视觉感知时间，加深了对大楼高度的印象。在对同一幢楼的表现上，用积累式摇镜头比用一个全景固定镜头要显得高大得多。

再比如，在一条批评非法偷猎者残杀国家保护动物的新闻中，一个摇镜头摇过了摆在地上的那些被杀的动物，如穿山甲、娃娃鱼、红腹锦鸡等，一一展现在观众的眼前。这种积累式的摇镜头，仿佛是强化了非法偷猎者的破坏力量，更有一种着实让人触目惊心的视觉效果。可见，积累式摇镜头不仅是画面形象的叠加，它往往也是表现力的“积累”、情绪的“积累”。

⑧ 用摇镜头摇出意外之物，制造悬念，在一个镜头内形成视觉注意力的起伏。观众对电视节目的观看不完全是被动的，时常主动地通过联想对画面未出现的事物进行猜测，当摇镜头摇出观众预料之外的事物，观众的猜测线索就会被阻断，随之而来的是对意外之物的注意和疑问，形成悬念，引发兴趣。比如，有一则介绍陕西农民用兔毛做成各种工艺品出口到海外的报道，当镜头对到漂亮的兔毛帽上时，按正常思路这个兔毛帽无疑也是一件陈设的工艺品。不料，帽子突然抬起，露出一个头顶这个帽子的小女孩的脸，由工艺品摇出活人，出乎预料之外，引起了观众极大的兴趣和注意。

⑨ 利用摇镜头表现一个主观镜头。在镜头组接中，当前一个镜头表现一个人环视四周，下一个镜头用摇所表现的空间就是前一个镜头里的人所看到的空间。此时摇镜头表现了戏中人的视线而成为一种主观性镜头。

另外，当画面从主体人物摇开，摇向主体人物所注视的空间，这种摇镜头也表现了主体人物的某种视线，同样也具有主观镜头的作用。

利用水平的倾斜摇、旋转摇，表现一种特定的情绪和气氛，同时摇镜头也是画面转场的有效手法之一。视觉经验告诉我们：如果想使画面具有包含倾向性的张力，最有效和最基本的手段就是让画面倾斜。倾斜可以破坏观众欣赏画面时的心理平衡，造成一种不稳定感、不安全感。同时，倾斜也可以造成一种欢快、活跃的气氛。倾斜的画面加之摇动，不稳定、不平衡的因素更为强烈。在一部介绍西班牙斗牛士的专题片中，拍摄一位著名斗牛士的斗牛实景时就用了一个很成功的倾斜式环摇，画面随着野生公牛和斗牛士的运动带有一定角度地追摇过去，只见天旋地转、人奔牛跑，看台上的观众也倾斜地旋转了起来，非常直观、形象地表现了那种紧张、刺激而又略带血腥的现场氛围。此外，现在有很多音乐电视作品也大胆使用一些造型新颖独特的非水平摇摄镜头，以获取视觉上的冲击力和吸引力。

摇镜头可以通过空间的转换、被摄主体的变换引导观众视线由一处转到另一处，完成观众注意力和兴趣点的转移。比如，从脚手架上的施工人员摇到地面上正在分析图纸的工程师，就是从一个场景向另一个场景的转换。

（3）摇镜头的拍摄要求。

① 摇镜头必须有明确的目的性。摇摄形成镜头运动迫使观众随之改变视觉空间，观众对后面摇进画面的新空间或新景物就会产生某种期待和注意，如果摇摄的画面没有什么可给观众看的，或是后面的事物与前面的事物没有任何联系，这种期待和注意会变成失望和不满，破坏观众对画面的欣赏心境，所以摇摄一定要有目的性。镜头的运动应使画面具有某种表现因素，摇摄不应成为表现的目的，而只能是表现的手段。

② 摇摄的速度应与画面内的情绪相对应。摇摄的速度也会引起观众视觉感觉上的微妙变化，任何一个成功的摇镜头都离不开对摇摄速度的正确设计和精心控制。

追随摇摄运动物体时，摇速要与画面内运动物体的位移相对应，拍摄时应尽量将被摄主体稳定地保持在画框内的某一点上，如果两者速度不一致，摇得过快或过慢，运动物体在画面上就会时而偏左、时而偏右，显示出忽快忽慢的动态，迫使观众不断调整视线，容易产生视觉疲劳和不稳定感。从某种意义上讲，追摇的全部美感价值都建立在摇摄速度和画内动体速度对位的基础上。

在介绍和交代两个事物的空间关系时，摇速直接影响着观众对这两个事物空间距离的把握，慢摇可以将现实两个相距较近的事物表现得相距较远；反之，快摇可以将现实两个相距较远的事物表现得相距较近。这种远近距离感同时还伴有明显的感情色彩。

摇摄速度的快慢作用与人的视觉知觉即会产生一种情绪的变化，摇摄的速度要注意与画面情绪发展相对应。画面内容紧张时，摇速相对快些；相反，画面内容抒情时，摇速相对慢些。

摇摄的速度还应考虑到观众对画内事物的辨认速度，以及对画内有价值形象的识别速度。对于不易识别、不易分辨，容易造成视觉错觉的物体，以及线条层次丰富、复杂的景物，拍摄时摇速应适当慢些。而对那些非重点表现区域，对于中心点、兴趣点两点之间的那些非主要物体的表现，摇速就应快些。可以说，对摇摄速度的把握反映了一个创作者对电视造型语言的把握程度。

③ 摇镜头要讲求整个摇动过程的完整与和谐。摇镜头的全部美感意义不在于单一画幅上构图的完整和均衡，而在于整个摇摄过程中的适时与和谐。一般来讲，摇摄的全过程应当稳、准、匀，即画面运动平稳、起幅落幅准确、摇摄速度均匀。在用远景或全景景别拍摄摇镜头时，如无特殊表现意图，还应注意保持画面内地平线的水平。倘若起幅、落幅还算精美，中间的摇动却时断时续、磕磕绊绊，肯定会令观众十分反感，反而无意欣赏起幅、落幅的优美构图和画面形象了。诸如此类的问题还有很多，稍不注意，都可能因为某一方面的失误影响到整个摇镜头的收视和审美。

④ 摇镜头的操作要领包括起幅要有预留时间、跟焦要准（凭感觉匀速调节聚焦环）、速度适当（一般是匀速）、落幅要稳、站姿要适当、运动要连贯、正式拍摄要先演习一次或多次（最好用架子）、调整好呼吸等。

总之，对摇镜头各环节的处理应有个总的观照，在有条件允许从容地拍摄时是这样，在紧张的抢拍过程中也应是这样。不同的是，前者在拍摄时可以细心琢磨，后者需要的是凝平日之功一发。

4. 移动摄像

移动摄像是以人们的生活感受为基础的。在实际生活中，人们并不总是处于静止的状态中观看事物。有时人们把视线从某一对象移向另一对象；有时在行进中边走边看，或走近看，或退远看；有时在汽车上通过车窗向外眺望。移动摄像正是反映和还原了人们生活中的这些视觉感受。

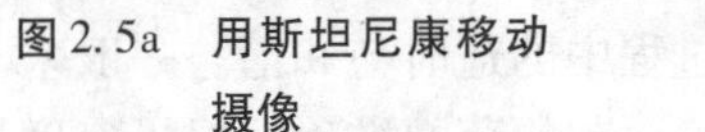

图 2.5a 用斯坦尼康移动摄像

图 2.5b 移动摄像效果

（1）移动摄像的艺术效果。

① 摄像机的运动使得画面框架始终处于运动之中，画面内的物体不论是处于运动状态还是静止状态，都会呈现出位置不断移动的态势。比如，用移动镜头拍摄人民英雄纪念碑碑身上的浮雕，虽然纪念碑是屹立不动的，但画面中的浮雕却会表现出位移和连续运动的态势。

② 摄像机的运动直接调动了观众生活中的视觉感受，唤起了人们在各种交通工具上及行走时的视觉体验，使观众产生一种身临其境之感。特别是当摄像机的运动是用来描述一个人的主观视线或者说摄像机所表现的视线就是节目中某个人物的视线时，这种镜头运动就具有了强烈的主观色彩。移动镜头也是由于它所具有的这种特点，因而比剪辑的画面更富有主观性。

③ 移动镜头表现的画面空间是完整而连贯的，摄像机不停地运动，每时每刻都在改变观众的视点，在一个镜头中构成一种多景别多构图的造型效果，这就起着一种与蒙太奇相似的作用，最后使镜头有了它自身的节奏。

移动摄像机根据摄像机的方向不同，大致分为前移动（摄像机机位向前运动）、后移动（摄像机机位向后运动）、横移动（摄像机机位横向运动）和曲线移动（摄像机随着复杂空间而做的曲线运动）四大类。

（2）移动镜头的作用与表现力。

① 移动镜头通过摄像机的运动开拓了画面的造型空间，创造出独特的视觉艺术效果。电视艺术是通过电视屏幕表现生活图景的，但是电视画面的表现范围却受到四边画框的严格限制，移动摄像使电视画面造型突破这种限制成为可能。电视系列片《丝绸之路》摄制组在拍摄“敦煌彩画”一集时，在一幅高 1 米、

长13米的壁画前遇到了麻烦。用前面讲过的摇镜头、推镜头和固定镜头，都不能完整而连贯地表现这一特殊画幅比例的壁画，画面造型效果都不理想。最后他们在壁画前铺上了移动轨拍了一个横移动镜头，由于横移动镜头使画面框架向两侧合理延伸，随着镜头移动画面构图不断变化，巨大壁画中各种纷繁复杂的人物和景物在镜头不停的流动中有机交织成一个整体，详尽地反映了壁画中众多景物的联系，烘托出壁画的浩大气势，产生了摇镜头和推镜头难以产生的造型效果和艺术氛围。

如果说横移动镜头在横向上突破了画面框架两边的限制，开拓了画面的横向空间，那么纵移动镜头就是在纵向上突破了电视屏幕的平面局限，开拓了画面的纵向空间。纵移动镜头向前或向后的移动，在电视画面中直接通过运动显示了画面的深度空间。在画面造型上，它不再仅仅依靠影调和透视这些平面造型的规律来表现立体空间，而且利用镜头纵向运动，在运动中展示一个除了长和宽之外还有纵深变化的立体空间，给人造成一种强烈的时空变化感。例如电视系列节目《话说长江》的航拍镜头，在电视屏幕上给我们展示出了这样一些立体化的视觉形象：随着飞机的向前运动，起伏的山峦在两边移过，蜿蜒的长江在向前延伸。画面中的景物不仅有了高度和宽度，同时，在镜头的不断向前运动中还展现了它的长度和深度。

② 移动镜头在表现大场面、大纵深、多景物、多层次复杂场景时具有气势恢宏的造型效果。在现实生活中，我们面前的视觉空间常常是复杂多变的。视阈内景物之间的相互重叠，使我们很难在一个视点上对整个空间有完整的认识。面对一些复杂的场面和场景，前面谈到的固定画面、摇镜头、推镜头、拉镜头，在造型表现上都显得“力不从心”，有很大的局限性。而用移动摄像的表现方式就有“如鱼得水”、“游刃有余”的优势。移动摄像机摆脱了定点拍摄方式，摄像机可以在所能进入的空间里随意运动并通过运动形成的多角度、多景别、多构图画面，对一个空间进行立体的多层次的表现。同时还可以有控制地逐一展现景物，有时只要稍稍改变一下摄像机的位置或角度就能形成一个全新的、引人注目的构图。与推、拉、摇镜头相比，移动镜头在空间表现上具有更大的自由度，它的最大优点在于对复杂空间表现上的完整性和连贯性。比如，在一则表现1996年10月发生在厄瓜多尔的足球惨案的新闻里，画面中地点是被球迷拥挤踩踏以致倒塌的球场看台，警卫人员、救援人员等来往穿梭，现场一片狼藉和混乱。记者拍摄时用了一个很长的移动镜头，画面中时而穿过忙碌的医务人员，时而划过倒在地面的死难者，时而绕过被挤得变了形的看台铁丝护栏网……这个长镜头非常好地记录和表现了事故后的现场实况。再比如一些大型运动会的开幕式上，拍摄大型团体操表演时，摄像师常常会进入表演的行列中拍摄一些移动镜头，以表

现团体操方阵内部的阵形变化和众多表演者的具体情况，有一种很强的动感和纵深感。倘若只用推、拉、摇等镜头，则难以再现出团体操的局部层次感和内部的纵深变化。

近年来，在电视节目中出现了越来越多的航拍镜头。航拍镜头是在一个更大的范围内对完整空间的表现，赋予了电视画面更为丰富多样的造型效果。航拍除了具有一般移动镜头的特点外，还以其视点高、角度新、动感强、节奏快等特点展现了人们在生活中不常见到的景象，赢得广大电视观众的喜爱。特别是在许多电视系列片，如《话说长江》、《话说运河》、《望长城》中，大量的航拍镜头将观众视点带到空中，居高临下、极目远眺，把辽阔无垠的壮美河山尽收眼底，扩大了画面表现空间的容量，形成了浩大的气势，成为节目表现景物的中坚画面。

③ 移动摄像通过有强烈主观色彩的镜头表现出更为自然生动的真实感和现场感。移动镜头使摄像机成了能动的活跃的物体。机位的运动，直接调动了人们在行进中或在运动物体上的视觉感受。有时摄像机所表现的视线是电视剧中某个人物的视线，观众以该剧人物的角度“目击”或“臆想”其他人物及场面的活动与发展，观众与剧中人视线合一，从而产生与该剧中人物相似的主观感受。比如，在一些电视剧中，表现飞车追匪的场面时，把摄像机架在飞驰的汽车中，犹如车中主人公的视点，画面表现的是车前和窗外飞速闪过的景物和行人，观众好像也置身车中随之飞奔直闯，心情的紧张完全被这种强烈的主观视觉效果所掩盖。

电视新闻摄像记者在新闻现场运用移动摄像可以将观众的视点“调度”到摄像机镜头的位置上（也就是“调度”到新闻现场），让电视观众的视线与摄像记者的视线同一。比如在《焦点访谈》播出的“深圳书市为何火爆”中，记者为表现书市中拥挤的人群和人们求知的热望，拍摄了这样一个移动镜头，摄像机如同人一样艰难地“穿行”于书市大厅之中，只见画面中满是排队付款或低头看书的人们，由于现场实在拥挤异常，摄像机还时常“躲闪”以避免撞到只顾埋头看书的入迷读者。观众好像是随着摄像机的运动“进入”那种特定的情境中去，仿佛也在人群中穿梭浏览一般，因而能从这个移动镜头中感受到强烈的现场感和参与感。

充分利用移动摄像所表现出来的现场感和参与感，通过造型的手段最大限度地表现纪实效果和真实性，这是每一个电视新闻记者在新闻纪实性节目拍摄中应注意的重要问题。

④ 移动摄像摆脱定点拍摄后形成多样化的视点，可以表现出各种运动条件下的视觉效果。随着电视技术的不断发展，电视摄录设备日益小型化、轻便化、一体化，移动摄像的形式也越来越丰富，向着多样化、多视点方向发展。许多摄像师为寻找新的运动形式，进行了大胆的实践。在电视屏幕上我们看到在急速滚

动的车轮旁两辆汽车一前一后地追逐；在空中追随跳伞运动员组成各种图案造型；随深水舱在海底遨游，观赏海底奇观；随太空船在天上看我们人类居住的地球；甚至摄像机通过画面把人的视点带进人类不能到达的地方。各种形式的移动摄像使摄像机无所不在、无处不拍，极大地丰富了电视画面的造型形式和表现内容。摄像机的解放，带来了视点的解放，它使电视艺术具有自己更加独特的造型特点。

⑤ 移动镜头的拍摄要求。除了一些特殊的移动摄像需要特殊的摄录设备外，一般条件下的移动摄像主要有两种拍摄形式，一种是摄像机安放在各种活动物体上，诸如移动车、活动三脚架、升降车、各种工具车等，随着活动物体的运动进行拍摄；另一种是摄像者肩扛摄像机，通过人体的运动进行拍摄。这两种拍摄形式都应力求画面平稳，而平稳的重要一点在于保持画面的水平。无论镜头运动速度快或慢，角度方向如何变化，如非特殊的表现，地平线应基本处于水平状态。

另外，不管是什么方向、什么形式的移动摄像，用广角镜头来拍摄均能取得较好的画面效果。广角镜头的特点是在运动过程中画面动感强并且平稳。实际拍摄时，在可能的情况下应尽量利用摄像机变焦镜头中视角最广的一端。因为镜头视角越广，它的特点体现得越明显，画面也容易保持稳定。同时需要注意，移动摄像使摄像机与被摄主体之间的物距处在变化之中，拍摄时应注意随时调整焦点以保证被摄主体始终在景深范围之中。

5. 跟镜头

(1) 跟镜头的艺术效果：参考移动摄像艺术效果。

(2) 跟镜头的作用与表现力。

① 跟镜头能够连续而详尽地表现运动中的被摄主体，它既能突出主体，又能交代主体的运动方向、速度、体态及其与环境的关系。跟镜头是摄像机跟随被摄对象一起移动的拍摄方式，它用画框始终“套”住运动中的被摄对象，将被摄对象置于相对稳定的画面的某个位置上，使观众与被摄对象之间的视点相对稳定，形成一种对动态人物或物体的静态表现方式，使动体的运动连贯而清晰，有利于展示人物在动态中的神态变化和性格特点。

图2.6　前后跟镜头

图2.7a　前跟镜头

图2.7b　后跟镜头

在一部讲述一名早年丧夫的农村妇女靠种菜供养两个儿子上大学的专题片中，有这样一个跟镜头：深秋时分，天刚破晓，这位妇女就起床劳动了，她挑起水桶到菜园浇菜，由于她非常瘦小，两个水桶似乎显得有些夸张地大。她那举步维艰的背影和姿态在这个挑水的后跟镜头中给观众留下非常深刻的印象。观众不仅能够从中想象到她供养儿子上学的艰辛和磨难，也为她顽强的毅力和奉献精神所感动。

② 跟镜头跟随被摄对象一起运动，形成一种运动的主体不变、静止的背景变化的造型效果，有利于通过人物引出环境。跟镜头的摄像机运动是以运动的被摄对象为契机和依据的。人物的运动"带"着摄像机的运动，摄像机随着人物将其走过的环境逐一连贯地表现出来。在一部表现上海下岗工人自强创业的片中，记者跟随一个下岗男青年到他自办的家电维修铺拍摄采访时，运用了一个很成功的跟镜头。画面从这个男青年走进家居的弄堂开始跟起，跟着他穿过狭窄的弄堂，来到他父母的一间旧屋，又跟着他爬上狭窄的阁楼，这才到了他居住的不足4平方米的小屋，只见里边摆满了电子仪器和待修的家用电器等。观众通过这个跟镜头了解到这位下岗男青年工作环境的恶劣和居住条件的简陋，更加想了解他在如此条件下自强不息的创业故事。

这种跟镜头重点在于通过人物的运动引出其所在的环境。人物运动仅仅是摄像机运动的由头，它使摄像机"追随"人物而出现的运动显得自然而合理。如果摄像机的运动不是追随画面中某个人物而是以自己的运动节奏和速度来运动，从画面造型上很容易使人感觉得到。摄像机作为一个独立的视点而存在于拍摄现场，处理不好时常使镜头运动生硬牵强。

③ 从人物背后跟随拍摄的跟镜头，由于观众与被摄人物视点的同一（合一），可以表现出一种主观性镜头。摄像机背跟（背后跟随）方式的跟镜头，使镜头表现的视向就是被摄人物的视向，画面表现的空间也就是被摄人物看到的视觉空间。这种视向的合一，将观众的视点调度到画面内跟着被摄人物运动，从而表现出一种强烈的现场感和参与感。比如在电视剧中，当镜头跟随主人公进入一间阴森幽暗的房间时，观众从画面看来，也仿佛走进了这个令人毛骨悚然的场景中，平添了许多紧张和不安。

背跟方式所表现出的观众视向与被摄人物视向一致，在电视剧中，这是导演将观众直接引入剧情，使观众产生与剧中人物相似的主观感觉的有力手段之一。在纪实性节目中，这是加强画面现场感和调动观众的参与感的有效方法。在电视新闻中，常见到摄像机镜头跟随记者、新闻人物或节目主持人走向新闻现场，走向被采访对象，走向被介绍物体，将观众的视线"带"进新闻现场，"带"到被采访对象或被介绍的物体的跟前，这些都是背跟方式在新闻节目中积极运用的结果。比如，在系列片《望长城》中“寻找王向荣”的片段里，镜头跟随主持人焦建成的运动而运动，只见焦建成时而上坡，时而下沟，时而向村娃打听地址。整个背跟的画面给观众很强的参与感和关注感，仿佛亲身进入场景中焦急地盼望和找寻着“歌王”王向荣。

④ 跟镜头对人物、事件、场面的跟随记录的运动，摄像机跟随被摄人物的拍摄方式体现了一种摄像机的运动是由于人物的运动而引起的被动记录的表现方式。跟镜头中被摄人物的运动直接左右着摄像机的运动，摄像机跟随被摄人物的拍摄方式体现了一种摄像机的运动是由于人物的运动而引起的被动记录的表现方式。

跟镜头的表现方式，不仅使观众置身于事件之中，成为事件的“目击者”，而且表现出一种客观记录的“姿态”。它使我们从画面造型上感觉到电视摄像记者在事件现场不是事件的策划者和组织者，而是事件的“旁观者”和记录者。尽管摄像机是运动的、活跃的，但表现的方式是追随式的、被动式的，恰当而有力的造型表现方式能让观众对这则新闻所报道的事件确信无疑。比如，记录短片《潜伏行动》记录了我武警突击人员击毙罪行累累、民愤极大的犯罪团伙头目刘某的过程。在整个“设伏”、“追击”、“毙敌”的实战中，摄像师始终跟随拍摄，尽管有时因跑得太快而造成画面的颠晃，却表现出极强的真实性。观众从跟镜头中看到我武警战士荷枪实弹地迅速包围刘宅，看到战士们牵着警犬快速追击受伤逃窜的刘某，直至最终将其击毙等过程。可以说，这些真实性极强的跟镜头都是非常珍贵的。

在新闻摄像中提倡不干涉被摄对象的纪实性拍摄，这是保证电视新闻真实性的重要环节。我们应当在电视新闻摄像中大力提倡记者对新闻人物和事件“跟踪追击”、“围追堵截”等“被动”式的记录表现方式，摈弃“导演、摆布”和“指挥、调度”等主动臆造的表现方式，客观地、忠实地记录发生的事件和活动。在这方面，跟镜头所表现出的摄像机追随人物和事件的被动式画面造型效果，是加强电视新闻画面真实感的有效方式。

（3）跟镜头拍摄时应注意的问题。

① 跟上、追准被摄对象的跟镜头拍摄的基本要求。运用运动的方式记录表现一个运动的人物和物体，常会出现两种运动速度的不一致。反映到画面上就会出现被摄人物在画平面上不断地位移，使观众在观赏这种画面时需不断调整视线落点以追随不断位移的人物，继而产生视觉疲劳和厌烦心理。在电视画面中一个运动的物体越是稳定地表现，画面就具有越大的美感价值和视觉价值。无论对于运动速度多么快、多么复杂的人物或物体都应力求将他（它）稳定在画面的某个位置上。

不管画面中人物运动如何上下起伏、跳跃变化。跟镜头画面应基本上是平行或垂直的直线运动。因为镜头幅度过大和次数过多的上下跳动极容易使观众产生视觉疲劳，而画面的平稳运动是保证观众稳定观看的先决条件。

② 跟镜头是通过机位运动完成的一种拍摄方式，镜头运动所带来的一系列拍摄上的问题，如焦点变化、拍摄角度的变化、光线入射角的变化，也是跟镜头拍摄时应考虑和注意到的问题。

6. 综合运动摄像

综合运动摄像是指摄像机在一个镜头中把推、拉、摇、移、跟、升降等各种运动摄像方式，不同程度地、有机地结合起来的拍摄。用这种方式拍摄的电视画面叫综合运动镜头。

综合运动摄像呈现出多种形式，我们大致可以把它们分为三种：一种是先后方式，诸如推摇镜头（先推后摇）、拉摇镜头（先拉后摇）等；第二种是包容方式，即多种运动摄像方式同时进行的方式，比如移中带推、边移边摇等；第三种是前两种情况的混合运用。如果按排列组合方式，至少可以将综合运动镜头分为成百乃至上千种不同形式。我们不可能，也没有必要对综合运动镜头的各种形式逐一加以分析。这项工作有待摄像人员在实践中不断地摸索和总结。在这里，我们仅就多种运动摄像方式糅合在一个镜头中的情况，对其所表现出的画面特点和共性作一个基本的、概要的分析。

（1）综合运动摄像的艺术效果。

① 综合运动镜头里的镜头综合运动产生了更为复杂多变的画面造型效果。综合运动镜头中的各种运动摄像方式不论是先后出现还是同时进行，都在一个电视镜头中形成了多景别、多角度的多构图画面和多视点效果。

② 由镜头的综合运动所形成的电视画面，其运动轨迹是多方向、多方式运动合一后的结果。综合运动镜头在电视屏幕上为人们展示了一个新的视觉效果，而人眼在现实生活中一般是很难产生这种对应的视觉体验的，因而它开拓了再现生活、表现生活及观察和认识自然景物的新的造型形式。

（2）综合运动摄像的作用与表现力。

① 一方面，综合运动镜头有利于在一个镜头中记录和表现一个场景中一段相对完整的情节。不管是先后出现还是同时进行，综合运动镜头在一个镜头中存在两个以上的运动方向，比单一运动方式呈现出一种更为复杂多变的画面造型效果。另一方面，由于综合运动镜头把各种运动摄像方式有机地统一起来，在一个镜头中形成一个连续性的变化，给人以一气呵成的感觉。例如，电视剧《新闻启示录》表现一群报社记者“跟踪追击”来到教授家采访，镜头从楼道开始随着记者们推进教授家，在他们热烈讨论的场面中，随着讲话者的转换时而从左摇到

右，时而从右摇到左。当一位农民企业家为解决教授的交通工具问题扛来一辆自行车时，镜头又随着开门人移向门口。一个镜头记录表现了一个场景内一段相对完整的情节。在这个镜头中它既不像固定画面那样一个机位一拍到底，画面沉闷缺少变化，又不像单一运动镜头，或一推或一拉，镜头运动单调刻板缺少生气，而是通过综合调度镜头的各种运动形式，随着情节中心的转移不断变换着画面的表现空间和形象内容，把多样的形式有秩序地统一在整体的形式美之中，构成一种活跃而流畅、连贯而富有变化的表现样式。综合运动镜头在复杂的空间场面和连贯紧凑的情节场景中显示了独特的艺术表现力。

② 综合运动镜头是形成电视画面造型形式美的有力手段。综合运动镜头的运动转换点更为流畅、圆滑，画面视点的转换更为顺畅、自然，每一次转变都使画面形成一个新的角度或新的景别。从造型上讲，它构成了对被摄对象的多层次、多方位、立体化的表现，形成了一个流动而又富有变化的、其本身就具有韵律和节奏的表现形式。这种运动表现使得画面中仿佛流动着一种富有意蕴的旋律，从而引发了观众的视觉注意和审美感觉。现在许多音乐电视作品都注意运用综合运动镜头以形成画面语言的美感和韵致，可以说这是由综合运动镜头形式上的造型表现力所直接决定的。

③ 综合运动镜头的连续动态有利于再现现实生活的流程。尽管在一个综合运动镜头中景别、角度、画面节奏等因素不断变化，但画面在对时间、空间的表现上并没有中断，镜头的时空表现是连贯而完整的。它使画面空间在一个完整的时间段落上展开，在纪实性节目中保证了事件的进程得以还原。它不是经过镜头剪辑，而是通过镜头运动再现了现实时空的自然流程，因而更有真实感。比如，在《东方时空·生活空间》栏目中，许多老百姓的生活和故事都是在大量综合运动镜头的基础上得以客观而鲜活地再现。此外，在电视剧、专题晚会等电视节目中，综合运动镜头使导演通过镜头运动有意识地组织观众对情节和场景的认同成为可能，保证了场面调度的随意性、多样性、连续性和完整性。

④ 综合运动镜头有利于通过画面结构的多元性形成表意方面的多义性。综合运动镜头在一个连续不断的时间里，将事件、情节、人物和动作在几个空间平面上延伸展开，形成一种多平面、多层次、多元素的相互映衬和对比，形成表意方面的多义性，加大了单一镜头的表现容量，丰富了镜头的表现含义。比如，在关于一对盲人夫妇养育孩子的日本电视纪录片《望子五岁》中，拍摄者用一个篇幅颇长的综合运动镜头记录了“望子受罚”的过程：当父亲繁男得知望子在幼儿园欺负别的同学后，狠狠地批评了她，还把她抱进房间里“体罚”了一下，镜头从紧闭的木门摇推到外屋的母亲玲子，只见她表情严峻、神态沉重；然后镜头转回头，父亲抱着大哭的望子从屋里出来了，望子哭喊着向母亲跑去，母亲玲

子置之不理，最后非常生气地向门外走去。望子又哭喊着跟了出去，这时摄像师扛起摄像机跟着望子一起“追”母亲玲子，玲子起初步伐非常快，后来终于忍不住停了下来，只穿着袜子的望子终于扑向了母亲的怀抱，这时摄像师在远远的街道处把镜头推了上去，只见玲子半蹲在路旁，不时对望子说着什么，还摸索着给望子穿上快要跑掉的袜子，望子在母亲的教诲和抚慰下也渐渐停止了抽泣。这样一个复杂多样的连续过程，单用推、拉、摇、移等运动摄像方式，恐怕很难像片中的综合运动镜头那样记录和传递如此丰富的内容和画面信息。一方面，这对盲人夫妇教子之严厉可见一斑，但另一方面，观众同时也看到了一个既严厉又慈爱的母亲形象。正是通过一个屋内到室外的多元素、多背景、多视点的综合运动镜头，极大地丰富了单一镜头的容量和表现力，给人物以展示不同行为、不同性格的空间和时间。

⑤ 综合运动镜头在较长的连续画面中可以与音乐旋律变化相互“合拍”，形成画面形象与音乐一体化的节奏感。综合运动镜头将多种运动摄像方式有机地结合起来不间断地一次完成，一般镜头长度较长。同时，当镜头内多种运动形式所构成的节奏变化的运动韵律和节拍相同步，会产生一种画面运动和音乐旋律变化相“谐振”的效应，强化声画的节奏感。

音乐是时间的艺术，它所表现的音乐形象是在时间上展开的。综合运动镜头不论在时间长度上，还是运动变化上都比其他拍摄方式与音乐的结合更有表现力。纪录片《喜浪藻》在表现老科学家和睦的家庭时，用了一个综合运动镜头。镜头从小外孙女弹钢琴的手的特写开始，先后出现外孙女的母亲在旁为女儿翻乐谱，外孙女的父亲与老科学家夫妇一同在旁边聆听，最后小外孙女在弹完琴后扑进姥爷（老科学家）的怀抱。随着乐曲的旋律变化，乐曲的节拍处，就是镜头每次运动的转换处，声音与画面达到了一种“谐振”效果，很好地表现了老科学家一家人和睦的关系和欢快的情绪。这种处理既保持了音乐的完整和连贯，又保证了现场气氛的完整和连贯，使画面和音乐结合得和谐流畅。

（3）综合运动镜头的拍摄要求。

综合运动镜头的拍摄是一种比较复杂的拍摄，由于镜头运动方式变化的因素较多，需要考虑和注意的地方也较多，归纳起来要处理好的问题有：

① 除特殊情绪对画面的特殊要求外，镜头运动应力求保持平稳。画面大幅度的倾斜摆动，会令人产生一种不安和眩晕的感觉，破坏观众的观赏心情。

② 镜头运动的每次转换应力求与人物动作和方向转换一致，与情节中心和情绪发展的转换相一致，形成画面外部变化与画面内部变化的完美结合。

③ 机位运动时注意焦点的变化，始终将主体形象控制在景深范围之内。同时注意拍摄角度的变化对造型的影响，并尽可能防止摄像师的影子进画出现穿帮

现象。

④ 要求摄录人员默契配合，协同动作，步调一致。比如升、降机的控制，移、跟过程中话筒线的处理等，如果稍有失误，都可能造成镜头运动不到位甚至绊倒摄像师等后果。越是复杂的场景，高质量的配合就越发显得重要。

⑤ 最后，我们来谈一谈肩扛摄像机拍摄综合运动镜头的有关问题。随着电视摄录设备的日益小型化、轻便化和一体化，加之运动肩架等减震装置的不断完备，在电视新闻、电视纪录片、纪实性专题节目，甚至在许多电视剧中，通过拍摄者肩扛摄像机拍摄综合运动镜头的情况越来越普遍了。

肩扛方式拍摄的综合运动镜头具有以下三个优点：

一是人的视点。肩扛摄像机使镜头的拍摄高度为正常人眼睛的高度，在这个视点上拍摄的画面是人们生活中最常见到的，看起来也最为熟悉和亲切，画面中景物的透视关系处在一个相对稳定的状态中，较少极低视点或极高视点画面中透视关系变形所包含的某些表现性。

二是运动节奏的"人化"效果。通过拍摄者自身运动完成的运动镜头，画面不同于通过移动轨或升降机等机械手段完成的运动镜头，其运动的速度是人物行进的速度，画面运动的起伏直接受人物步伐、步频等影响。观看这种画面使人强烈地感受到摄像机的存在，一种由于画面起伏变化使观众感受到拍摄主体就在拍摄现场，让观众有一种身临其境的感受。此时此刻，摄像机镜头在拍摄现场作为拍摄者的眼睛，在电视屏幕前又成为观众的眼睛，把观众带到了拍摄现场。在电视新闻和其他纪实性的节目中，肩扛摄像机拍摄的电视画面具有浓郁的现场氛围，因此它是电视新闻记者加强画面真实性和现场感的有效表现手段，也是情节性节目中表现剧中人物主观镜头常用的拍摄方法。

三是镜头调度的随意性。肩扛摄像机拍摄使拍摄过程中各操作动作集于拍摄者一身，如机位运动、焦点调整、光圈转换、变焦推拉、俯仰角度和拍摄方向等变化均由拍摄者控制。镜头调度自由、灵活，应变能力强，具有较大的随意性，随着摄像机托架装置的进步和完善，肩扛摄像机也能拍出非常稳定的画面，不论是以较快的速度行进，还是在较小的空间里自由地运动，变换角度、距离和方向都已成为一件不难做到的事。当然，如果没有特殊的减震装置，仅靠摄像师控制来保证画面的清晰和稳定，就是一件十分困难的事了。

但是，正如我们在前面有关章节中一再强调的那样，我们无论是拍摄固定画面还是运动画面，都应把内容和主题的需要摆在首先考虑的位置上，要对所采取的拍摄方式或镜头运动有充分的、全面的思考和准备，并在具体操作中作准确、严密、流畅而到位的表现，动其所当动，静其所当静。而绝不应把运动摄像所提供的技术手段当成是炫耀和卖弄的资本，"为运动而运动"，结果是画面不知所云，不知所“动”，反而干扰了观众对画面信息和内容形象的正常收视。

2.2　摄像机平衡装置及其应用

可以用如下方法架设摄像机：①手持或肩扛；②三脚架；③演播室升降；④摄像机特种支架。虽说摄像机的架设方法不是影响摄像效果的决定性因素，但架设方法会在很大程度上影响摄像机的操作。

2.2.1　手持或肩扛

前面已经提到，小型便携式摄像机适应的摄像机运动方式非常广泛，可以指向任何方向，尤其是当它附带折叠式寻像器时，移动它也易如反掌。尽管这种高度灵活性给拍摄带来了许多方便，但同时也有自身的不足：过多的镜头运动会使摄像师的注意力集中在这些动作而非拍摄的主体上。除非摄像机配备了内置图像稳定器来抵消图像的轻微抖动，否则很难使手持摄像机保持稳定。在推镜头时(镜头为远摄镜头位置)，很难完全避免拍摄的抖动和画面的不连贯。

① 若想使摄像机保持稳定，可以用一只手掌支撑摄像机，用另一只手扶住摄像机的“胳膊”或机身（见图2.8a)。有了折叠式寻像器，你可以双肘紧贴身体，以胳膊充当减震器。尽量避免伸出胳膊来操作摄像机，这会造成镜头上下左右的抖动。拍摄时吸气并屏住呼吸。由于人必须换气，因此一个镜头的长度显然会受到限制，但这未尝不是一件好事，表现各种角度的短片段显然比一直用摇和变焦拍出的长片段更有意思。有些小型手持摄像机支架能降低小型摄像机的晃动。如果用双臂充当支架拍摄，双膝要略弯；如果能靠在建筑物、墙壁、汽车、路灯等稳定的依托上，镜头的稳定效果会更好（见图2.8b)。

图2.8a

图2.8b

图2.8c

图 2. 8d

② 始终将镜头保持在广角（拉镜头）可以使晃动减至最小。如果需要接近拍摄，可以暂停录像，走近一点，然后再开始录像。如果需要变焦，变焦的动作一定要轻柔。在没有三脚架的情况下拍摄长镜头，则应该寻找一个稳定的物体来架设摄像机，如桌子、长椅、汽车顶棚或发动机盖等。

③ 在摄像机运动时，一定要做到平滑。若是摇镜头，则应该整个身体运动而不是只有双臂动。将双膝尽量对准摇镜头的终点方向，而双肩则对准摇镜头的起始位置。在摇镜头时，扭转的上半身回到双膝对准的方向，自然恢复原样同时平缓地带动摄像机一同转动（见图 2. 8c）。如果不预先“设置”双膝的位置，摇镜头时就必须扭转身体而不是将预先扭转的身体恢复原样。这样做难度更高，镜头也会不停地抖动。

④ 如果是做俯仰运动（让镜头对准上方或下方），尽量让双臂紧贴身体，身体向前俯或向后仰。靠整个身体运动做出来的俯仰运动比只通过腰部运动做出来的更流畅。

⑤ 如果带着手持摄像机同步行走，应该倒退着走，而不是向前走。倒退时，人会自然而然地抬起脚后跟，用前脚掌着地走路。这时，脚掌而非双腿就会缓冲震动，发挥减震器的作用。这样，身体和摄像机便会平滑地运动而不是上下抖动。

⑥ 如果想得到超越常规的镜头效果，可以让摄像机在一侧做俯仰运动，将摄像机举过头顶，从上面俯拍自己前面的人和其他景物；也可以将摄像机降低到接近地面的位置，获得一些低角度的视野。最普通的寻像器即可调整（至少可做俯仰调整）到让你在拍摄过程中看到所拍内容的位置；而折叠式寻像器在上述情况下还有明显的优势，尤其是在只有将摄像机举过头顶、大致对准事件发生的方

向才能拍到好镜头的时候。此外，即使没有寻像器，我们仍然可以拍摄到一些有用的镜头。

⑦ ENG/EFP 摄像机或摄录一体机用手拿起来又大又重，最好用肩膀做支架。尽管肩扛式摄像机的局限性相对比小型手持摄录一体机大，但两者的基本运动方法大致相同。

假设你是个右撇子，那就将摄像机放在右肩上，右手穿过镜头上的固定带握住摄像机和调整镜头。这样，你的左手就可以解放出来稳定摄像机和调整光圈（见图 2.8d）。必须调整寻像器，让它适用自己常用的眼睛（一般人为右眼）。有些摄像师喜欢睁着左眼观察自己的运动方向，而有些则喜欢闭上左眼，全神贯注地观察寻像器中的画面。如果你是左撇子，上述步骤则恰好相反。有些寻像器可以翻转过来适应左眼，还有些镜头专为左撇子设计了固定带和调焦控制装置。

尽量使手持或肩扛摄像机保持稳定，移动时拉镜头。

2.2.2 三脚架

三脚架的作用就是一个稳定器，一方面保证摄像机的稳定，起到防抖的作用；另一方面是方便摄像机左右上下运动。除非是在追踪采访突发新闻，否则，稳定摄录一体机和 ENG/EFP 摄像机使拍摄动作流畅的最佳方法就是利用三脚架（Tripod）或其他摄像机支架。折叠式三脚架一般是景物摄像师的首选支撑设备。实践证明，它对使用移动摄像机的摄像师也有同样效果。

① 好的三脚架应该分量轻，但强度足以承受摄像机的摇和俯仰动作，其折叠支脚必须在每一个扩展点安全可靠地固定，在支脚的末端还必须有橡胶罩与钢钉。橡胶罩的作用是防止三脚架在光滑的地面上打滑，而钢钉的作用则是在不平的地面保持稳定。

② 绝大多数专业三脚架都配备伸展固定器（Spreader），这个三角形的底部支架能锁定支脚张开的角度，同时在支架受力过大时防止其倒塌（见图 2.9）。做工精良的三脚架有一根中柱，可以升高和降低摄像机。所有好的三脚架在顶圈处都有一个气泡水平仪，可以凭借它来确定三脚架是否处于水平状态。

③ 摄像机云台。三脚架上最重要的部件之一是云台（Mounting Head），也叫俯仰摇一摇云台，它可以使你迅速而安全地独立安装和拆卸摄像机，并使镜头的摇和俯仰运动保持流畅。绝大多数三脚架云台的最大荷重为 30 ~ 45 磅，足以支撑最精密的 ENG/EFP 摄像机。目前的问题并不在于云台是否可以承受较重的摄像机，而在于其是否可以与较轻的数码摄录一体机流畅地配合。

操作云台的注意事项：

a. 在使用三脚架时，一定要检查云台是否与摄像机的重量匹配。

b. 我们通过固定在三脚架上的摇镜头手柄来操作云台（及其上面的摄像机，见图2.10）。向上推手柄，摄像机向下低头；向下压手柄，摄像机向上仰头。向左移动摇镜头手柄，摄像机向右摇；向右移动摇镜头手柄，摄像机向左摇。

c. 云台必须给摇和俯仰运动提供一定的阻尼，这样才能防止镜头的抖动或不平稳。可以根据摄像机的重量和个人喜好来调节摇或俯仰的阻尼。与重量大的ENG/EFP摄录一体机相比，小型摄录一体机的阻尼调节幅度较小。有些人不管摄像机是哪种重量都喜欢将摇和俯仰阻尼调得松（或紧）一些。

d. 云台还具备摇和俯仰锁定功能，以防止摄像机横移和无人使用时前倾或后仰。无论步骤简单与否，一旦无人使用就必须将云台锁定。

e. 快装板。这种机械装置也称为楔形支架，它由一个与摄像机底部相连的长方形或楔形快装板（Quick - Release Plate）构成。有了它，将摄像机安装和固定到云台上的过程就变得更加容易。在架设摄像机时，快装板会滑进与云台相连的卡座内。在支撑较重的演播室摄像机时，快装板尤其重要（见图2.11）。只要摄像机滑入楔形卡座，就等于放到了正确的位置上。

图2.9　三脚架

图2.10　轻型云台

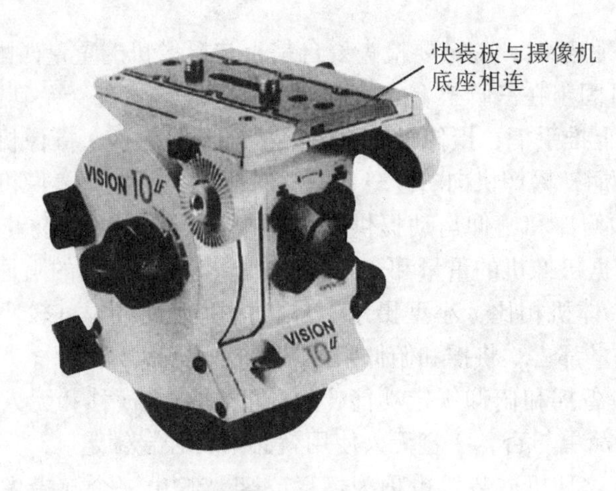

图 2. 11　快装板

如果从手持摄像机转为由三脚架支撑的摄像机，你会发现三脚架会使摄像机的运动大大地受限。在使用三脚架时，你不能抱着摄像机，不能将摄像机举过头顶，也不能贴近地面拍摄、倾斜或在空中大幅度地摇摄。这时，拍摄手法仅限于摇和俯仰。即使三脚架有中柱，摄像机的升降空间也很有限。既然这样，为什么还要用三脚架呢？这是因为：

a. 三脚架可以在推拉镜头时保持摄像机的稳定；

b. 与手持摄像机相比，有了三脚架后摄像机的摇和俯仰更加流畅平稳；

c. 可以防止过多地移动摄像机，过多移动摄像机弊大于利；

d. 与手持或肩扛相比，三脚架可以防止摄像师疲劳。

2. 2. 3　演播室升降

演播室摄像机的升降主要通过三脚架移动、演播室升降台座来实现。

1. 三脚架移动

① 如果要跟着架设在三脚架上的摄像机前后移动或水平移动，必须将三脚架放在三脚移动车上，即一只装有轮子的伸展固定器（见图 2. 12）。如果脚轮是方向轮，就可以进行前后左右和弧形移动，绝大多数专业移动车能固定脚轮的方向，使它直线移动。一定要落实地面是否非常平整，以使摄像师在开机状态下完成“直播” 所需的移动。移动三脚移动车时，一般用左手推拉和操作移动车，用右手握紧镜头手柄和保护摄像机。

图 2. 12　三脚移动车

图 2. 13　护线套

图 2. 14　实地拍摄移动车

如果移动摄像机或摄录一体机与电缆相连，那就必须调整护线套，以防止电缆卷入脚轮。也可以将电缆绑在三脚架的某个支脚上，这样接线就不会拽着电缆了（见图 2. 13）。

② 实地拍摄移动车。如果是在粗糙不平的地面上移动，如石子路或草地，三脚架必须放到实地拍摄移动车上。这种移动车由一个平台和四个充气轮胎组成。其操作原理是：一只大手柄改变前轮的方向并以此推拉整个移动车（见图 2. 14）。在操作摄像机时，摄像师可以站在移动车上，或在别人推拉移动车的同时同步前进。如果地面高低不平，可以适当给轮胎放一点气，让运动过程更加平稳。许多移动车都可以用从五金店买的零件自行装配。

2. 演播室升降台座

① 演播室摄像机或充当演播室用摄像机的 EFP 摄像机通常架设在演播室台座上。演播室升降台座（Studio Pedestal）是一种比较昂贵的摄像机支架，能够支撑最重要的摄像机及其附件，如台词提示器（Telepronupter）。演播室台座可以让摄像机做摇、俯仰、横移和弧形运动，在转播时还能升降摄像机。转动方向盘，即可将摄像机转向任何方向；而上抬或下压方向盘，则可以改变摄像机的高度。伸缩式中柱必须处于平衡状态，这样摄像机才可以在任何高度都保持稳定，哪

怕双手离开方向盘。如果摄像机机身要升高或降低，则必须重新调整中柱（见图2.15）。

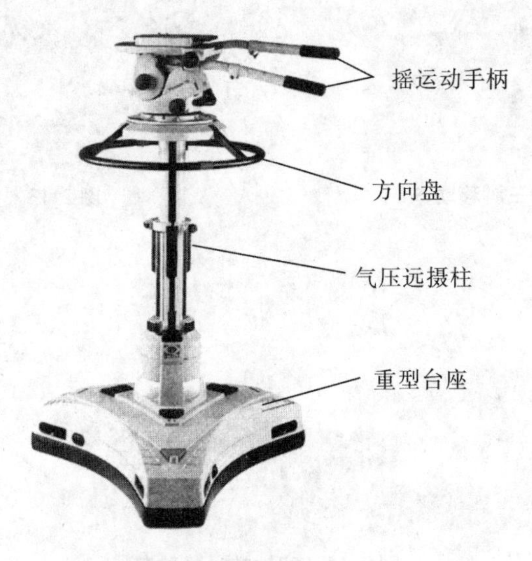

图2.15　演播室升降台座

② 平行前进和三轮转向。演播室升降台座有平行前进和三轮转向两种操作方式。在平行转向位置，转向盘使所有的脚轮都指向同一个方向（见图2.16a）。所有的常规拍摄活动都会用到平行前进；而在三轮转向位置上，只有一个轮子可以转向（见图2.16b）。在需要旋转台座或接近景物或墙壁时，可以运用这种操纵方式。

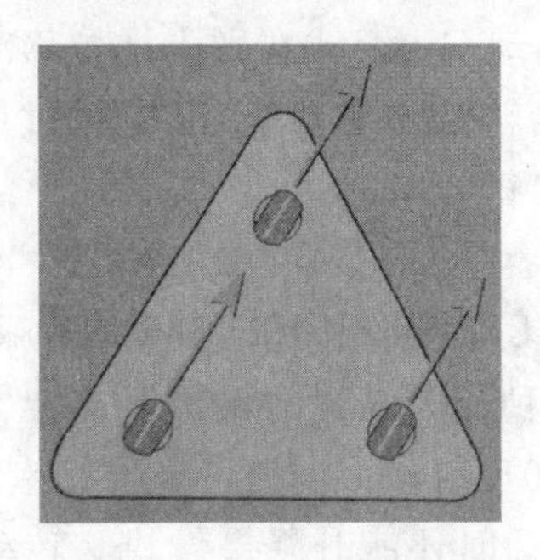

图2.16a　三脚轮平行前进

图2.16b　三脚轮转向位置

③ 摄像机云台和三脚架一样，演播室台座的中柱也与摄像机云台相连。为

了承受演播室摄像机和台词提示器加在一起的重量，传统的三脚架云台必须由更重的摄像机台座云台（Cam Head）替代。其操作控制装置与轻型摄像机的操作类似：摇/俯仰制动手柄、锁定装置、楔形卡座、摇镜头阻尼和摇运动手柄（见图 2. 17）。两个摇运动手柄可以在变焦的同时平稳地做摇和俯仰动作。这时，必须调整台座底部的整个护板而非三脚架移动车上的三个护线套，才能防止电线卷入脚轮中。

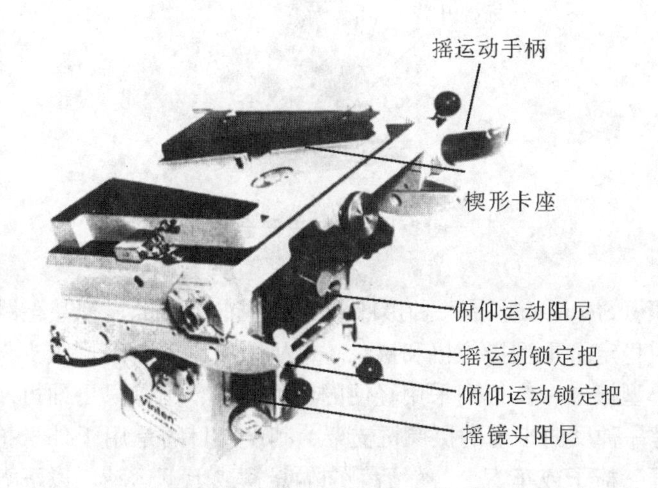

图 2. 17　重型摄像机用的云台

④ 在操作演播室摄像机之前，一定要为云台解锁并调整摇和俯仰运动的制动手柄。摄像机无人操作时，哪怕只是片刻时间，也必须将云台锁定并盖上镜头盖。只要人一离开摄像机，就必须将云台锁定。

2. 2. 4　摄像机特种支架

摄像机在特殊的环境往往需要特殊的支架，来达到特殊的拍摄效果。摄像机特种支架包括摄像机控制的自动升降台座（见图 2. 18）、能将摄像机和摄像师举到离地 30 英尺高的摇臂、普通沙袋、购物车等。在这里，想象力和创造力可以得到充分的发挥。在平坦的地面上，一辆简单的购物车或轮椅即可达到与移动车或价值数千美元的演播室台座相差无几的平稳效果。将小型摄录一体机放在滑板上在平坦的地面上拉动，即可拍到有趣的低角度横移镜头。

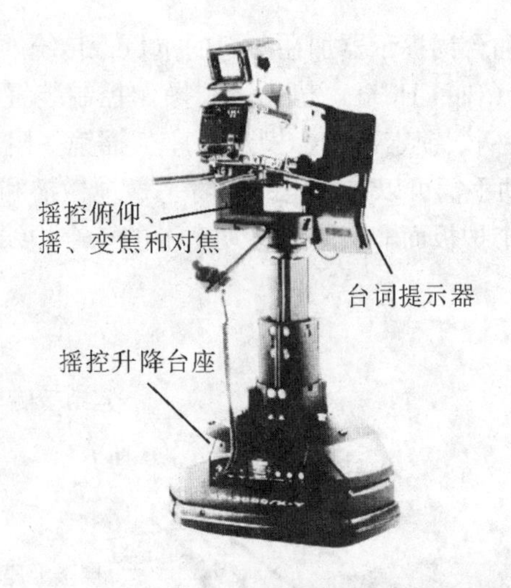

图 2. 18　自动升降台座

斯坦尼康（Stedicam）是一种摄像机支架，能在你走、跑甚至跳的同时保持摄像机的绝对稳定。重型摄像机和摄录一体机采用大型斯坦尼康支架，由摄像师穿在身上；小型摄录一体机则采用轻便的斯坦尼康，用一只手即可拿着走。悬臂（Jib Arm）是一种反向平衡的摄像机支架，其设计目的是用于外景拍摄。你可以将它夹在门框、椅子或车窗上，然后侧向做悬摆或上下运动。以下五幅图是一些比较常见的特殊摄像机支架（见图 2. 19 ~ 图 2. 23）。

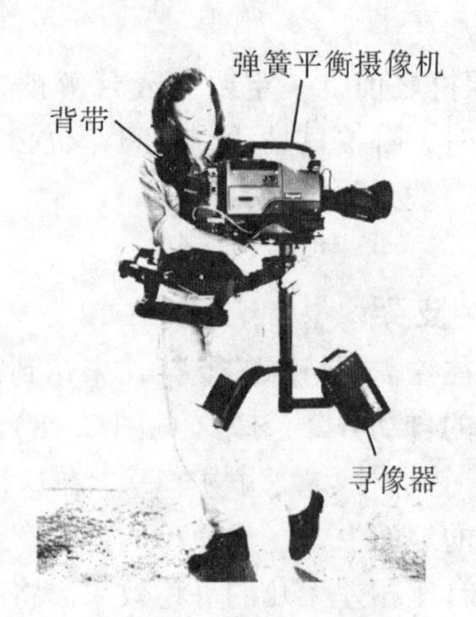

图 2. 19　斯坦尼康

图2.20　摇臂

图2.21　航拍

图2.22　升降车拍摄

图2.23　各类摄像机支架

2.3　分步操作

摄像机的使用必须通过分步操作来完成，从基本的白平衡调整到聚实变焦，从摄像机参数的设定到拍摄艺术构思的形成，都需要分步来实现。

我们已经学了如何移动摄像机，现在我们要注意的是白平衡与黑平衡、对焦和变焦。

1. 白平衡与黑平衡

(1) 白平衡（White－Balancing）。

白平衡指调整摄像机内的红绿蓝（RGB）色度讯道，使白色无论是在蜡烛光偏红的照明条件下，还是在室外光偏蓝色的条件下都能在电视机屏幕上呈现为白色。绝大多数小型摄录一体机都能自动完成这一功能，好像它们已经将白平衡钮设在了正确的位置上——无论是在户外或在户内（见图 2.24）。

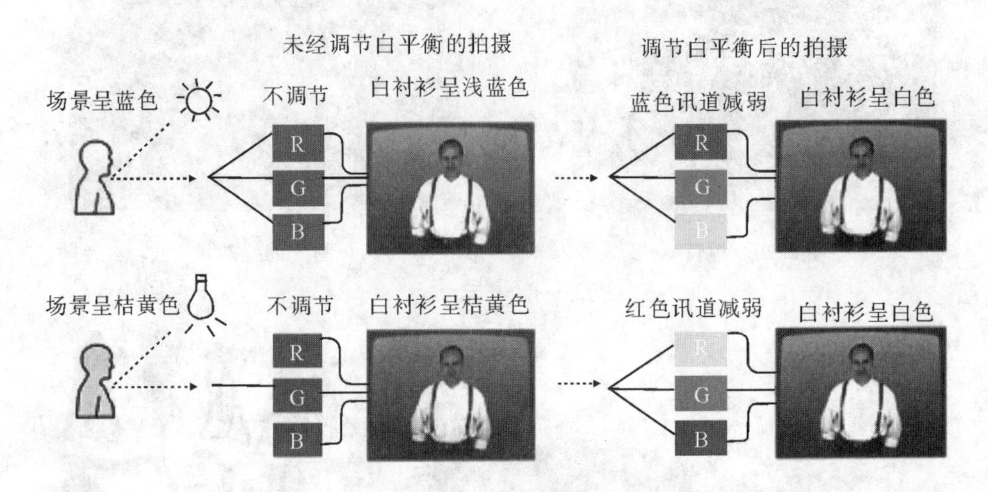

图 2.24　白平衡

专业 ENG/EFP 摄像机的白平衡控制是半自动的，比全自动的更加精确。其缺点是每次进入新的光照环境都必须重新调整白平衡，如从室内到室外，或从荧光灯照明的超市到白炽灯照明的经理办公室。但其优点更加突出，那就是在拍摄时能根据特定的照明条件调节摄像机的白平衡。如果采用全自动的白平衡，就无法确定摄像机默认的白色是否正确。

如果用半自动系统调整摄像机的白平衡，可以将焦点对准一张白纸、白衬衣甚至洁净的卫生纸，然后按下白平衡钮。有些摄像机口袋里缝有白色的长方形材料，可以在任何时候用来调整白平衡。寻像器上的显示器（通常为一盏闪烁的灯）会告诉你什么时候摄像机拍摄的白色正确。一定要保证让白色物体占满整个屏幕，并处于真正给场景提供照明的光线下。比如说，不要在走廊或舞台门外调整白平衡，然后跑到模特展示最新时装的 T 形台上去拍摄她们。如果这样，图像的色彩与模特们服装的真正色彩就会有较大的差距（这种色彩改变将在后面详述）。每次进入新的光照环境都必须调整白平衡，因为那些用肉眼无法分辨差别的光线，在摄像机那里却会产生不同的效果。

在操作演播室摄像机或与摄像机电缆相连的 ENG/EFP 摄像机时，白平衡由身在主控室或遥控中心的技术监控人员负责。但是，摄像师也必须让摄像机对准实际照明条件下的一张白色卡片调焦，其程序与在演播室里完全一样。

（2）色温与白平衡。

白平衡调节分为粗调白和细调白。

① 粗调白指在白平衡调整过程中，只根据实际光源的色温值，在摄像机上选择相应的滤光片，不再进行细微的调整。一般滤色片分为四档（或五档），主要围绕 3 200K（荧光灯）灯光型和 5 600K（日光）日光型两种光型进行量的变化调整。

② 细调白指在不同光源照明时，为了提高画面色彩的饱和度或改变画面色调效果而进行的细微调整。细调白的具体步骤为：首先根据实际照明光源的色温值，选择相应的滤光片。选好滤光片以后，打开摄像机电源开关，将光圈调至自动挡，把白平衡选择键调至自动挡，然后将白色卡片置于顺光照明下，把摄像机镜头对准卡片并让其充满画面。最后一步是按下摄像机上的白平衡调节开关。先调黑平衡，再调白平衡。调节黑、白平衡数秒后，在摄像机寻像器中看到显示“OK”，表示白平衡调整工作结束。（注意：一般的滤色片档中还有 ND 即中性滤光片，它是用来控制光强度的。当阳光较强，速度要求较快时需要用中性滤光片）

（3）白平衡与还原。

在每台摄像机开始工作前，首先要选择机内输出，录制彩条，确保色彩还原没有问题。当然我们也可以通过外接监视器进行监视，发现需要调整时也可以马上调整色相问题。但无论怎样，在正式录制前，必须录制 5 秒钟的彩条。

白平衡调节应该越频繁越好，设的点越多色彩还原也就越准确。但是必须强调的是，在条件允许的情况下，根据拍摄要求来决定校白的次数，一般来讲一个光照环境进行一次校白。

（4）黑平衡与使用条件。

一般在摄像机很长时间不使用的情况下，我们需要调节设备的黑平衡。它的操作办法是，先把镜头盖盖上，然后再向下扳动黑白平衡杆，黑平衡就调节好了。

黑平衡也是摄像机的亮度信号的一个重要参数，它是指摄像机在拍摄黑色景物或者盖上镜头盖时，输出的 3 个基色电平应相等，使在监视器屏幕上重现出黑色。

除非摄像机具备全自动白平衡系统，否则每进入新的光照环境都必须重新调整白平衡。

2. 对焦

通常我们希望屏幕上的所有画面焦点都是聚实（准确与清晰）的。对焦既可以手动完成，也可以自动完成。

这里必须清楚的是，对焦与聚实既有联系又有区别。它们的关系就像滤色片与白平衡的关系一样，前者通过变焦使被拍摄物充满画面，后者通过镜片组进行聚实。

(1) 标清对焦。

① 手动对焦。绝大多数 ENG/EFP 摄像机和所有的演播室摄像机都必须手动对焦。ENG/EFP 摄像机的对焦控制装置在镜头前部，是一个可以顺时针或逆时针转动的环（见图 2. 25）。如果是演播室摄像机，对焦则通过安装在左摇镜头手柄上并通过电线与镜头相连的螺旋对焦把手来完成（见图 2. 26）。

有些小型摄录一体机配备了马达驱动的对焦系统，不必旋转螺旋把手或镜头对焦环，只需按一两个键即可完成对焦。这种系统的问题在于，其对焦速度比旋转镜头对焦环慢，而且很难让马达一丝不差平稳地停在准确的焦距上。

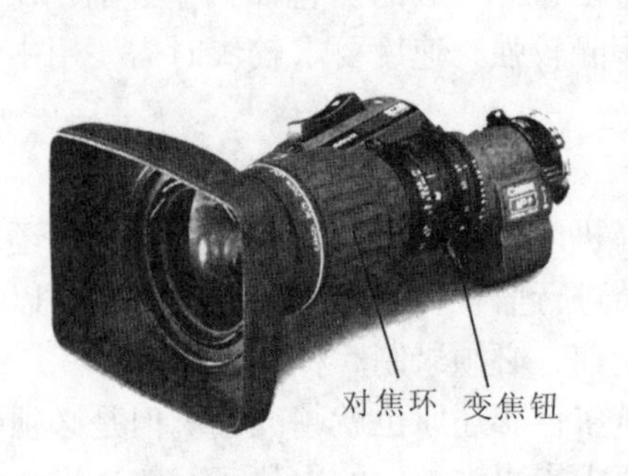

图 2. 25　ENG/EFP 摄像机的手动对焦装置

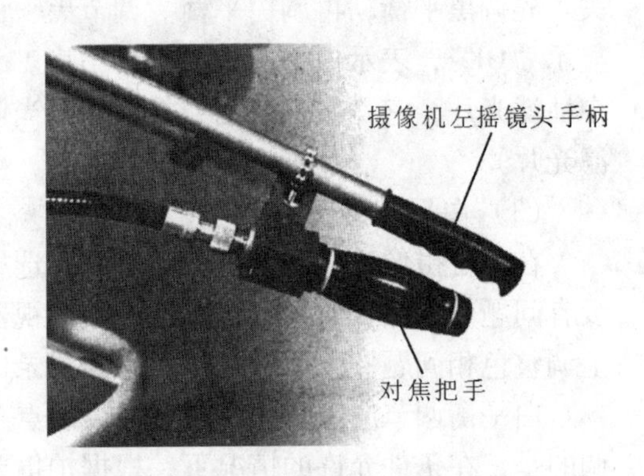

图 2. 26　演播室摄像机的手动对焦控制

校准变焦镜头（Calibrate the Zoom Lens）或预设镜头指调整变焦镜头，使镜头在整个变焦过程中始终焦距正确。现在，让我们来练习一下如何给简单的 EFP 摄像机和演播室摄像机预设变焦镜头。

假定你要拍摄销售经理对员工的动员讲话。拍摄中，导演要求你推镜头，给她身后的销售图来一个特写。如果你从经理的中景镜头推拍销售图的特写镜头，图像就会虚焦，变得根本无法辨认。为什么会这样？就是因为在推镜头拍特写之前忘了预设或校准镜头。

预设镜头时，必须首先将镜头推到最远目标物体——图表的特写上，然后转动 ENG/EFP 摄像机前部的对焦环或演播室摄像机摇镜头手柄上的螺旋把手对焦。这时再拉回销售经理的中景，她的图像就会非常清晰。也许你不得不对焦距稍做调整，但这时变焦回到图表就不会再出现虚焦问题，只要她本人、图表和摄像机的相对位置保持不变。一旦摄像机的位置有了变化，或销售经理移动了画架，你就必须重新调整镜头的焦距。这意味着必须重新向图表推镜头、对焦、拉回一点而将销售经理收入画面，然后观察是否需要调焦，以使其形象在随后的变焦过程中一直保持清晰。

现在，让我们回到演播室，导演要求你从侧面拍摄钢琴师的中景以及琴键和手的特写。这时你如何预设变焦镜头？先推拍琴键的特写，通过摇镜头手柄上的螺旋把手将镜头聚实。但到底应该将琴键的哪一部分聚实呢？也许应该是最远的一端，因为这样一来，无论钢琴师在琴键哪一部分演奏，你的推拉镜头都可以得到比较清晰的图像。

在预设（校准）变焦镜头时，尽量推近目标物并聚实，这样所有的后续变焦都会相对清晰。只要摄像机或目标物改变了位置，就必须重新校正。

② 自动对焦。绝大多数家用摄录一体机和某些 ENG/EFP 摄像机都配备自动对焦系统。借助一些电子技术（识别一小束雷达波的角度或测算对比度），摄像机可以自动对景物中的不同物体对焦。通常情况下，这些功能表现得都很不错。但是，如果景物的亮度过高或对比度过低，摄像机就可能“受骗”，产生模糊的画面。此外，摄像机也有可能无法判断你想给景物中的哪个物体对焦，也许你想对焦的是中景中的物体而非前景中的明显物体，但自动对焦系统无法读懂你的艺术构思，只会自动将焦点对准离镜头最近的明显物体。想要有选择地对焦（见后面“景深”部分），必须从自动对焦转换为手动对焦，因为自动变焦的速度很难跟上处于快速移动状态中的景物。

③ 景深。一般来讲，景深越浅，对焦的要求越高；景深越深，对焦的要求越低，越不必担心焦距。前文提到，镜头推得越远（镜头角度逐渐变小），景深越浅；镜头拉得越近（镜头角度逐渐变大），景深越深。此外，景深也受摄像机和物体之间的相对距离的影响。

在以下这几个拍摄任务中，哪一个可能会给你带来更多的对焦问题？拍摄傍晚交通高峰，这时必须用小景别来压缩大桥上的车流；用超广角位从街道的方向拍摄正午的游行队伍。当然是前者。原因是什么？因为光线暗，因为必须采用大孔径，因为要用长焦镜头（远摄镜头），这三者合在一起产生的景深就比较浅。相反，正午游行时的强光（只需较小的镜头孔径）和变焦镜头的超广角位则可以产生很深的景深，可能根本无须调整镜头的对焦环。

你会发现，如果将摄像机移到距离物体极近的位置，即使将镜头拉到广角，景深仍然会缩小。由于摄像机与物体之间的相对位置会像焦距一样影响景深，因此我们说，通常情况下，近距离特写产生的景深较浅。

(2) 高清对焦。

如果使用的是高清晰度电视摄像机，在刚开始时你可能会遇到许多对焦问题。由于高清晰度摄像机中的一切看上去都比普通摄像机更清晰，因此当你的镜头略微有点虚焦时，你就可能不看那个小寻像器。高清晰电视的高清晰度还可能导致你以为看清了更远处的图像——前景与背景看上去处在对焦范围内。然而，当在高质量的显示器上观看自己所拍摄的镜头时，你会发现背景和前景都虚焦了。

所以，一般高清对焦往往不采用预设（校准）变焦镜头的方式来对焦，而是采用辅助对焦装置以定焦拍摄的方式进行对焦。(在后面我们还要专门讨论)

传统的表情摄像镜头的调焦环的变化角度较小，距离刻度划分大，不能够精确对焦，这就造成了无法准确跟焦。但由于放映画面较小，加之表情电视画面有较强的影像锐化作用，使得画面显得比较实。所以，调焦问题体现得不是很明显，采用标清摄像镜头能够满足绝大多数拍摄的需要。但是，随着高清电视节目的普及，在高清摄像中，由于分辨率大大提高，节目放映的画面也随之增大，如果仍采用标清电视镜头的跟焦系统，画面的虚焦问题就会很明显，因此要求高清摄像镜头的调焦环有较大的角度，以利于跟焦。另外，有条件的话，还要跟焦器来精确跟焦。在传统电影摄影中，跟焦器是保证调焦清晰的必备附件。跟焦器是利用变速齿轮传动原理，通过手动旋转齿轮，带动镜头调焦环转动，以达到调焦的目的，如图 2.27 所示。

为了保证跟焦的准确性，我们还可以采用拉皮尺的方式来测量物体与摄像机成像平面的距离，还可以在一些特殊距离的位置作上一些不起眼的标识，然后根据这些标识和距离在跟焦器上准确地进行跟焦。

3. 变焦

所有小型或 ENG/EFP 摄录一体机都在镜头上配备了开关来启动变焦。按下开关上标有 T（远距离拍摄）的部分，即会启动一只马达，重新设置变焦镜头中的各个元件，为推变焦做好准备；按下开关上标有 W 的部分，则可以拉变焦。这种由变焦开关启动的自动变焦装置可以使变焦过程稳定而流畅（见图 2.28）。有些摄像机具备快速变焦和慢速变焦两种选择。ENG/EFP 镜头配备有附加手动变焦控制，可以将镜头上的变焦开关拨到快速变焦的位置，从而避免使用自动变焦装置。

图2.27　外配跟焦器

图2.28　摄录一体机的变焦控制

（1）变焦的技术要求。

演播室摄像机在右摇镜头手柄上装有类似的开关，这个由大拇指控制的开关通过电线与演播室摄像机的自动变焦系统相连。按下开关上的T（远距离拍摄）部分，可以推镜头；按下开关上的W部分，可以拉镜头。

由于自动变焦系统使变焦变得相对容易，因此你很容易受到诱惑而去推拉镜头而不是将摄像机移近或移开。不过，我们应该将变焦的运动减少到最低限度。频繁而毫无道理的变焦以及过多地移动摄像机只会表明摄像师毫无经验。

（2）变焦的美学含义。

① 快速变焦。快而漫无目的的变焦是摄像初学者最常见的毛病，初学者应避免不停地快速推拉镜头。

② 变焦与移动。从美学的角度看，变焦为伪，移动为真，所以会有真推假推之说。其中通过自动变焦系统进行的变焦被称为假变焦，而通过摄像机靠近或离开被摄对象的变焦被称为真变焦。真变焦的美学含义更多体现了一种“真”的感觉。其一，镜头在靠近对象时，现场气氛与假推是不一样的，先有摄像机所录制的音响由弱渐强，后有可变化多视角感觉，接近被拍摄人物这个感觉是不容怀疑的；其二，镜头在离开对象亦然；其三，景深前后是有着显著变化的；其四，人物自身也是发生着微妙变化的。

③ 物体运动的控制。尽量把运动对象控制在 Z 轴上，这样有利于摄像师的拍摄。

④ 设置物体。设置物体指将拍摄对象按 Z 轴式设置相对比较容易（见图2.29、图2.30）。

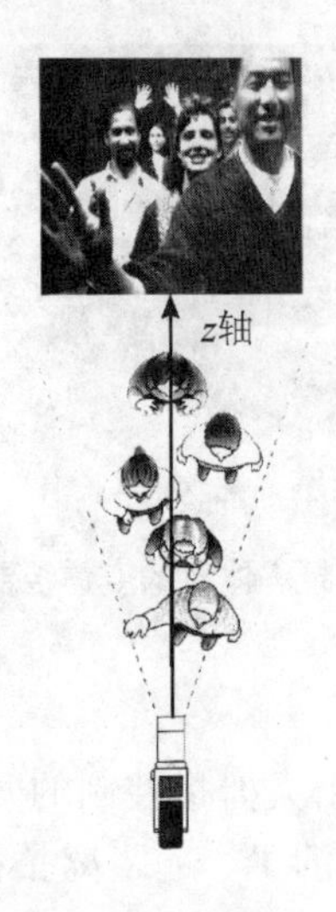

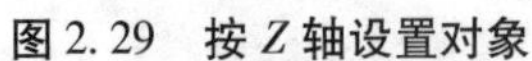
图 2.29　按 Z 轴设置对象

图 2.30　沿 Z 轴拍摄的广角

（3）变焦与景深。

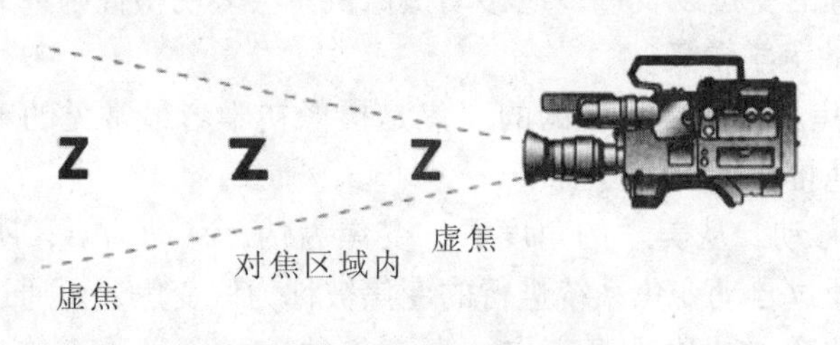

图 2.31　对焦区域范围

若想让沿 Z 轴运动的物体保持在对焦区域内，将变焦镜头推到底（将镜头放在远摄位）比将变焦镜头拉成广角更难做到这一点。同样，在推镜头时，焦点区域内的 Z 轴区域也比拉镜头时显得更靠近观众。我们将这一区域称为景深（Depth of Field）（见图 2.31）。

长焦镜头的景深较浅，这就意味着如果你聚焦于前景，中景和背景就会虚焦；如果将焦点移至中部，前景和背景则会虚焦；而如果聚焦在背景上，则中景和前景会虚焦，而且沿 Z 轴移动的物体也会很快虚焦。

广角镜头产生的景深变化较大，沿 Z 轴松散分布的物体都可以纳入对焦范围内。如果你在大景深时将焦点对准前景中的物体，中景和背景也都可以全部纳入对焦区域内，且物体可沿 Z 轴活动很长的距离才会虚焦。

除了焦距（变焦位置）外，镜头的光圈孔径也会影响景深。大孔径（光圈值数字小）得到的景深浅；小孔径得到的景深大。

对于大多数普通拍摄来说，大景深比较受欢迎，尤其是在跟踪拍摄新闻的时候，这时，要想尽量给观众提供清楚的图像，用大景深就不用担心图像对焦不实。这就是为什么应该拉镜头，并始终将变焦保持在广角位置上。如果想要一个近景镜头，只需将摄像机靠近事件即可。如果镜头设在广角位置，即使你或物体处在运动当中，景深仍然足以将被拍摄物纳入对焦范围内。

在更精细的制作中，则运用小景深的例子较多。比如，如果有人要求你展示某机器上两个部件之间的关系，这时就可以通过箭头将两者联结起来。当然，你也可以沿 Z 轴联结它们并将焦点从一个部件移向另一个。在展示其关系上，这种焦点转换的手法比箭头更微妙、更有说服力。在聚焦一个目标的同时使其他物体虚焦，可以使目标物更加突出，同时还不会削弱环境背景。小景深能在不脱离周围环境的情况下向观众展示构图中最重要的目标。

不论你采用的是小型家用/非播出级摄像机还是 HDTV 演播室用/播出级摄像机，正确的构图都是摄像工作的基本要求。

总体上，从广角到长焦的变焦过程就是景深越来越小的过程。事实上，只有被拍摄对象在景深的延伸轴 Z 轴上分布，景深的变化才能够更加明显；同时，由于被拍摄对象在 Z 轴上的分布，也容易把景深的纵深感突显出来。比如，巧妙地设计前景和远景，就能很好地使景深具有张力。

2.4 整机控制

本节将介绍专业和准广播级摄像机的整机控制的操作规范要求。其中无论是摄录一体机还是 ENG/EFP 摄像机，基本操作程序和需注意的问题大致都是共通的。

2.4.1 摄录一体机和 ENG/EFP 摄像机

无论是操作演播室摄像机还是小型摄录一体机，都应该像对待所有的电子设备一样，必须特别小心。注意个人与他人的安全，不要单纯为了某个漂亮而于叙述无补的镜头而拿个人与摄像机的安全去冒险。不要图方便而无视标准的操作程序。无论做什么，请运用自己的常识。和学骑自行车一样，只有通过具体的操作，你才可能掌握如何运用摄像机。

1. 监视器

首先学会操作监视器对于拍摄工作非常重要。

电视摄像相对于传统胶片摄影最大的好处之一就是可以在拍摄现场通过监视器看到最终的成像结果，免去了胶片洗印和样片制作过程，可以直接根据画面效果调整灯光、道具、运动、色彩等，并能反复观看和检查拍摄结果。监视器可根据显示原理分成 CRT 和液晶两种类型，而每种类型都有不同的显示尺寸。一般来说，CRT 监视器的色彩、锐度、影响速度、可视角度以及准确度都强于液晶监视器，但 CRT 监视器体积和重量较大，且耗电量很大，外景拍摄携带不便。液晶监视器普遍比较轻便实用，耗电量小，携带非常方便，但缺点就是可视角度范围较小，若非正式屏幕，可能出现色彩偏差，亮度和反差较之 CRT 也稍逊一筹。目前液晶显示技术正突飞猛进地发展，很多大屏幕液晶的显示效果已与 CRT 不相上下，而阴极射线管由于体积的限制不可能做得很大，因此在大屏幕监视器材上，液晶技术取得了优势，目前已有越来越多的大屏幕液晶监视器进入了拍摄现场。

监视器作为判断拍摄结果好坏的重要主观标准，除了在自身性能上有很高要求以外，操作者如何使用是更为重要的。如果不能判断监视器的状态是否正常、不能保持监视器的标准状态，那么对其显示的影像就无从判定。监视器标准状态的调整可以借助专门工具如感光反馈式探头等进行自动校准，或是在输入 SMPTE 彩条的条件下，用专门的规范调整步骤进行手动校准（见图 2.32、图 2.33）。

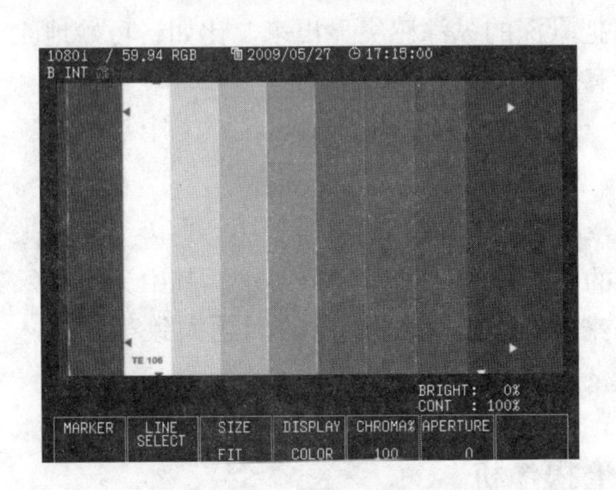

图 2.32　监视器显示屏

图 2.33　监视器

第一，打开监视器给它几分钟的预热时间。

第二，尽量降低监视器所在环境的亮度及消除监视器表面的反光。（加遮罩）

第三，打开监视器的 Blue only 按钮，对没有 Blue only 按钮的监视器可以关闭红色和绿色开关，在不能关闭的情况下可以在监视器前面加蓝色色纸将红、绿色滤除掉。这时可看到 4 个蓝条，中间被 3 个黑条所隔，在每一个蓝条下面有一个小的矩形区域。

第四，调整 CHROMA 或 PHASE 旋钮，使得 4 个蓝条与其下面的小矩形区域融合为一体。

第五，关闭 Blue only 按钮，使监视器恢复颜色。

第六，在红色彩条下，有 3 条细窄的灰条。如果看不出来，可以调整 Brightness（亮度）旋钮直到分辨出来。

第七，将 Monochrome（单色）按钮开关打开。

第八，通过 Brightness（亮度）旋钮降低亮度值直到 3 条细窄灰条中左边两条刚好融合。

第九，通过 Contrast（对比度）旋钮调整左下方的参考白方块，直到它显现出足够的白但又不至于太亮而让旁边的区域渗光，因为亮度和对比度是相互关联的，所以可能需要两个旋钮共同配合来达到效果。

第十，将 Monochrome（单色）按钮开关关闭，监视器恢复彩色状态。

如上操作后，监视器就基本上处在标准状态上了。但是，由于操作过程中还介入了人的主观因素，因此会有一些小的偏差。这样的校准工作应该伴随拍摄过程的始终，因为随着拍摄条件的变化，如温度、湿度、工作时间、环境光强度、不同的输入信号格式甚至地磁方向都会对监视器造成影响，如果忽略了这种影响带来的变化，那么对画面的判断也就失去了统一的依据。

监视器在标准状态后，还需要一个好的监看环境，也就是需要一个暗的环境，因为周围光线会对监视器画面产生很大的影响。所以在实际拍摄时，监视器应该置于遮挡较好的环境，在室外日景时，可以搭制临时帐篷或在移动工作车内，条件不具备时也要用黑布将监视器画面遮好后再观看，因为室外日景的光线对监视器的影响是非常大的，遮挡不严通常会造成曝光过度。

有了好的监看环境，同时监视器又在正确的状态，摄影师才可直接根据监视器的画面效果来决定曝光。

2. 使用摄录一体机和 ENG/EFP 摄像机需注意的常见问题

① 不要将摄像机暴露在毫无遮挡的地方，不要将摄像机暴露在太阳下或高温的车内而不采取任何保护措施。注意，寻像器不要对着太阳，否则寻像器中的放大镜会将光线聚集起来，从而融化寻像器的外罩和电子元件。若是在雨中或非常冷的情况下拍摄，请使用塑料套（称为“雨衣”）。在紧急情况下，也可以用一只塑料包装袋暂时顶替。

② 离开摄像机时必须小心，如果要离开摄像机而无人照看，必须锁好三脚架上的云台。如果要放下摄像机，一定要竖着放，平放会损坏寻像器和装在上面的话筒。

③ 使用镜头盖。即使摄像机内部有“帽子”阻止光线到达成像装置，也要将金属或塑料镜头盖盖住镜头。镜头盖不但可以防止光线进入成像装置，而且可以保护变焦镜头昂贵的前部。

④ 使用电量充足的电池。一定要落实镍电池是否电量充足。许多电池有“记忆”功能，有时即使只有一半电量也会显示电量充足。为了避免这种问题，务必在充电前将剩余电放干净。市面有充/放电二合一的充电器，可以在充电前自动放电。

不要将电池暴露在高热的环境中，也不要将它摔在地上。随时携带一只充满电的备用电池和一个交流电电源插座，后者可以将220伏的交流电转换为合适的直流电，既可以充当电池，也可以充当充电器。

除非电池要给摄像机内部那些驱动计时表和维护其他电子元件的小型辅助电池充电，否则不要像换手表电池一样频繁地更换摄像机的电池。带一只备用电池和一根备用保险丝。

⑤ 落实录像带的格式。务必落实录影带是否与摄像机的格式相匹配，即使录像带的盒子外观看上去与摄像机的格式相似，也有可能与摄像机具体的型号不匹配。因此，一定要多带几盘盒式录像带。在报道的中间突然将录影带用完了和将电池用完了一样令人沮丧。

⑥ 检查所有连接。检查所有连接器，不论它们与什么连接，看它们是否与设定的插座相匹配。只在紧急情况下使用转换器。从设计上来讲，转换器只是一个临时替代品，而且很可能会给你带来麻烦。如果ENG/EFP摄像机与电缆连接，一定要检查电缆的长度。将外部话筒插上，检查话筒与摄像机的插口是否相配。小型摄录一体机一般使用小的接头；而所有大型ENG/EFP摄像机则使用三相接头。

⑦ 测试摄像机。即使很匆忙，也要试录一段，以检查摄像机能否正常工作。戴上头戴式耳机检查音频。在实际拍摄过程中，请使用计划中的那种电源和插座。检查变焦镜头的变焦幅度和焦点。在极冷和极潮湿的天气条件下，变焦镜头有时会粘住或完全报废。

⑧ 设置旋钮。将所有的旋钮，如自动—手动对焦、自动光圈、变焦及快门速度设置到预定的位置。摄像机前面的物体运动得越快，要求快门的速度越高，这样才能防止动态中的物体变模糊。不过，快门速度高，要求的照明条件也高。

⑨ 调节白平衡。除非是自动系统，否则在录制开始前应该先让摄像机达到白平衡。一定要在拍摄的实际照明条件下调节白平衡。

⑩ 记录声音。打开摄像机的话筒，在录制画面的同时录制声音。这种声音不仅有助于确定事件发生的位置，还能提供背景声音，并有助于将来的后期编辑。

⑪ 留心警示标志。注意警示标志并尽快解决问题。如果不关心画面的质量，

大可不必理会摄像机上“照明低”的警告，但不可忽视“电量不足”的警告。

2.4.2 ESP演播室摄像机

与摄录一体机和ENG/EFP摄像机不同的是，演播室摄像机除了上述需要注意的方面外，还有以下几个方面需要特别注意的：

① 保持联络与控制需戴上耳机，在主控室和摄像师之间建立联系。解开云台的锁定装置，调节摇和俯仰运动制动装置。让台座上升或下降，感觉其范围和动作。在任何垂直位置，平衡度适当的台座都能保持摄像机的稳定。

② 顺电缆。确保护线套离地面够近，以避免摄像机从电缆上碾过。放开电缆检查其长度。若想在移动拍摄过程中避免电缆打结，可以将其绑在台座上，但要留出足以让摄像机自由做摇、俯仰和升降动作的长度。

③ 测试变焦镜头和焦距。请视频工程师打开摄像机的镜头盖，将变焦镜头推拉至终点，检查镜头的变焦幅度。如果需要，调节寻像器。预设变焦镜头，以便在后续的变焦过程中让画面保持在焦点内。

④ 练习自己的动作。用记号带在演播室的地面标出关键的拍摄位置。记下所有的直播动作，以便在要求的动作出现前预先将镜头调到广角。

⑤ 移动时不要慌乱。如果拍摄动作特别艰难，可以请地勤人员帮忙转动摄像机的方向。如果在移动拍摄过程中电缆发生缠绕现象，千万不要生拉硬拽，请示地勤人员帮忙解开。在移动拍摄或跟拍时，起步要缓慢，这样才能推动笨重的摄像移动车，在移动拍摄结束前同样也要放慢速度。在提升或降低摄像机时，在台座的升降柱达到最高点或最低点之前必须刹住，否则，摄像机和画面就会剧烈晃动。

⑥ 不要忽视红灯。在将摄像机移动到一个新的位置或预设变焦之前，一定要小心指示灯（寻像器内和摄像机顶上的红灯）是否已经熄灭。指示灯的功能是告诉摄像师、演员和制作人员哪一台摄像机正处于开机状态。在特技制作中，即使你认为自己的镜头已经拍摄完毕，指示灯仍然还会亮着。通常，ENG/EFP摄像机或摄录一体机只有一个寻像器指示灯，在摄像机顶上没有附加的指示灯。寻像器指示灯只会告诉你摄像机什么时候在运行。

⑦ 避免紧张的摄像机活动。盯着寻像器，慢慢地纠正微小的构图瑕疵。如果特写中有一个物体不停地来回跳动，不要不惜一切代价地将其留在画框内，让它不时跳出画框比被迫快速摇镜头来抓它的效果反而更好。

⑧ 让导演来导演。听从导演的命令，即使你认为他错了，也不要试图在你的位置上指挥导演。但如果导演让你用长焦在直播时做移动拍摄或跟拍这类完全不可能做到的事，则应该提醒导演。

⑨ 善于观察，集中注意力。注意周边的活动，尤其要注意其他摄像机的位置，注意导演指令它们向哪里移动。听从导演的指令，就不会挡住其他摄像机的路。在移动摄像机时，尤其是向后移动时，一定要小心路上的障碍。请一位地勤人员引导你。除非逼不得已，尽量避免使用内部通话系统讲话。

⑩ 预先推测。即使你手中没有列出镜头顺序的分镜头剧本，也应该尽量在导演提出下一个镜头前事先设想一下这个镜头。比如，假设你从内部通话系统中听到其他摄像机在拍特写镜头，不妨自己拍一个中景或换一个不同的角度，给导演提供一个不同的景别。千万不要重复其他摄像机的镜头。

⑪ 妥善收拾工具。拍摄结束时，要等“完毕”指示灯亮后才能关闭摄像机。请摄像师盖好摄像机。等寻像器变黑后，解开摇和俯仰运动的制动器，锁好摄像机云台，将金属或塑料镜头盖盖在镜头上。将摄像机停放在平常的位置，将电缆卷成常见的“8”字形。

2.5 实训创作

拿到了摄像机并不等于马上可以拍摄了，还有很多工作要做，比如设备的检查、器材的整理，接下来在推、拉、摇、移时你应选择的姿势、步伐以及拍摄时如何选择角度、高度等都是本节与大家共同动手操作的。有了这些基础，你才向影视创作迈出了第一步。

2.5.1 电视摄像基础

摄像师把前期的准备与实际操机拍摄看得同样重要，而摄像师所习惯选择的姿势、步伐也是初学者要学习的内容，本节首先要解决的就是这些基本问题。

1. 拍摄前器材的准备

① 摄影包里的基本备件：a. 摄像机电池；b. 空白录像带（DV 带）；c. 标签和钢笔。

② 辅助设备：a. 辅助灯；b. 三脚架。

③ 检查设备：a. 检查镜头；b. 检查 DV 带；c. 检查声音连线和麦克风。

图 2. 34　现场拍摄

2. 拍摄技巧入门（DV 一般都是全自动：调焦、光圈、快门）

① 拿稳摄像机（使用摄像机脚架；用两只手来把持摄像机；画面的稳定是动态摄像的第一要件）与拍摄技巧入门（握机方法、站立姿势、蹲姿势、卧姿势）。

图 2. 35　拍摄姿势

② 固定拍摄：摄像机位置不动、镜头焦距不变、镜头光轴不动的拍摄方式。

图 2. 36　固定镜头

③ 运动拍摄：摄像机位置、镜头焦距（镜头的推、拉）、镜头光轴三者其中之一或以上发生变化的拍摄方式。

图 2. 37　《最后山神》截图一

3. 起幅、运动与落幅（重点）

一个移动镜头的拍摄包括起幅、运动、落幅。

起幅：指拍摄一个移动镜头时的开始点，即在拍摄一个移动镜头的开始点时，应该把镜头在开始点停留5秒钟左右。

运动：介于起幅与落幅之间的均匀、平稳的拍摄过程。

落幅：指拍摄一个移动镜头的结束点，即在拍摄一个移动镜头的结束点时，同样应该把镜头在结束点停留5秒钟左右。

实操演示拍摄：起幅、运动、落幅的拍摄过程。

4. 推、拉、摇、移、甩等运动镜头

① 推镜头：大多表示一种强调。

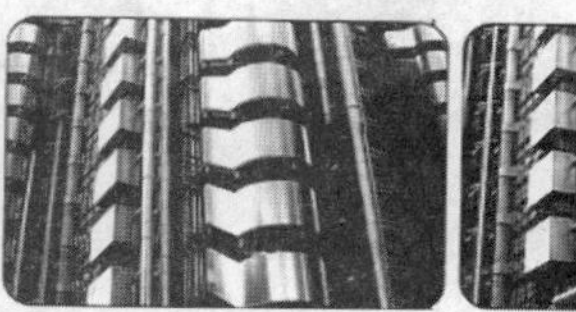

图2.38　由远景、全景到特写镜头

② 拉镜头：一般用于交代主体所在环境（由特写到中景、全景）；大多表示一种强调（由远、全景到特写镜头）。

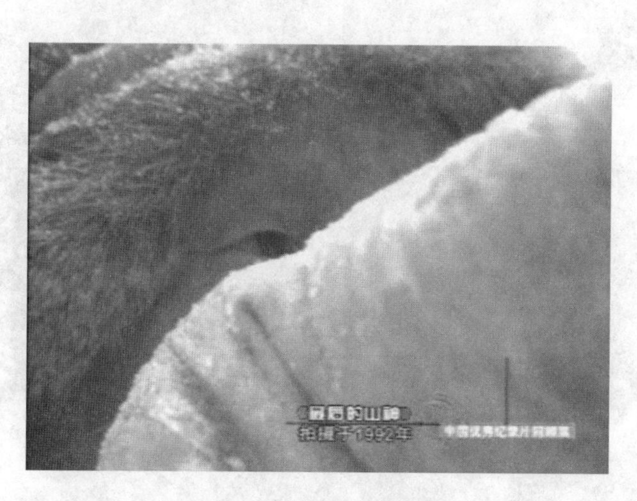

图2.39　《最后山神》截图二

③ 摇镜头（演示拍摄）：多用于交代被摄体之间的关系。

④ 移镜头：更多的是一种展示和参与。

图 2. 40 《阿拉伯的劳伦斯》截图

⑤ 甩镜头和升降镜头：更多的是为了营造一种气势，实现场面的调度和时空的转换。

图 2. 41 空间转换

5. 动态拍摄的技巧方法

屏住呼吸，以腰部为分界点，下半身不动上半身移动。站立拍摄时，用双手紧紧地托住摄像机，肩膀要放松，右肘紧靠体侧将摄像机抬到比胸部稍微高一点的位置。

图 2. 42　步伐示范

左手托住摄像机，帮助稳住摄像机，采用舒适又稳定的姿势，确保摄像机稳定不动。双腿要自然分立，约与肩同宽，脚尖稍微向外分开，站稳，保持身体平衡。

实操演示拍摄技巧：

例如，你要拍的景物，需要从甲点扫摄到乙点。首先将身体面向乙点后下半身不动，然后转动上半身面向甲点，此时摄像机是对着甲点的方向，接着按下录像键先原地不动录 5 秒钟，然后慢慢扫摄回到乙点，到了定位后不动，继续录 5 秒后停止。

利用摄录像机三脚架。在固定场合长时间拍摄时一定要使用三脚架，如拍摄婚礼仪式、生日会、广场音乐会等。

6. 拍摄中应注意的问题

① 一般情况下拍摄时务必保持镜头的平、稳、匀、准；运动镜头要有起幅与落幅。

② 一般情况下不要单手持机边走边拍；不要随意地推、拉、摇、移。

7. 数码摄像八大姿势

第一势：最常用的基本方式。

适用机型：小型摄像机/中型摄像机。

动作要领：将右胳膊上臂与身体右侧夹紧，右臂向左后方用力，并利用身体的反作用力形成胳膊与身体之间的动态平衡，增加机器的稳定性；必要的时候可在启动录像键前深吸一口气，再屏住呼吸开始拍摄。

注意：如果机器是索尼 PD90、松下 DVC180 等较重的中型摄像机，可同时用左手托住镜头底部，这样既可以保证机器的稳定性，又方便手动聚焦和变焦。

第二势：抢新闻方式。

适用机型：小型摄像机/中型摄像机（液晶屏型）。

动作要领：当拍摄对象被前方人群阻挡时，建议采用本方式。把翻盖式液晶屏打开，并向下方旋转 45 度左右；右手单手握机，伸过前方人群头顶，从液晶屏上评估拍摄效果。如果构图合适，即按下录像按钮开始记录。

第三势：低机位方式。

适用机型：小型摄像机/中型摄像机/大型摄像机。

动作要领：以左脚为着力点蹲下；把翻盖式液晶屏打开，并向上方旋转 45 度左右；左手托住摄像机底部，右手进行变焦、启动录像/暂停按钮等操作；如果使用无液晶屏的大型摄像机，须将寻像器遮光罩扳起。

第四势：省力的拍摄方式。

适用机型：小型摄像机/中型摄像机/大型摄像机。

动作要领：把翻盖式液晶屏打开，并向上方旋转 45 度左右；左手托住摄像机底部，右手进行变焦、启动录像/暂停按钮等操作；如果使用无液晶屏的大型摄像机，须将寻像器遮光罩扳起。

图 2.43　省力方式示范

第五势：移动中的中小型摄像机拍摄方式。

适用机型：小型摄像机/中型摄像机。

动作要领：将右手向下插入摄像机手带部分，右手手指部分托住摄像机底部；如果是带有手柄的中型摄像机，可直接握住手柄，像松下 DVC180 和佳能 XL1 等手柄上设置了变焦按钮和录像启动/暂停按钮的机型，采用这种操作方式更加方便。

把翻盖式液晶屏打开，并向上方旋转 45 度左右；注意在移动拍摄的过程中腿部和脚部的动作：腿部稍弯曲，前脚掌先落地，脚跟落地要轻。

第六势：移动中的大中型摄像机拍摄方式。

适用机型：中型摄像机（无液晶屏型）/大型摄像机。

动作要领：注意在移动拍摄的过程中腿部和脚部的动作：腿部稍弯曲，前脚掌先落地，脚跟落地要轻。请注意将寻像器遮光罩扳起。

图 2.44　移动示范

图 2.45　大型摄像机示范

第七势：大型摄像机最常用的基本方式。

适用机型：大型摄像机。

动作要领：将右胳膊上臂与身体右侧夹紧，右臂向左后方用力，并利用身体的反作用力形成胳膊与身体之间的动态平衡，增加机器的稳定性。必要的时候可在启动录像键前深吸一口气，再屏住呼吸开始拍摄；可将背部抵住墙壁等物体。

第八势：三脚架方式。

适用机型：小型摄像机/中型摄像机/大型摄像机。

动作要领：如果只能选用照相机用三脚架，尽量选择自重较重的型号，尽量减少水平和俯仰摇动拍摄；如果摇镜头，尽量向下用力按住摄像机，在与地面反作用力的动态平衡中轻轻完成摇镜头拍摄。

图 2.46　肩扛示范

图 2.47　三脚架拍摄示范

2.5.2　摄像角度

摄像角度的选择对于对象的记录和表现是非常重要的，好的角度可以增强画面的感染力、说服力和表现力。

按摄像高度来分，拍摄角度分为三种：平摄（水平方向拍摄）；仰摄（由下往上拍摄）；俯摄（由上往下拍摄）。

按摄像方向来分，拍摄角度分为三种：

正面方向拍摄：

图2.48　正面方向拍摄（《阿拉伯的劳伦斯》）

侧面方向拍摄：

图2.49　侧面方向拍摄（《阿拉伯的劳伦斯》）

背面方向拍摄：

图 2.50　背面方向拍摄（校园）

1. 拍摄角度

拍摄角度主要是指摄像机与被摄主体所构成的几何角度。摄像机拍摄的几何角度包括垂直平面角度（摄像高度）和水平平面角度（摄像方向）两个内容。

（1）摄像高度。

摄像高度是指摄像机镜头与被摄物体在垂直平面上的相对位置或相对高度。这种高度的相对变化形成了三种不同的情况：平摄、俯摄、仰摄。

当摄像机与被摄主体高度持平时，称为平角或平摄；

当摄像机高于被摄主体向下拍摄时，称为俯角或俯摄；

当摄像机低于被摄主体向上拍摄时，称为仰角或仰摄。

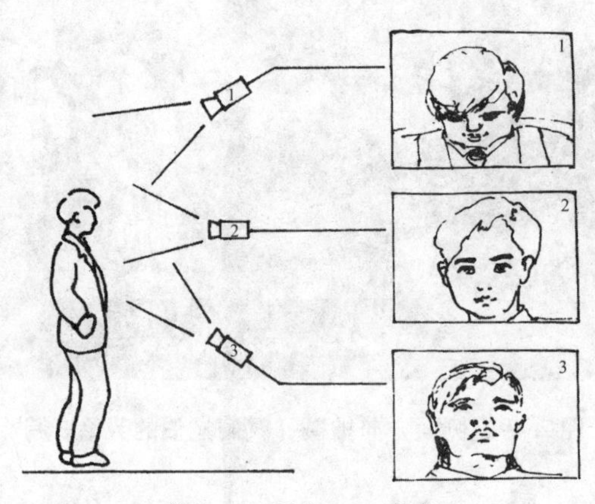

1. 俯角　2. 平角　3. 仰角

图 2.51　拍摄角度

① 平摄（水平方向拍摄）：平摄具有纪实和叙述的功能。

大多数画面应该在摄像机保持水平方向时拍摄，这样比较符合人们的视觉习惯，画面效果显得比较平和稳定。

a

b

c

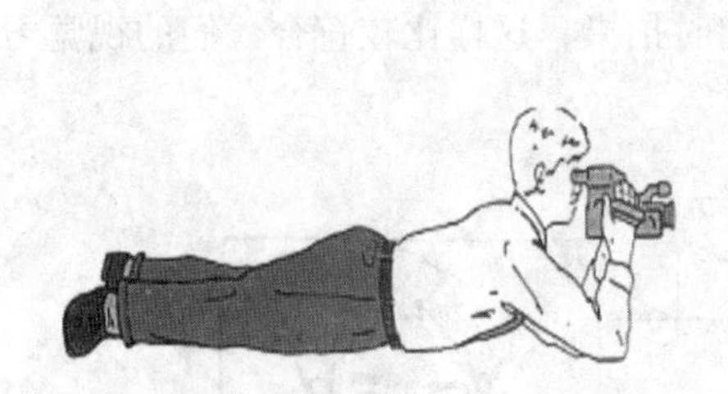

d

图 2.52 平摄角度

② 俯摄（由上往下拍摄）：俯摄有利于表现地面景物的层次、数量、地理位置及盛大场面，给人以深远、辽阔的感受（见图 2.54）。俯摄在表现人物活动时，易于展现人物的方位和阵势。

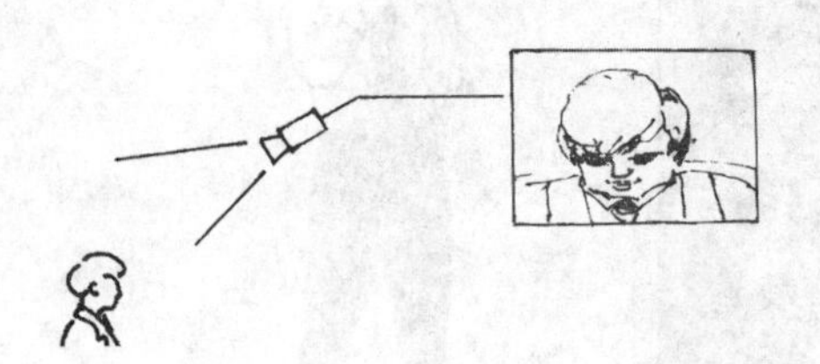

图 2.53 俯摄角度

图 2.54 俯摄（《阿拉伯的劳伦斯》）

③ 仰摄（由下往上拍摄）：仰拍一个目标，观看者会觉得这个目标好像显得特别高大，不管这个目标是人还是景物。

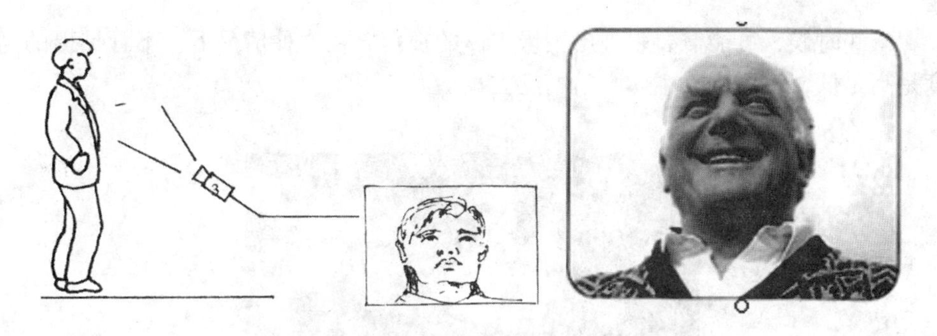

图 2.55　仰摄角度

如果想使被摄者的形象显得高大一些，就可以降低摄像机的拍摄角度倾斜向上去拍摄。用这种方法去拍摄，可以使被摄者主体地位得到强化，显得更雄伟高大。

图 2.56　仰摄（《阿拉伯的劳伦斯》）

（2）摄像方向。

摄像方向是指摄像机镜头与被摄主体在水平平面上一周 360 度的相对位置。即通常所说的正面、背面或侧面。摄像方向发生变化，电视画面中的形象特征和意义等也会随之发生明显的变化。

2. 物视角的拍摄

（1）物视角的拍摄是指在进行拍摄时要依据常人日常生活中的观察习惯而进行拍摄。视角的反映要符合正常人看事物的习惯。

有些时候，可能需要表现出拍摄主体的视角，在这种情况下，不管拍摄的高度是高是低，都应该从主体眼睛高度去拍摄。

a

b

图 2. 57　从高处看楼下

（2）物视角拍摄的实例评析，见图 2. 58，该截图的视角显然是劫匪的。该劫匪对于突发心脏病的打劫对象无动于衷，异常地泛漠无情。所以摄像师用的是俯摄。

图2.58 《打劫》截图

比如拍摄一个人在看画展：

① 通过他的后背拍摄，这显然是客观角度。

② 如果镜头随着观者的视线摇向另一幅画，人物出画，这时客观角度就变成了主观角度。

③ 相反，镜头由一幅画拉出来，人物入，这时主观角度又变成了客观角度。

实践演示分析：主、客观镜头相互转化（拍摄一个人在看画展）。

3. 角度的意义

选择确定拍摄角度，是摄像师在拍摄现场必须做好的一项重要工作。角度的不同直接影响对画面主体的表现。

（1）角度决定画面构图，角度变则构图变，角度新则构图新（见图2.59）。

图2.59 《金色童年》截图

（2）角度直接影响人物造型效果，同一对象用不同角度拍摄，可得到不同的造型效果，从而产生不同的画面表现力。

图 2.60　角度与人物造型

（3）角度不仅是有力的造型元素，而且是摄像造型的表情元素。拍摄角度用得恰当可以产生褒贬含义。

研究拍摄角度的造型功能及艺术表现力是摄像造型的重要课题。在电视剧拍摄现场，导演、摄像师、美术师等主创人员总是反复观察、琢磨、认真选择能正确表达戏剧内容、场面调度的合适角度。

对于拍摄角度的重要性，匈牙利电影理论家贝拉·巴拉兹这样写道："方位和角度足以改变影片中画面的性质即振奋人心或富于魅力，或冷漠无情或充满幻想与浪漫主义色彩。角度和方位的处理对于导演、摄像师的意义，犹如风格对于小说家的意义，因为这正是创造性的艺术家最直接地反映他的个性的地方。"

案例分析：（图 2.58）打劫。

问题 1：这是谁的视角？属于什么角度？

回答：站着的绑匪的视角。客观角度。

问题 2：以下两个镜头各是什么角度？

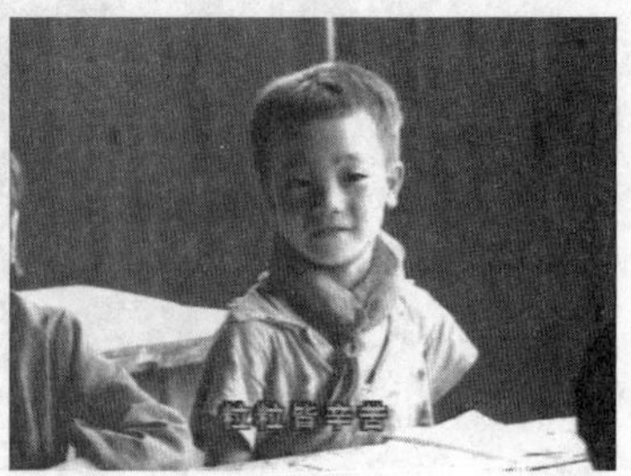

图 2.61　《龙脊》截图

回答：第一个镜头是主观角度，第二个镜头是客观角度。

问题3：角度的意义是什么？

回答：角度决定画面构图，角度变则构图变，角度新则构图新；角度直接影响人物造型效果，同一对象用不同角度拍摄，可得到不同的造型效果，从而产生不同的画面表现力；角度不仅是有力的造型元素，它还是摄像造型的表情元素，拍摄角度用得恰当可以产生褒贬含义。

图 2. 62 《阿拉伯的劳伦斯》截图

2. 5. 3 长镜头与短镜头的拍摄

在电视、电影中每一个镜头都有时间长短的差别，分别称之为长镜头和短镜头。

问题：长镜头与短镜头的区别和作用？（分析电影片段的镜头）

图 2. 63 《英雄》截图

1. 长镜头与短镜头的选用

长镜头与短镜头的选用取决于电视、电影镜头所要表现的内容和信息量的需要。

(1) 把握短镜头。

例如，有的电视片中，一个人在看东西的中景镜头持续了8秒，在8秒中观众只看见这个人在看，却不知道他到底在看什么，因为镜头中并无信息变化。怎么解决这个问题?

解决方法：给一个人在看的镜头3秒，接一个人头部的特写2秒，再接一个被看物品的镜头3秒。这一分解产生的变化就让镜头增加了信息量，同时也增强了可视性。

(2) 合理利用长镜头。如图2.64中小女孩在沙坝上玩耍的长镜头，表现了单调的环境给人的影响。

图2.64 《沙与海》截图一

像竞技体育比赛、戏剧表演及进展中的事件等，这时镜头时间虽然很长，但画面内容是运动的，这就意味着周围环境的变化，而有了变化就会使人的视觉有强烈的注意点，就会有新的信息产生，观众也能够喜欢看，这时镜头时间虽然长但有实际意义。

(3) 镜头时间长与短的运用，关键是用得恰到好处。

镜头时间长与短的运用，关键是用得恰到好处，不要盲目地去追求什么，要理智地去思考、去创新，完美地达到运用价值才是最科学的运用。

镜头时间的运用虽然是个小题目，但在电影、电视片的拍摄制作过程中，是绝不能忽略的。只有运用好电视镜头的时间，才能有助于电视节目质量的提高，才能增强电视的可视性，才能更好地为观众服务。

图 2.65　《沙与海》截图二

2. 空镜头

指没有主体的镜头，又称景物镜头。空镜头本身虽然不承担具体的叙事任务，但它在提供视觉形象信息上有重要作用，它是导演阐明思想内容、叙述故事情节、抒发情感意境的重要手段；在银幕时空转换和调节影片节奏方面有独特的作用。

常见的空镜头形式有交代性空镜头、抒情性空镜头、环境感空镜头、隐喻性空镜头和想象性空镜头，见图 2.65 和图 2.66。

图 2.66　《沙与海》截图三

2.5.4　运动摄像拍摄技巧

我们已经知道了什么是运动摄像及运动摄像的方式，但在实际创作中，它还有什么特点呢？请观看《神话》人物活动片段后进行分析。

图 2.67　《神话》截图

1. 常用的运动摄像拍摄方式：摇摆拍摄和移动拍摄

运动摄像可分为不同的运动方式和拍摄方式，如推、拉、摇、移、跟、升降、综合运动摄像等。了解各种拍摄方式的画面造型特点、功用与表现力及拍摄时应注意的问题，对初学者来说至关重要。见图 2.68 ~ 图 2.70。

图 2.68　舞台造型表现

图 2.69　情节剧拍摄现场

图2.70　功夫剧拍摄现场

（1）摇摆拍摄的方法。

拍摄工作中，摇镜头是最常用的手法之一。摇摄在以下两种情况下常被用到。

第一种情况就是：当拍摄一个大场面或一幅风景画时，这种情况往往用在故事片段的开始，就像一段开场白，以此来介绍事件所发生的地点以及主角人物所处的位置和环境。

第二种情况就是：用来追踪一个移动中的目标，比如，一个正在高台跳水的运动员、楼上掉下来的东西或者是一辆奔跑的汽车等（见图2.71）。

图2.71　《阿拉伯的劳伦斯》截图

摇摄分上下摇摄和左右摇摄。

① 上下摇摄：用这种拍摄方法可以追踪拍摄上下移动的目标。如：拍运动员的跳水动作，从运动员站在高台准备跳时作为起幅，把镜头推近，锁定目标，从起跳到入水，镜头随运动员的下落而同步下移。这样的场面最好使用近镜头去拍摄。

图 2.72 《跳水》截图

② 左右摇摄：以横向圆弧路线摇动摄像机，可以很好地拍摄宽广的全景或者是左右移动中的目标。

例如：我们拍摄一辆自左至右行使的汽车。首先我们要规划好汽车行驶的路线以及摇摄的起始和终止点；目标一旦进入画面就开始拍摄，并随着汽车的移动而向右匀速转动摄像机。镜头始终对准行驶的汽车直到摇摄终止点，中间不能停顿。

图 2.73 车辆的拍摄

③ 摇摄时应注意的问题。

a. 运镜要平稳。不管是上下摇摄还是左右摇摄，动作应该做到平稳滑顺，画面流畅，中间无停顿，更不能忽快忽慢。（最好使用三脚架）避免摇来摇去；摇摄过去就不要再摇摄回来，只能做一次左右或上下的全景拍摄。

b. 把握好时间。保持恰当的摇摄速度，摇摄的时间不宜过长或过短；用摇摄的方法拍摄一组镜头约 10 秒为宜。

c. 注意摇摄时把握起幅、落幅，入画、出画。一组摇摄的镜头应该有明确的开始与结束，要在起幅和落幅的画面上稳定停留一段时间，一般来说 3 秒左右就够了，这样的镜头让人看起来稳定自然，这点很重要。(见图 2. 74《阿拉伯的劳伦斯》片段)

图 2. 74　《阿拉伯的劳伦斯》截图

（2）移动拍摄的方法。

除了推拉、摇摄，在电视与电影的拍摄中还经常使用“移摄”的拍摄方法，就是一边录像，一边把摄像机向前后或左右移动。运用移动拍摄方法能够增加剧情的感染力。除了一些特殊的移动摄像需要特殊的摄录设备外，一般条件下的移动摄像主要分为两种拍摄方式：

① 一种是摄像机安装在各种活动物体上，诸如移动车、活动三脚架、升降机、各种工具车等，随着活动物体的运动进行拍摄。

② 另一种是摄像者肩扛摄像机，通过人体的运动进行拍摄。

图 2. 75　左右移动拍摄

摄像者与被拍摄的主体的线路平行，这时就需要侧步行走或者侧面移动去拍摄。通常这种拍摄方式强调的是主体行走的路线或周围环境的变化。

③ 弧形移动拍摄就是摄像者以圆形或弧形线条移动，而不是直线移动。

弧形移动拍摄的特点：

a. 构图，安排主要目标位于画面中央；

b. 缓慢而平顺地进行，在整个录像片段中让主要人物在画面中保持相同的位置。

图 2. 76　人物交流

在整个片段中，主要目标都应该保持在画面中央。用这种“弧摄”的方法去绕着一个静止的人或者景物（如一座喷泉、一座雕像，甚至一束花）进行拍摄，要比站在原地拍摄的画面生动有趣得多，这样就可很好地反映出静止的人或景物的深度和层次。

④升降移动拍摄。一般是摄像机安装在各种活动物体上，诸如移动车、活动三脚架、升降机、各种工具车等，随着活动物体的运动进行拍摄；当然也可以手握（手抱）摄像机进行小幅度的升降拍摄。

2. 运动摄像的作用

（1）形成多变的画面构图和审美效果；运动摄像是通过摄像机的运动产生多变的景别和角度、多变的空间和层次。

（2）使静态的主体发生了运动和位置转换，直接表现了人们生活中活跃的视点和视向，不仅赋予电影、电视有别于绘画、照片等平面造型艺术的更为丰富多变的造型形式和表现力，也使得电影、电视成为更加逼近生活、逼近真实的艺术。

2.5.5　会议新闻、活动庆典的拍摄技巧

我们在生活中经常会接触到庆典、会议，下面我们将结合实际经验提出几个拍摄方法。

（1）灵活运用俯拍角度来拍摄全景，以便让观众知道活动庆典的地点和气势。

图 2.77　庆典拍摄效果

（2）注意利用仰拍角度和对角线构图方法来拍摄横幅的近景镜头，以便让观众了解庆典活动的主题和内容。

（3）利用多角度和动态构图的方法来拍摄台上领导和台下观众的镜头，来达到镜头场景的变化、切换。

（4）灵活运用单构图和静态构图的方法来拍摄远、全、中、近、特等人物

观众的镜头。

图 2. 78　会议拍摄效果

（5）灵活运用推、拉、摇、移的拍摄方法来达到镜头场景的变化。

图 2. 79　明星拍摄效果

【思考题】

1. 摄像机的许多操作环节为什么要做到“下意识”?
2. 长焦镜头和广角镜头的物理特性分别是什么?
3. 摄像距离、光圈孔径和镜头焦距是如何影响景深的?

4. 怎样区分标准镜头、广角镜头和长焦镜头?
5. 当摄像距离相同时，为什么说景别的变化不引起透视的变化?
6. 如何利用镜头的物理特性促进内容的表达?
7. 运动速度的表现与镜头焦距有哪些对应关系?

Image

第 3 章

镜　像

镜像和画面还是有区别的，镜像是指人通过光学镜头选择对象而形成的景像，而画面的概念往往缺少镜头感。本章将从观察入手，基于镜头对选取对象的画面进行构成分析，对动态的对象和事件应该如何遵循构图规律进行分析。

【本章学习要点】

我们除了具备一双敏锐的眼睛外，还必须掌握一些基本的构图美学，比如静物和静止事件如何构图，动态物体和事件如何构图等。

本章主要从人眼的观察到摄像机的观察入手，从取景、操纵画面纵深、镜头与景深等几个方面进行讲解和讨论。其中取景是在电视摄像创作过程中艺术性最为突出的，如何通过娴熟的摄像技术来实现艺术的追求是我们本章学习的重点。

【本章内容结构】

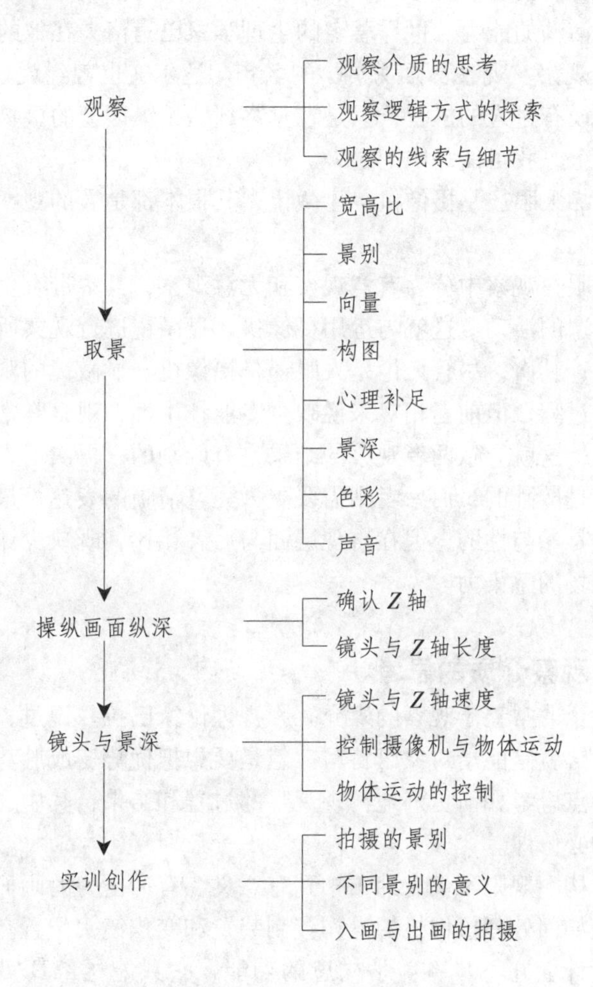

3.1 观察

如何选择能够说明事实的、清晰而有力的细节，这里首推的是观察。现在我们所谈的观察与日常生活的概念有所不同。生活中的观察是用眼睛，而电视镜头的观察不仅有眼睛，还有寻像器、镜头和新闻采集设备的加入，这就给观察带来了更浓重的目的性、技术性、思考性和参与性的特点。

观察是一种有目的、有计划、比较持久的知觉活动。一般来讲，观察主要考察人从事观察活动的能力。世界著名的生理学家巴甫洛夫在他的研究院门口的石碑上刻下了“观察、观察、再观察”的名句。达尔文也曾经说过：“我没有突出的理解力，也没有过人的机智，只是在觉察那些稍纵即逝的事物并对他们进行精细观察的能力上，我可能是中上之人。”

无论是依靠人眼还是摄像机、显微镜，其根本都是人的观察活动，但彼此还是有一定区别的。

首先，人眼在观察中分为有意观察和无意观察，其中带有生物本能的观察是普通人更为普遍的活动，这就与运用摄像机、显微镜进行观察所带有的极强的目的性有所区别；其次，尽管无论是人眼还是摄像机、显微镜的观察，都是人类正在延续的思考过程，但前者相对来说缺少专业技术性，观察常常是有局限的，甚至是不真实的，这就导致两者观察的结果是有区别的；再次，人眼的观察活动是灵活的，甚至是散乱的，而后者则需要更为完整清晰的表达；最后，人眼的观察虽然很多时候是参与性的，但在再现层面与后者相比，既缺少深度也缺乏再现的手段和直接现场的感染力。

3.1.1 观察介质的思考

电视是一个非常善于观察的媒介。影视理论家巴拉兹说过，电视相对于其他媒介的最大优势就是能给对象以特写。但是要想把优势变成胜势，还需要我们结合电视媒介特点思考如何更好地再现观察的过程和结果，其中，如何构图就成为每个摄像者的必修课。

熟悉基本构图规则不仅有助于拍到有意义、有冲击力的画面，还有助于掌握什么时候以及如何处理摄像机的操作控制装置和变焦镜头位置。摄像机的技术和操作特点在设计上并不具备美学构思的功能，它只能尽量真实有效地实现你的意图。

我们每个人至少都看过一次他人假期外出时拍摄的录像带。除非拍摄录像带的人是操作摄像机的老手，否则你看到的很可能是一连串不断抖动的景象：影像快速移动，毫无目的地从一个物体转到另一个物体上，还有很多天和地的空白镜头，人好像粘到了屏幕的顶部或边缘，地上的树或电线杆好像从人的头顶长了出来。

3.1.2　观察逻辑方式的探索

有了以上对观察的认识之后，加强摄像者观察方法的训练极为必要，因为摄像机的采集者与普通人相比应该具有更加专业的精神和责任，那就是要为更多观众提供更为合理的思维线索。观众通过摄像机的观察，对事件的全部以及幕前幕后都能有一个全面综合的了解，这显得非常重要。

通常观察可以按照对象的结构，从外到里的顺序来观察；按照事件所表现出的现象、成因、影响、结果去观察；按照时空转换顺序来观察。顺序转换法要有计划、有次序地查看，那就要求摄像者要注意寻找事件的线索；求同找异法要找出其同类事物之间的异同，并分析其间的关系，那就是要求摄像者要用镜头展示其观察、分析、思考、概括、归纳能力。

3.1.3　观察的线索与细节

在观察过程中，一个细节都没有的拍摄无疑是失败的。同时，我们还要清楚的是，关键细节往往是线索的具体体现，而线索的细节才能形成思维的逻辑链条。如果缺少了这样的细节，一切表达都是海市蜃楼，不可以建立思维的逻辑体系，也就是说不能让人信服。这就像法院打官司举证一样，缺少关键的物证（相当于关键细节），你就很难说服法官，也很难让陪审团认可。同样，细节也是最具有感染力的部分。任何作品的表现如果没有了细节，就必然缺少了生动性、鲜活性和感染性，尤其电视还是特写媒介，如何很好地表现我们观察到的细节也是每个电视人的必修课。

但是用摄像机观察本身不是一件很简单的事，它既需要技术的保证，又需要具备电视艺术的修养，它不是用我们的眼睛和感官作一般性的观察和感觉，而是用电视画框完整再现现实的艺术表达形式，所以缺少必备的画面知识和修养，免不了要犯错误。为了帮助你避免这样的美学错误，本章将对构图进行详细的讲解。

3.2　取景

取景时，最应该考虑的基本因素包括：镜头中打算要多少景？拍摄物距观众有多远？被拍摄物与屏幕边缘的相对位置如何？如果屏幕上只能看见被拍摄物的一部分，如何让观众感觉到一个完整的物体？用摄影艺术（包括影视艺术）的术语来说，这些因素就是宽高比、景别、向量、构图、心理补足、景深、色彩以及声音。

3.2.1 宽高比

摄像取舍在很大程度上取决于你拥有哪种画框，也就是屏幕的宽度/高度关系，即宽高比（Aspect Ratio）。影视制作中常见的宽高比一般为标准的4∶3。如果是数字电视，许多摄像机则可以在标准的4∶3与高清晰度电视的16∶9之间转换。HDTV电视的宽高比只有16∶9这一种标准。在比较小的屏幕上，这两种宽高比对构图没有太大的影响（见图3.1、图3.2）。

然而，在大屏幕上或当视频投影到电影屏幕上时，这两种宽高比的差别就会明显地显示出来。与16∶9的宽高比相比，4∶3的宽高比更适合脸部特写，而且效果也更好。但宽屏幕的16∶9宽高比却能让取景范围更宽，且不会损失什么效果。另外，只要负担不过分，高清晰度屏幕电视上的特效表现得也更明显。

图3.1　4∶3画框

图3.2　16∶9画框

3.2.2 景别

景别（Field of View）是指物体与观察者之间的距离，即在拍摄者的镜头中包含的场景有多大范围。

图3.3　特写

图3.4　近景

图3.5　中景

图3.6　全景

图3.7　远景

物体和观察者之间的距离分成五种景别：远景、全景、中景、近景和特写(见图3.3~图3.7)。

如果按镜头里人物的多少来划分，镜头可以分为：①半身像，拍摄人体的上半部分；②齐膝拍摄，拍摄人体的膝部以上；③双人像，镜头里有两个人或物；④三人像，镜头里有三个人或物；⑤过肩拍摄，镜头越过一个人的肩部拍另一个人的影像；⑥交叉拍摄，交替地拍摄一个人与另一个人，靠近摄像机的那人不在镜头中出现（见图3.8~图3.13)。

图3.8　半身像

图3.9　齐膝拍摄

图3.10　双人像

图3.11　三人像

图 3.12　过肩拍摄

图 3.13　交叉拍摄

景别是相对而言的，也就是说，在你看来是特写的镜头在别人眼里可能是中景。由于标准屏幕的尺寸相对较小，因而特写是电视制作中用得最多的一种景别。不论是拍摄宽高比为 4∶3 还是 16∶9 的镜头，这种名称都适用。

你可以通过改变摄像机与被拍摄物之间的相对位置或伸缩镜头调整焦距来改变景别。我们在前面已经学过，推镜头可以将镜头推到一个狭窄的拍摄角度，使物体看上去离摄像机较近，从而产生特写镜头。如果将镜头拉开，镜头渐渐伸展到一个拍摄角度较宽的位置，此时便可以看到更大的区域。改变摄像机与物体之间的相对位置和伸缩镜头的视觉差异很大。

对于标准电视屏幕来说电视是一个特写媒介。

3.2.3　向量

向量（Vectors）是一种有方向指向的力，有各种各样的力度。这个概念有助于你理解和控制在屏幕画面上看向、指向或移向某个方向的人所形成的各种力，甚至由一个房间、一张书桌、一扇门的水平和垂直线所产生的力。对向量的全面掌握有助于给演员和摄像机设计出有效的运动方向。向量共有三种基本形式：图形向量、指向向量和运动向量。

图 3.14　图形向量

图 3.15　指向向量

图 3.16　运动向量

（1）图形向量。这种向量由能将人的视线引向特定方向的线条和景物排列产生。环顾四周，到处都是图形向量，如一本书的水平线和垂直线、窗户和门的轮廓线、墙壁与屋顶的交叉线等。停车场停放整齐的车辆可以构成图形向量，成排的电线杆和电线同样也可以构成图形向量（见图3.14）。

（2）指向向量。这种向量由明确地指向特定方向的物体产生，如箭头、单行线标志、看向或指向某个特定方向的人（见图3.15）。指向向量与图形向量之间的区别在于，指向向量在方向上更加明确。如果与单向标志的指向向量相反，不仅会扰乱你脑中的地图，还会让你在视觉上不知所措。

（3）运动向量。这种向量由屏幕上真正在运动或感觉在运动的物体产生。行走的人、沿公路行驶的汽车、飞行中的鸟——所有这些都构成运动向量（见图3.16）。观察身边的运动物体，他们都能表现出一定的运动向量，都无法用静止的画面来说明。

向量是屏幕内的方向性力量，对构图和演员布局及机位安排都有影响。

3.2.4 构图

我们的知觉总是试图将我们周围混乱的世界理顺，而好的画面构图有助于我们完成这项任务。最基本的一些构图要素包括物体布局、头顶空间与引导空间、水平线。

图3.17 播音员

图3.18 居中式布局

图 3. 19　画面平衡

（1）物体布局。

图像中最稳定、最醒目的区域在图像的中心附近，因此，如果你想突出某一个物体，那就将它放在那里。这个原则也同样适用于拍摄某个面对观众进行演讲的人，如新闻播音员或公司总裁（见图 3. 17、图 3. 18）。

如果播音员必须与另一个视觉元素分享同一空间，如包含显示材料的画面，这时就必须将播音员移到屏幕的一侧，不仅要给那个视觉元素留出空间，还必须平衡这两个元素之间的对应关系（见图 3. 19）。如果是那种包含单一醒目垂直元素，如电话杆、树、栅栏等的大构图，则可以将这个醒目的垂直物安排到屏幕的中心位置以外，如屏幕水平方向大约 1/3 或 2/3 处，这比将垂直物放在正中间产生的画面更有动感、水平线更连贯（见图 3. 20a、图 3. 20b）。

图 3. 20a　非对称构图

图 3. 20b　对称构图

（2）头顶空间与引导空间。

电视屏幕边缘的功用像磁铁，会将物体吸向自己，这种拉力在屏幕的上下边缘表现得尤其强烈。比如，如果被拍摄的人头顶触到了屏幕的顶端，他的头看起来就好像被拉了上去，甚至像粘在了上面（见图3.22）。要想抵消这种向上的拉力，就必须在头顶上留出适当的空间，即头顶空间（Headroom）（见图3.21）。

但是，如果留出的头顶空间太多，屏幕的底部又会有拖力，从而使整个人看来像被往下拉（见图3.23）。因为在电视上播放录像或用有线或无线传输时，不可避免地要裁去一些图像空间，所以留出的头顶空间要比正好合适的空间多一点。这样受众才能看到恰恰合适的图像（见图3.21）。

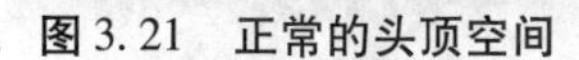

图3.21 正常的头顶空间

图3.22 头顶空间过小

图3.23 头顶空间过大

镜头的两侧也有类似的图形“引力”，似乎要将物体或人拉近边缘，尤其当它们朝向屏幕的某一侧时，情形更是如此。如图3.25中的人好像正将自己的鼻子往屏幕的右侧贴。好的构图要求在人物的鼻子前面留出一定的呼吸空间，以抵消人物的视线和屏幕侧面的拉力。这种引导空间又被叫做鼻前空间（Noseroom）（见图3.24）。

在拍摄向一侧移动的人或物时，这一原则同样适用（见图3.26）。你必须在其运动的前方留出一定的空间，以指明其前进的方向，同时抵消向量的一些方向性力量。

由于摄像机必须待在物体运动的前方，引导其行动而不是跟着它动，因此，这又叫做引导空间（Leadroom）。给移动中的人或物留出合适的引导空间并不是一件容易做到的事，尤其是在物体快速运动的时候。比较可行的一条经验法则是在移动中的人或物前方留出大约2/3的空间（见图3.26）。

图 3. 24　正常鼻前空间

图 3. 25　鼻前空间小

图 3. 26　留出合适的引导空间

有了对向量的理解，我们便可以对刚才讨论的基本构图原则进行更精确的解释。如果在拍摄时将电杆或栅栏安排在画面居中的某一点来打破水平线的连贯，我们实际上就是在用有力的垂直图形向量分割明显的水平图形向量。为了避免将屏幕绝对对称地分割成两块大小一样的部分，我们通常将垂直向量放在标准屏幕宽度的 2/5、HDTV 屏幕宽度的 1/3 处。与对称分割相比，这种分割方式更能将水平向量分割成平衡而动感强烈的比例。

如果一个人面对着屏幕的左侧或右侧，就必须在画面所表示的方向上给这个向量留出一定的引导空间，如图 3. 24 所示。但是，如果一个人是直视摄像机式，则指向向量就会失去力量，这时就必须进行调整，使被拍摄的人处于画面的正中。这一原则同样适用于运动向量。当人侧向跑向摄像机时，必须从水平方向将摄像机摇到人的前面，以此来抵消过于明显的运动向量（如图 3. 26 所示）。

很明显，引导空间必须抵消屏幕上的两种力：屏幕边框的拉力和指向向量与运动向量的方向性力。正是由于多种力的合力才会使引导空间不足时出现构图不尽如人意的现象。

(3) 水平线。

一般情况下，我们习惯于看到人或建筑物直立在水平线上。在户外摄像或画面上有明显的水平和垂直向量时，这条规律特别重要。例如，如果拍摄一个站在街角的记者，必须确保其背景线（图形向量）与屏幕的上下边缘平行（见图3.27）。便携式摄录一体机手柄的轻微倾斜不一定会在前景人物上表现出来，却很容易通过倾斜的水平线泄露出来。

有时，你也许想打破常规布景，故意使摄像机和水平线倾斜。倾斜的水平线能使画面看起来更富动感、更富美感。当然，被拍摄的物体本身必须与这种美学处理相协调（见图3.28）。如果演讲的人很乏味，那么即使在拍摄时倾斜摄像机也不可能使他的演说变精彩，反而会让观众觉得摄像技术拙劣。

图3.27　调节水平线

图3.28　倾斜水平线

3.2.5　心理补足

心理补足的提出对于取景概念的深化有着重要的意义。过去人们似乎更关心取景的客观规律，应该怎样，不应该怎样，但实际上，取景的本质是主观的，是作为创作主体人的主体意识、心理感受的一种体现。

我们的大脑总是试图从我们每秒钟获取的多种印象以及我们周遭的世界中理出头绪，得到一定的认识，而我们的感官机制则将那些暂时与我们无关的大多数印象忽略掉，将视觉线索彼此结合或填补缺失的信息，从而在我们的大脑中形成完整而稳定的画面。这个过程就叫心理补足，简称补足。

下面，请看图3.29，虽然你只能在屏幕上看到人的头部和肩膀，但你的大脑却会在心理上自动补足屏幕中人物缺失的身体部分。

肩膀的图形向量将眼睛引向屏幕以外，这有助于你完成心理补足——补足缺失的部分。在拍摄物体某一部分的特写时，最重要的一条原则是要给予充足的视觉线索（即图形向量），从而使观众从心理上补足出屏幕以外的图像。图3.30是一个人的两个不同的大特写，你认为哪一个更好？

图 3.29　特写构图

图 3.30a　特写构图对比一

图 3.30b　特写构图对比二

通常情况下，你会认为右图的大特写比较好。为什么呢？因为右图的构图提供了充足的视觉线索，让头和脖子的曲线延伸，容易让人想象到屏幕外的部分（见图 3.31b）。而图 3.30a 中的画面构图没有提供任何视觉线索，我们无法想象出屏幕外的东西。实际上，我们的感官机制愿意在画框以内看到稳定的结构：头部构成一个圆圈（见图 3.31a）。就我们的感知而言，没有必要去考虑屏幕以外的空间，因为我们发现了一个最稳定的结构——圆圈。但是，尽管我们的天然感知很喜欢这个圆圈装构图，我们的经验却与感觉唱反调，告诉我们头下面应该还有身体，这也是我们对这种构图感到不舒服的首要原因。

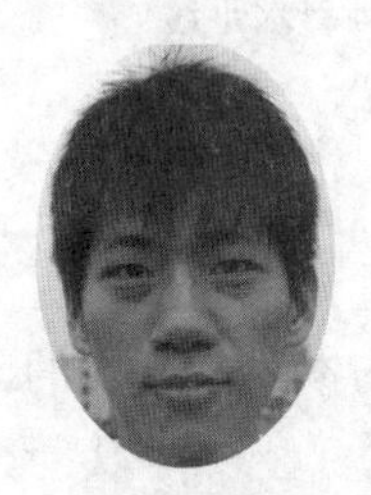

图 3.31a　没有心理补足

图 3.31b　有心理补足

图 3.32　不恰当的心理补足

只表现局部的特写必须提供足够的视觉线索，以促成屏幕外的心理补足。如果将前景与背景的局部合并到了一个构图中，心理补足也有可能产生出不协调，甚至产生很糟糕的视觉效果。比如，背景中，橡胶树看起来像从人的头顶上长出来；树枝从人和路标的背后伸出来，等等（见图 3.32）。虽然我们知道这是背景中的物体，但我们感觉上对稳定性的渴望却会使我们将这些彼此分离的矛盾物体合在一起。

3.2.6 景深

前面我们已经涉及镜头变焦与景深，这里我们还要再次探讨景深。说得更通俗一些，景深就是让本来是二维的画面产生三维效果的一个重要概念（依托于眼睛的特殊性而形成的）。由于我们在 X 和 Y 轴构成的平面中又设定了表现纵深的 Z 轴，这样沿着 Z 轴在镜头中就会呈现出不同的艺术表达形式，下面我们将结合定焦镜头与变焦镜头具体分析 Z 轴上的镜像效果。

1. 定焦镜头

定焦镜头也就是焦距没有变化的镜头，这样的镜头由于不受镜筒屈光的影响，因此它的镜像效果往往要比变焦镜头好一个档次（这样的结果已经得到证明）。尽管摄像机很少用定焦镜头，但摄影机（用电影胶片）却经常会运用定焦的电影镜头来拍摄。定焦镜头虽然在变焦上没有变焦镜头在 Z 轴纵深感上表现得强烈，但在透视、色彩、细节、过渡等实际效果上还是表现很突出的。这是因为景深大小不仅与焦距有关，而且与光圈、镜头与物体间距离、物体与物体间距离有关。尤其在黑白摄影中，艺术家们把光圈尽量缩小，目的就是强调景深，强调镜像的明暗过渡效果，进而突出拍摄主体。

同样在拍摄前实后虚、前虚后实的艺术效果时，在将 Z 轴上的两个被拍摄对象确定好距离之后，只要把聚实点相互换位就可以出现上面的效果。

2. 变焦镜头

变焦镜头也就是焦距可以变换的镜头，这样的镜头的镜像效果一般来说要比相同的定焦镜头镜像效果差一些。但是为了方便起见，人们还是配备更多的变焦镜头，除非效果要求很高的时候。变焦镜头主要就是使镜像效果在 Z 轴上产生效果的差异。譬如长焦镜头，它可以把远处的对象拉近，也可以让 Z 轴某一部分被突出和强调。如果我们把定焦和变焦镜头在景深上的变化结合到一起，景深镜头就更突出。其中，由于 Z 轴所展现的镜头效果会有速度感的不同，广角镜头拍摄对象速度慢，而长焦镜头拍摄对象速度快，所以变焦镜头拍摄效果不仅具有景深的变化，还附带物体运动感的变化。

定焦和变焦镜头所创造的景深镜头都是与光源、光线、遮挡物、空气介质有着重要关系的。比如清晨拍摄晨练的效果就与早晨的空气和太阳光线的角度有关，容易拍摄出比较好的景深镜头。

3.2.7 色彩

数字摄像机的色彩还原主要是根据电视三基色原理，通过 CCD（或 CMOS）

电荷耦合器件来实现的。然后通过色彩矩阵来调节，实现色彩调整。一般 SDTV 摄录一体机比 HDTV 摄录一体机色彩还原能力差，原因是其设备处理色彩的能力差，前者一般是 256 个色阶，而后者可以达到 1 024 个色阶或者更多。应该说随着数字技术的进步，高清设备越来越接近胶片的色阶水平。原因是胶片摄影机是通过胶片显影化学反应来再现世界的，所以数字摄像机或数字照相机是很难赶上胶片机的。

在这里我们还要提醒的是，摄影艺术、摄像艺术和电影摄影艺术在色彩还原上并不是科学的还原，往往多多少少都带有每个人不同的偏色现象，而偏色也许正是该创作努力追求的效果。比如电影拍摄的效果就有油画的感觉，让人感到很舒服和惬意。所以校白只是一种科学校色的手段，在创作中起到一种参照系的作用。

3. 2. 8 声音

声画一体，或我们所谈的电视画面就包含声音的要素。实际上，电视镜像只是形体与对象的样子，它不是唯一的，是没有生气的；那么画面的唯一性和生气在哪里体现？要靠声音，我们才能感觉到它是活的、是唯一的而不能被其他貌似的镜像所替代。所以我们认为声音在画面中的存在，意味着被拍摄的对象是有着自己生活的氛围和气氛的，是有着自己特定环境的产物。谈到画面不谈画面中的声音是不合适的。而声音的强弱、大小、质感、亮度、音色等都伴随着画面变化而变化。由于声音和画面属于两种不同的采集方式，所以割裂声画的统一长久以来是人们在拍摄过程中容易犯的一个错误，原因很多来自于声音采集的不同步问题。比如为被采访者装上了一个无线采访麦克风，可是无论你的镜像是特写、全景或远景，采访的同期声的强弱、大小却没有变，即使你在后期制作通过控制音量来制造声音美学效果，但假的终究不是真的，更不要谈很多电视记者以及后期制作者根本不注意这方面的效果的差异，这就造成假的感觉。在这方面，电影应该说做得比较好，但电影终归是假借艺术，电影导演也只不过是为了给人更多的真实感罢了。

声音既然是氛围、气氛，那么它必然是在空间存在的，应该能够让我们感受到立体的效果，可是如今只有 HDTV 摄录一体机（广播级）以上档次的机型能给我们以 5. 1 声道的音频效果，所以在拍摄过程中发挥左、中、右、前、后和一个伴音的效果是我们对摄像一个更高的要求，也就是要求拍摄者注意自己的位置、高度，照顾到不同声源的对比效果，以及自己是否顾及声场的布局，自己寻找到声场的共鸣点是非常重要的。

当然，作为SDTV摄录一体机拍摄时主要考虑以下几点：麦克风的选用（电容或动圈麦克风）、麦克风电平的控制（音色的自然）、音量的调节、接口（卡龙接口）是否松动以及声音线是否有损坏、要采录几路音频等。应该说，没有声音的画面是不存在的，所以注重声音的采集录制是与视频采集录制同等重要的。

3.3 操纵画面纵深

到现在为止，我们讲解的主要内容还是如何组织电视屏幕的二维空间。这一节将讲解如何表现构图的纵深。虽然电视屏幕的宽度和高度都有明显的界限，但空间深度却可以从摄像机镜头一直延伸到地平线。尽管景深或*Z*轴（借用几何术语）容易使人产生错觉，但它却是最灵活的屏幕维度，你在*Z*轴上安排的物体比在水平方向上的多得多。不仅如此，你还可以让物体以任何速度来回运动，而不必担心物体从寻像器中消失，也不必担心引导空间不足。

通过寻像器，我们不仅要学会看前景中的物体（目标），还要学会看它的背景。通过观察背景中的物体和场景，就能比较轻松地发现潜在的心理补足问题，如立在主持人头上的灯杆；通过观察，还可以发现其他的视觉隐患，如路牌、垃圾桶、摄像机电缆或电线杆等。

3.3.1 确认*Z*轴

如果将摄像机对准无云的天空，那么你想要多长的*Z*轴就有多长的*Z*轴，但景深显示不出来。若要表现景深，就必须在轴上设置物体或人。传统的方法是在*Z*轴上设置物体，以此来造成深度感，从而确定明确的前景、中景和背景（见图3.33、图3.34）。

即使在一个相对较小的背景中，前景中突出的物体和人也有助于确立*Z*轴和暗示景深（见图3.35）。

图3.33 无前景景深镜头

图3.34 有前景景深镜头

图3.35 深度感镜头应用

3.3.2 镜头与 Z 轴长度

镜头通过平面呈像能表现画面的深度感，而这个深度往往需要 Z 轴来体现，在 Z 轴的深浅相对位置，决定了你眼睛的感受效果。

镜头与 Z 轴长度：镜头的焦距会影响到我们对 Z 轴的长度感以及沿 Z 轴放置的物体的距离感。

广角：将镜头拉到最大范围，Z 轴看上去会延长，物体之间的相对位置看上去显得比实际上分得更开。

长焦：将镜头推到底（远摄镜头），Z 轴看上去显得比实际的短，物体与镜头之间的距离会缩短。

3.4 镜头与景深

如何调整驾驭摄像机的镜头、控制摄像机与物体的距离以及摄像机的运动轨迹，对于镜像景深都会产生重大影响，并由此产生不同的艺术效果。

3.4.1 镜头与 Z 轴速度

长焦镜头会压缩 Z 轴，沿 Z 轴活动的物体相应地也被压缩。当镜头推到尽头，汽车看上去会显得更拥挤，行驶速度也显得比实际的要慢；当镜头拉到尽头，它们之间的距离看上去显得更大，行驶速度也显得比实际的更快。只要调整镜头的焦距（广角或长焦镜头），就能控制观众对沿 Z 轴移动的物体移动速度快慢的视觉感受。

若想展示高速公路有多挤，或交通高峰时车辆行驶有多慢，焦距应该调到什么位置？应该选长焦镜头。长焦镜头压缩 Z 轴，使车辆显得非常拥挤、移动缓慢。但是，如果你想强调自行车冠军的速度或舞蹈演员的跳跃动作，那就拉镜头。将镜头放在广角位，让 Z 轴显得更长，物体的运动速度相应显快。

长焦镜头（景物放大）压缩 Z 轴并使沿 Z 轴的活动显慢；广角镜头（景物缩小）使 Z 轴显长并使沿 Z 轴活动的物体速度显快。

3.4.2 控制摄像机与物体运动

这里，我们主要讲解摄像机美学和物体运动的几个美学原理。这些原理主要涉及在移动摄像机、变焦和设置物体时可以做和不可以做的事。

（1）控制摄像机移动与变焦。

如果你是一位毫无经验的摄像机操作者，那么要注意避免摄像机的过度运动和过度变焦。我们当中的大部分人都有这样的经历：录像中的摄像机毫无目的地从一个点移到另一个点且不断地变焦，四处乱晃的摄像机让我们想起救火队员的水管，而不是摄影艺术。此外，快速的虚焦画面也会让人眼睛疲劳，而不会产生什么戏剧效果。

（2）动态中的摄像机。

不知什么缘故，摄像生手往往以为拍摄时应该是摄像机动而不是它前面的景物动，尤其在物体活动量小的时候。如果没有什么东西在活动，那就让摄像机保持不动，美感不是靠摄像机漫无目的的运动产生的，而是靠情景本身，不论它是活动的还是静止的。

① 如果说在摄像机操作中有一些铁定的美学定律的话，那就是尽量让摄像机保持稳定，让摄像机前的人或物移动。如果不停地移动摄像机，容易把观众的注意力吸引到摄像机本身上，但你想表现的是事件而非摄像机的运动。

② 若想有所变化，给观众提供不同的视角，可以改变摄像机的拍摄角度或改变摄像机与事件之间的距离。即使被拍摄物本身毫无活动，不同的角度和景别也会给观众提供足够的变化，使观众对事件有更多的了解，从而保持他们的兴趣。为了尽量减少摄像机的晃动，即使摄像机很小也应该尽量将它固定在三脚架或其他摄像机支撑物上。

③ 尽量让摄像机保持不动，让被拍摄物移动。

快而漫无目的的变焦和摄像机的多余运动一样烦人。其主要问题在于变焦是一种非常容易让人察觉出来的技巧，甚至比摄像机的运动更容易让人察觉。最糟糕的情形是，在快推或快拉镜头后，再从相反方向以同样方式进行快速变焦。实际上，在变焦后应该让镜头停顿一段时间，然后再变换角度或视点。连续不断的推拉镜头会让观众有一种被骗的感觉：你先推镜头将对象移近观众，然后马上又拉镜头将对象移开。最糟糕的是，这会使观众头晕。

除非你打算来一点强烈的戏剧效果，否则不要让人察觉出焦距的变化。如果必须变焦，则要慢慢地变。推特写镜头可以增加紧张感，拉镜头则能释放情绪。

通常，你会发现从被拍摄物的特写镜头入手然后再拉镜头比先拉镜头然后再特写来得容易。不仅如此，从特写到拉镜头还更容易保持焦点，尤其是在没有时间预先设置变焦镜头的时候。我们将在后面讲解有关焦距校正的知识。但即使有的摄像机具备自动对焦功能，快速变焦也会出现对焦问题——自动对焦“雷达”没有足够的时间跟上画面的不断变化。结果，有用的画面在变焦过程中成了虚焦，而无用的物体却成了实焦。

④ 避免不停地快速推拉镜头。

在变焦与摄像机的移动之间存在着一个重要的美学区别。“移动拍摄”指用肩扛摄像机沿Z轴靠近或离开被拍摄物，在更多的情况下，是借助摄像机支架来移动摄像机。如果是变焦，被拍摄物会靠近或远离观众；而如果移动摄像机，则似乎是观众在随着摄像机靠近或远离被拍摄物。例如，假设你想让响着的电话传递重要信息，这时你就会推镜头拍电话机，而不是把摄像机移近电话机。快速变焦使电话机看上去像是冲向屏幕和观众。但如果你想让观众辨认某个上课迟到的学生，那就让摄像机靠近空椅子而不是推镜头拍椅子。移动拍摄可以将观众带进教室，带向那把空椅子；变焦则会将空椅子（和那个学生）带给观众。造成这种美学差异的原因在于，变焦时摄像机保持不动，而移动拍摄时摄像机确实是在靠近现场。

推镜头将物体（目标）带向观众；移动拍摄则将观众带向被拍摄物。

3.4.3 物体运动的控制

虽然我们已经掌握了给侧向移动的物体留出引导空间这一理论，但要在传统的4∶3屏幕上（尤其是在物体移动非常迅速或构图非常紧凑的时候）留出合适的引导空间是相当难的。

有时，即使是经验丰富的摄像师在跟拍紧凑构图中沿X轴（向屏幕左右方向移动）运动的物体时，也会遇到困难。相对而言，用高清晰电视的16∶9宽高比拍摄横向移动的物体容易一点。尝试紧跟一个靠近摄像机一侧运动的人，这时你就会高兴地发现自己可以使这个人一直保持在对焦范围内。即使他走得很快，你也能将这个人保持在画面中，取景也较为合适。由于电视屏幕较小，因此将处于动态的物体放在Z轴而非X轴上不仅有利于摄像师拍摄，还有利于产生更有力的画面。

设置物体指将人安排在场景中的各个确切位置上，让他们按事先决定好的方式移动或做一些事。Z轴式设置相对比较容易在一个单镜头中同时设置几个人，不用过多地移动摄像机即可捕捉他们的运动。若将镜头设定在广角位置，Z轴方向的运动便会显得更加强烈、更加明显，而摄像师和演员的压力还不会太大。此外，正如你刚才了解到的那样，广角镜头的景深之深，足以让拍摄的人不必调焦。

即使你无法控制事件本身，也无法对被拍摄物的设置形成任何影响，像在电视新闻采集中那样，你仍然可以将摄像机架设到符合电视屏幕美学和摄像机稳定美学要求的地方：让摄像机捕捉到的绝大多数物体运动发生在Z轴上。例如，假设是拍游行，不要站在队伍的旁边，而应该尽力用特写去抓拍一群群从身边经过的形形色色的人；可以站到街中间，拍迎面走来的队伍。只要将镜头设在广角位置，那么用远景和特写来拍摄整个事件就不会太困难，同时还不会虚焦。

3.5 实训创作

结合以上理论的分析，我们在实践创作中还有很多变数，下面我们结合具体作品来分析一下取景的一些常见的做法。

3.5.1 拍摄的景别

对景别表面的理解很简单，但实际操作起来往往就出现困难，原因是拍摄者对拍摄目的不是很清楚，自然导致在用景别语言叙事或展示人物时就出现困惑，不知如何选择。只有结合作品，我们才能加深大家对景别的理解，进而很好地运用景别语言去创作。

电视画面不同镜头的景别截图：

图3.36 《龙脊》大远景

图3.37 小学全景

图3.38 潘能高近景

图3.39 潘能高特写

图 3.40　潘能高全景

图 3.41　潘能高中景

1. 景别

景别是指被摄主体和画面形象在电视屏幕框架中所呈现出的大小和范围。

决定一个画面景别大小的因素有两个：一是摄像机和被摄主体之间的实际距离；二是摄像机所用的镜头的焦距长短。

图 3.42　人物近景

2. 景别的种类

拍摄画面的景别分为远景、全景、中景、近景和特写（见图 3.43）。

我们以一个成年人在画中所占面积面的大小来具体区别不同景别的特点。

从以上图例我们不难看出，在一部作品中，在叙事和刻画形象的过程中，往往需要不同景别的构图。不同景别的构图给观众留下的视觉感受也是不同的。有的是环境的交代，有的是人物活动具体场景的交代，有的突出人物的动作，有的突出人物的神态，所以要用画面达到导演的艺术创作意图，摄像使用适合的景别构图是重要的。

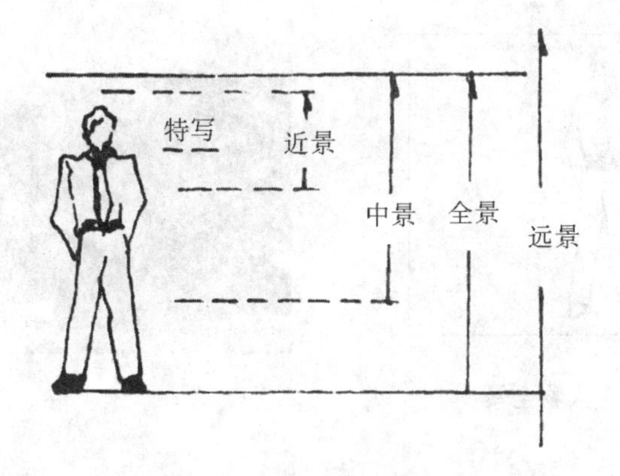

图3.43 景别构成示意图

（1）远景。

远景表现广阔空间或开阔场面的画面。如果以人为尺度，人在画面中所占面积很小，基本呈现为一个点状态。远景视野深远、宽阔。远景可以透露有关拍摄地点的大量信息，在影片段落的开头使用这种画面最有用。这种画面也被称作“开场景”。它们可以显示出你的拍摄目标在整个场景中的状况。

图3.44 远景

（2）全景。

全景以表现某个被摄对象的全貌和它所处的环境为目的，一般用来交代事件发生的环境及主体与周围环境的关系。如果以人作为拍摄主体，则主要表现被摄人体的全身。

图 3.45　人物全景

图 3.46　场面全景

（3）中景。

中景常常用于动作情节中，环境降到次要地位，如果是静态的物体，也总以该对象中最有趣味、最引人注意的部分为表现主体。

如果以人作为拍摄主体，则主要表现被摄人体膝盖以上的部分和场景局部的画面。可以让主体四周空出很多空间，并可以看到他们四周的部分活动。中景经常用来拍摄两个人的画面，这样，两个人的交谈和反应都可以在同一时间看得到。

图 3.47　中景

（4）近景。

近景主要用以突出人物的神情或物体的细腻质感。

如果以人作为被摄的主体，则主要表现成年人胸部以上部分和局部的画面。

图3.48　近景

(5) 特写。

特写更重视揭示内在的动感，通过细微之处看本质，拍摄特写成功的关键在于独具慧眼的观察力，能抓取一些值得特写的局部，以打开观众窥见事物内在的窗户。

如果以人作为被摄的主体，则主要表现人肩部以上的头像或某些被摄对象局部的画面。这种画面把观众的注意力完全集中在单独一个主体身上。这种画面产生的震撼力较大，会使得观看者在心理上更接近影片的场景。

图3.49　特写

3.5.2　不同景别的意义

不同的景别，往往会表现出不同的视野、空间范围、视觉韵律和节奏。景别不同，所表现的内容和功用均不相同。从某种意义上讲，景别的选择就是摄像者画面叙述方式和故事结构方式的选择，是摄像者创作思维活动的最直接的表现。

在实际拍摄中，我们可以根据所表现的内容、目的的不同需要来确定被摄体的画面取舍与范围。

具体图例，拍摄小孩与狗洗澡的一组镜头的第一幅画面（见图3.50）。

图3.50　全景

利用长镜头拍摄全景画面。从画面中的草地和狗屋可以看出，这个场景是在院子里。狗屋不仅仅只是道具，还暗示了狗儿在这段录像片段中的重要性。

观众很快就会被这个画面吸引，并用眼睛盯紧画面上的活动。观众可能要花4～5秒才能把整个画面完全吸收。你可以根据经验判断这段画面应该有多长的时间。

具体图例，拍摄小孩与狗洗澡的一组镜头的第二幅画面（见图3.51）。

等到观众的目光落在活动的主角——两位正在替狗儿洗澡的小孩上时，影片应该把他们从场景中分离出来。这时，狗屋和院子里的景物不再有关联。

这表示，你必须把镜头转变成中景，把焦点放在活动本身，并且选择一个较有趣的角度。

具体图例，拍摄小孩与狗洗澡的一组镜头的第三幅画面（见图3.52）。

近距离特写可以拍出某些细微处——小孩子玩得很高兴，但狗儿则显得有点儿不开心。想要表现出这样的气氛，面部表情一定要拍出来。

你可以不停地变换构图和改变你的位置，只要你认为所拍出来的影片可以吸引观众的兴趣就行。

图3.51　中景

图3.52　特写

课后同学们可以尝试着拍摄学生打篮球的一组镜头，表现篮球打场上某一位同学球技的娴熟和充满自信的画面，然后自我揣摩其效果。

1. 摄像构图的概念

（1）镜头分析。

我们首先从镜头分析中总结摄像构图的概念。如图3.53《夺金三王》远景截图中，我们看到在浩瀚的沙漠中，走着一队人马。被摄对象是什么？是人处的环境。什么环境？十分恶劣的环境。在这样的恶劣环境中这队人马从哪里来，到哪里去？由于该画面中心要交代人被淹没在环境中，所以拍摄该画面采用了广角的远景镜头。而同样是远景，如图3.54的远景则是强调氛围，强调过去的那个时代典型的时代氛围。两幅画面相比侧重点有所不同。而图3.55虽然也是远景，它通过逆光拍摄的远景画面，突出了信仰的延续和继承。与图3.53含义表达有相似之处的图3.56，它却在构图采用了全景，原因是电视与电影的表现能力也有所不同，电影的氛围更具体、更浓烈、更有针对性，全景比远景的氛围感就更强，而且有具体叙事的作用。

图3.53　《夺金三王》远景截图

图3.54　《民国往事》远景截图

图 3.55 《信仰》远景截图

图 3.56 《大红灯笼高高挂》全景截图

（2）摄像构图概念归纳分析。

从以上四幅画面的分析，我们可以从“被摄对象”、“造型元素”等方面组织和手法为摄像构图概念进行初步定义。首先在被摄对象方面，电视（电影）节目的题材、主题和风格各异，在拍摄时也就形成了多种多样的造型方式和构图手法；其次在“造型元素”的应用上，光线、色彩、影调、线条、形状等形式元素，通过画面构图形成了一定的组合关系，呈现为一定的视觉形象；因此摄像构图是指影视拍摄中把对象及各种造型元素有机地进行组织、选择、安排，以塑造不同视觉形象，构成画面样式的创造性活动。

2. 电视画面的结构成分

如图 3.57《沙与海》海上作业的截图，我们如何确定该画面的景别，是选择全景拍摄还是中、近景拍摄，要分清这个问题，我们需要对镜头的构成进行分析。

图 3.57 《沙与海》中景截图

（1）镜头分析。

如图 3.58，我们把该镜头的画面组成分为五部分：主体、陪体、前景、后景和环境。这五部分又被称为电视画面的五要素。不同要素的选取、强化突出或弱化，它所表达的意义取向也会有所不同。如图 3.59《沙与海》截图的前景被强调，间接告诉观众：在沙漠中生活的人们不是用马骡来运输，而是用骆驼，暗示观众运输是一个很艰难的旅程。

图 3.58　镜头分析

图 3.59　《沙与海》截图

（2）电视画面结构的五要素。

① 主体。

主体即电视画面中所要表现的主要对象。画面的主体既是反映内容与主题的主要载体，也是画面构图的结构中心。图 3.58 中的人物是单主体，图 3.59 中的人物为双主体，图3.60的主体是三个人，该景别的目的是阐释主体。同样，在我们拍摄一个会场时，倘若镜头表现的是主席台上的领导，那么他们就是画面的众主体（见图3.61）。

图3.60　三主体

图3.61　众主体

② 陪体。

陪体是指与画面主体有紧密联系，在画面中与主体构成特定关系，或辅助主体表现主题思想的对象。陪体在画面中主要起陪衬、烘托、解释、说明主体的作用。比如，拍摄一个学生在弹吉他的镜头，这个学生是画面的主体，而被弹的吉他就是陪体。战士的陪体就是枪，伙伴的陪体就是人，同学的陪体也是人（见图3.62～3.64）。

图3.62　弹吉他者

图3.63　战士

图3.64　伙伴

图3.65　同学

总之，我们在进行构图处理时，不仅要把主要精力用在画面主体的艺术表现上，还必须根据主体情况对陪体加以取舍和布局。

③ 前景。

在电视画面中，位于主体之前，或是靠近镜头位置的人物、景物，统称为前景。前景在大多数情况下是环境的组成部分。如图3.66，网绳作为前景，可以交代人物的身份。

图3.66　休憩中的刘丕成

a. 前景可以表现时间概念、季节特征和地方色彩，有助于表现拍摄现场的气氛。

比如，用花朵、柳树、枫叶、冰柱等作为画面的前景，可以给观众以鲜明的季节印象。如图 3. 67 前景为盛开的花，交代了主人公的心境；如图 3. 67 的前景树叶缤纷则交代了每个人对未来憧憬的不同。

图 3. 67　公园徜徉

图 3. 68　未来

b. 前景可以帮助主体直接表达主题、交代内容。

如图3. 69，拍摄球场上一群人在踢球的内容，倘若画面中只出现这群人在跑的姿势（主体），观众会理解为他们可能在赛跑；但是如果在取景和构图时，将“足球”处理在画面的前景位置上，就能让观众一目了然。

图 3. 69　前景截图

c. 前景还可以用来与主体形成某种蕴涵特定的意味的对应关系，以加强画面效果。

比如，画面的前景中是刷有“请勿乱扔垃圾”字样的墙壁，不远处却有青年（主体）在嗑瓜子和乱吐瓜子壳，强调了对比。

④ 后景。

后景与前景相对应，是指那些位于主体之后的人物或景物。一般来说，在电视画面中的后景多为环境的组成部分，或是构成生活氛围的事物对象。如图3.70的后景是黑暗，所表达的是创作者对失学儿童的忧思。

图3.70 《龙脊》眺望

因此，后景可以表明主体所处的环境、位置及现场氛围，并帮助主体揭示画面的内容和主题。如图3.71所揭示的是家庭环境给孩子们入学带来的压力。

图3.71 《龙脊》潘能高的家

如图3.72所示，两幅画面的后景都进行了虚化，虚化的目的一方面是突出前景主体，另一方面为画面主体所表达的内容的取向作诠释。所以后景的虚实变化可以影响画面主题意义的表达。

图3.72 后景（背景）虚化

从以上图例的分析我们可以看出，注意处理好后景与主体之间的关系是很重要的。一方面，后景的影调、色调与主体可以形成一定的对比；另一方面，后景的清晰度和趣味性不应超过画面主体。

⑤ 环境。

环境是指画面主体对象周围的人物、景物和空间。环境包括前景、后景及背景，是组成画面的重要因素之一。

图3.73 《龙脊》公布成绩

如图3.73，以教师为中心的画面中，围绕着老师打算盘的动作，我们看到了一群孩子渴望的眼神，以及背景中的教室和一些别的同学，在画面主题解析中，我们看到了一种校园氛围和气氛。

环境在画面中除了能陪衬、突出主体之外，还能够起到表明主体的活动地域、时代特征、季节特点、地方特色，帮助刻画主要人物的性格以及特定的气氛，加强画面的空间感和概括力等。

思考：如果拍摄农村生活场景，怎样去构图拍摄？如果拍摄城市生活场景，怎样去构图拍摄？

提示：拍摄农村生活场景时，可以选择瓜果棚架、草、庄稼等作为前景，后景可以拍一些农家小院、田野等。

3. 摄像构图的形式

（1）摄像构图形式的理解。

由摄像机和被摄对象之间的动静变化、取景构图所产生的画面结构，形成各种构图形式。构图形式是为了内容和主题而产生的，是各种视觉因素在画面中的布局形式。如图3.74所示，创作者透过沙丘间形成的沟壑通道，展现了驼队在沙丘间行走的景象。这里的构图显然是围绕艰难这个主题而设计的。

图3.74 沙漠中的驼队

（2）摄像构图的主要形式。

① 根据画面构成形式的内在性质不同，可以将其分为静态构图、动态构图、单构图和多构图。

静态构图：被摄对象与摄像机均处于静止状态，镜头内的构图关系基本固定。静态构图多为单构图。比如我们拍摄会场的主席台，用固定镜头表现的画面中的人物、桌椅、会标等基本不动，即为静态构图。

图 3.75 《沙与海》静态构图

图 3.76 会议现场

动态构图：动态构图下被摄对象或摄像机分别（或者被摄对象与摄像机同时）处于运动状态，使得画面内视觉形象的构图组合及相互关系不断发生变化。动态构图多为多构图形式。

图 3.77 《沙与海》动态构图

如拍摄会场的内容，如果开机拍摄时正值各位领导走向主席台就座，那么画面中被摄对象（开会者）的行走坐落就会不断改变画面的结构关系；或是拍一个摇镜头，从主席台（起幅）摇到台下的与会观众（落幅），画面中的视觉主体、构图结构均发生了变化，也是动态构图。

单构图：一个镜头中只表现一种构图组合形式。单构图方法常用来表现特定的内容和情绪氛围。比如拍摄一丛盛开的迎春花——喻示着改革开放的到来；拍摄金秋的枫叶——象征老年人的晚年生活；拍摄一轮旭日——隐喻青年人的蓬勃热情。

图3.78 单构图

图3.79 《功夫》单构图

多构图：画面的结构关系及构图样式连续地或间断地发生着变化。多构图镜头不经过外部组接，而是在一个镜头内部通过蒙太奇造型形式、被摄对象与摄像机的调度、焦点虚实变化等多种手法变化构图形式。多构图镜头能够传递多信息于一个镜头，因而在现代电视节目中得到广泛的运用。

图 3. 80　多构图

② 根据画面构成形式的外线形结构的区别，可以将其分为水平线构图、垂直线构图、对角线（斜线）构图、曲线（弧线和 S 线）构图和“三分之一”构图。

图 3. 81　曲线构图

水平线构图：水平线构图的主导线形是向画面的左右方向（水平线）发展的。

图 3. 82a　水平线构图

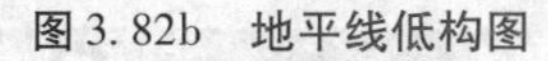

图3.82b　地平线低构图

图3.82c　地平线高构图

比如拍摄农田丰收景象、草原放牧、层峦叠嶂的远山、大型会议合影等经常都用水平线构图方法。

图3.83a　前景为1/3水平线构图

图3.83b　前景为2/3水平线构图

图3.83c　前景为3/3水平线构图

水平线构图拍摄场景、画面时一般采用远景或全景、平视或俯视的角度、摇（左右）镜头（静态或动态构图）来拍摄。水平线构图适宜表现宏阔、宽敞的横长形大场景物；交代地理、环境等。这可以从图 3. 82、图 3. 83 的对比中看得比较明显。

垂直线构图：垂直线构图景物多是向上下方向发展。比如拍摄高层建筑、树木、山峰等景物时常用垂直线构图方法。垂直线构图拍摄场景、画面时可以采用全景或中景、平视或仰视的角度、固定或摇（上下）镜头（静态或动态构图）来拍摄。垂直线条可以促使视线上下移动，显示高度，造成耸立、高大、向上的印象；强调被摄对象的高度和气势。

图 3. 84a　垂直线构图

图 3. 84b　俯角垂直线构图

图 3. 84c　仰角垂直线构图

对角线（斜线）构图：对角线（斜线）的主导线形多沿着对角方向发展，构图讲究对称美。

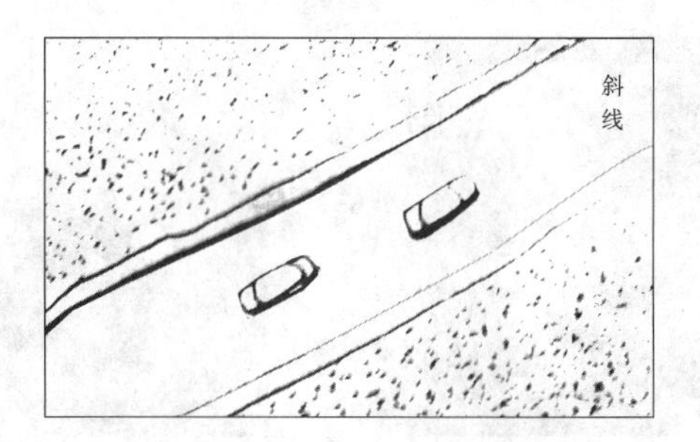

图3.85a　道路斜线构图

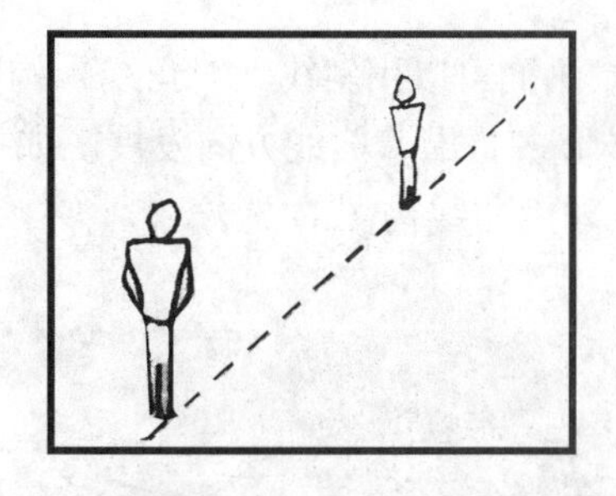

图3.85b　人物斜线构图

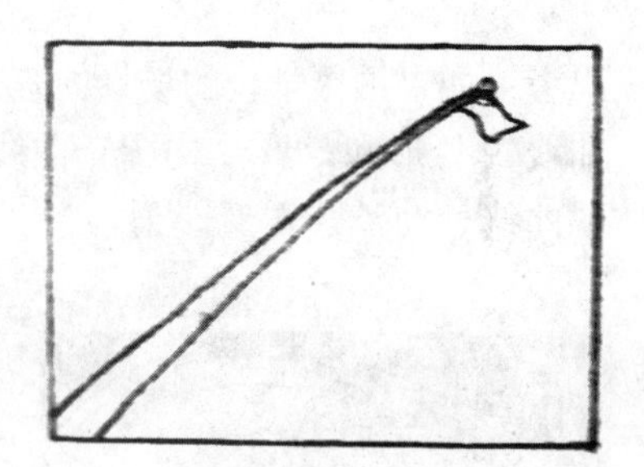

图3.85c　对象斜线构图

对角线（斜线）构图的作用：

a. 采用对角线构图，视觉上显得自然而有活力，醒目而富有动感。

图3.86　城市夜晚斜线构图

b. 对角线（斜线）构图能够增强空间感和透视感；给人以三维空间的第三维度的印象。

c. 能产生运动感和指向性，容易引导观众的视觉随着线条的指向去观察。

图 3. 87　城市建筑斜线构图（广角）

图 3. 88　江河斜线构图

思考：如果拍摄学校的场景内容，哪些场景画面可以用斜线（对角线）构图?

曲线（弧形和S形）构图：曲线的主导线形多是沿着曲线方向发展。如拍摄人体的曲线、河流、羊肠小道、沙丘时等经常采用曲线构图的方法。

图 3. 89a　曲线构图

图 3. 89b　曲线构图

曲线构图的优点是曲线条给人以优美动人的视觉感受，而且可引导视线向纵深移动，有力地表现场景的空间感和深度感，并且给人以一种韵律感、流动感。

图 3. 90　S 线构图

“三分之一”构图：一个完整的画面被两条垂直和两条水平方向上的线分成九等份；其中垂直线与水平线交会的4个点就是画面中最能讨好视觉的部分，可以把这个位置作为主体最重要部分的中心。

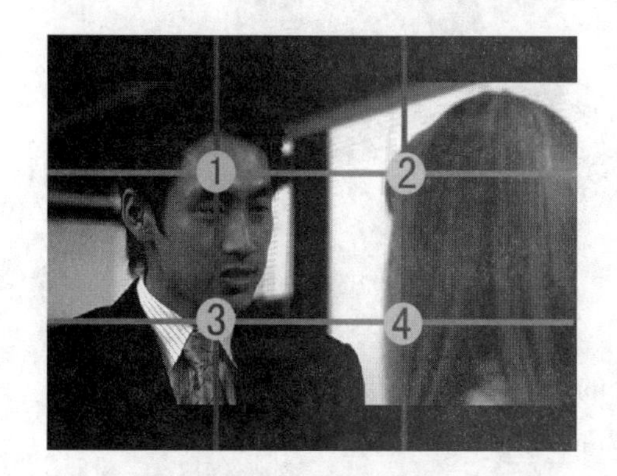

图3.91a　双人黄金分割

图3.91b　单人黄金分割

人物位于画面中的三分之一处，面部正好处在左上角的两线的交点上，这样的画面比较符合人的视觉审美习惯，比主角在正中央的画面要有美感得多。

图3.91c　节目主持人所处1/3位置

“三分之一”构图时要注意画面平衡性的问题，以下构图就存在不平衡问题。

图 3.92a　不平衡的构图

图 3.92b　平衡的构图

(不平衡的构图：图中女士身后多余的空间多于前进方向的空间)

当主角在行走时，他们面对或前进方向的前面留下的空间——“前视空间”要多于他们后面的空间——“多余空间”，应该将“多余空间”减少到最低程度。平衡的构图看起来舒服多了（见图 3.92b）。

拍摄人物时，不要给所拍的人物头顶留太多的空间。否则就会造成构图不平衡，缺乏美感。如果画面中人物身高不及画面上方的 1/3，观众就得集中目力仔细辨认，时间稍长就会感到乏味。应该把人物眼睛保持在画面上方 1/3 的高度，如果面孔在这个高度以下，这个人看起来就好像掉落在电视屏幕里。

图 3.93a　头顶空间过大

图 3.93b　头顶空间正常

4. 电视画面构图的基本要求

(1) 画面要简洁、流畅，避免杂乱的背景。

杂乱的背景会分散观看者的注意力，降低可视度，弱化主体的地位。拍摄前应该剔除画面中碍眼的杂物，或者换一个角度去拍摄，避免不相干的背景出现在画面中。

（2）主体突出，轮廓清晰，构图主次分明。

一般来说，主体作为内容中心和结构中心，在画面上是统一在一起的。但是，在一些表现环境气氛为主的画面中，主体作为结构中心的任务更为突出。

图3.94 童年

图3.95 背景虚化

在拍摄盛大的群众场面或景物层次众多的风光画面时，是以突出气势和气氛为主，内容上难以分清明显的主次，但要使这样的画面结构不松散、有章法，也要选择一个对象作为结构上的支点，用以呼应全局，提纲挈领，让画面上的景物形成一个整体。

（3）色彩平衡性要好。

画面要有较强的层次感，确保主体能够从全部背景中突显出来。如穿黑色衣服的人不要安排在深色背景下拍摄。

思考：如果拍摄的画面是一群去上课的学生，但是为了要突出某一位学生，画面怎样去构图和布局？

提示：可以从这个学生的衣服颜色与其他学生的衣服颜色有一个鲜明对比方面去构图。

5. 摄像构图中应注意的问题

（1）忌面面俱到、淡化主题。

新手在摄像中容易出现的一个错误就是喜欢用远景，将过多的背景放在画面中，导致主次不分。拍摄录像片应该多采用近景乃至特写镜头，使主角突出，人物丰富的表情才会清晰可见。

（2）忌生搬硬套、教条主义。

我们应当熟悉规则、学会运用规则，活学活用，顺势而为，切不可盲目听从一般的陈规旧套；如果我们只知道刻板地去运用规则，那么我们的作品就会显得呆板生硬，失去美感。

除了一般情形下所运用的摄像构图方法，当然也有另一种的表现手法，也就是将摄像机斜着拍，虽然如此会造成画面不安定的感觉，但这是一种另类的拍摄手法，例如在MTV及综艺节目中常会看到这类拍摄手法，这种独特的平衡感也能营造出画面的另一番风情，不同的画面比率有不同的感觉诉说，这就是构图的精华所在。如图3.96a、图3.96b所示。

图3.96a　灵活构图

图3.96b　灵活构图

3.5.3　入画与出画的拍摄

固定镜头的拍摄往往是通过入画和出画对场面实行调度的。

人物或运动物体进入画面，称为入画；镜头画面中的中心人物或运动物体离开画面，称为出画。

入画与出画是电影艺术处理镜头结构的一种手法。当一个动作贯串在两个以上的镜头中时，为了使动作流程继续下去而不使观众感到混乱，相连镜头间的人物或运动物体的出画和入画方向应当基本上一致，否则必须插入中性镜头作为过渡。

图3.97　入画

图3.98　出画

【思考题】

1. 人们有时把中景景别称作“半调子”镜头，这是为什么？
2. 景别的本质具有两重性，具体体现在哪里？
3. 如何区别平摄、仰摄、俯摄？它们的表现特点是什么？
4. 摄像方向确定的依据是什么？
5. 摄像构图与照相构图有何差别？
6. 摄像构图一般要遵循哪些原则？
7. 摄像构图的方法有哪些？
8. 和谐的原则和对立统一的原则有哪些相同点和不同点？
9. 如何认识和区分画面的主体、陪体、前景和背景？
10. 前景和背景都有哪些作用？
11. 什么是轴线？什么是关系线？
12. 实现越轴的方法有哪些？
13. 什么是静态构图？什么是动态构图？它们的特点是什么？
14. 固定摄像的优势和局限性表现在哪里？
15. 固定摄像在确定机位时要考虑哪些因素？
16. 采用固定摄像能够运用哪些拍摄技巧？
17. 什么是运动摄像？运动摄像都有哪些基本方式？如何加以区分？
18. 运动摄像的不同方式在表现上各有哪些不同的功能和作用？
19. 运动摄像在拍摄时要注意哪些问题？
20. 影响画面节奏的因素有哪些？节奏的处理应从哪几方面入手？

THE TECHNOLOGY OF CAMERA OPERATION AND THE PRODUCING OF TELEVISION

Light, Color and Lightening

第 4 章

光、色彩、照明

在本章我们需要掌握的基本知识是光的自然不可控制性和人工的可控制性。好的照明要求不仅是精心的照明——光源在哪儿？从哪个角度投射过来？光线柔和还是生硬？光是什么颜色？还要求对阴影进行细心的控制——阴影应该投在哪里？是否应该突出？正是由于光和影的相互作用才使我们看见了物体及其所处的环境，使我们得以具体地去感知它们。灯光意味着精心的照明和对阴影的控制。

【本章学习要点】

本章我们要学习的是如何认识、掌握光和阴影的知识，通过合理布光拍摄出满意的画面效果。再好的摄像机也需要灯光的帮助，没有合理的布光，你的创作就不能实现。我们的讲解将从摄像机的曝光开始。

【本章内容结构】

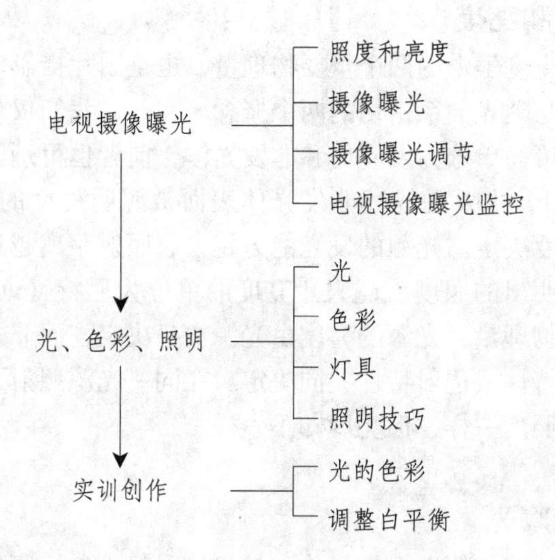

4.1 电视摄像曝光

首先我们需要清楚的是，电视既是光的科学应用，也是光的艺术，没有了光，电视艺术也就无从谈起。那么我们先从光的性质分析开始。

4.1.1 照度和亮度

照度和亮度是光度学中的两个重要物理量，也是图片摄影、电影摄影和电视摄像中经常涉及的与曝光关系密切的两个概念，在此，我们仅从理解的角度进行简要阐述。被摄体可简单分为发光体和非发光体，前者也可理解为光源。照度的单位是勒克斯（Lx），主要是描述非发光体表面被照明程度的物理量，由光源、照射距离和照射角度决定。光源的发光能力越大、照射距离越近、照射角度越接近垂直照明，被照明出的照度就越大。亮度的单位为尼特（nt），主要是描述物体表面明亮程度的物理量，光源的亮度由光源本身决定，而非发光体的亮度由光源和该物体的反射特性或透射特性共同决定。在同一光源照射下的同一处的白纸和黑纸，其接受的照度一样，但亮度却不一样。

4.1.2 摄像曝光

为了说明问题，我们假定电视摄像的被摄体只呈现单一亮度，例如受光均匀的人物正面脸部，并假定后续的录像条件也固定不变。摄像机中的CCD实际上是一种光电转换器件，可在一定范围内将不同能量的光信号转换为相应强度的电信号，也就是说，当光信号能量低于某值或高于某值时，CCD则无法对其进行正常的转换，这也是所有能量转换系统的共同特点。因此，电视摄像的曝光首先是一种技术要求，由于CCD光电转换性能有限，只有当被摄体的亮度在相应范围内时才能形成电子影像。其次，当被摄体的亮度在CCD光电转换性能允许的范围内时，虽然可以形成电子影像，却呈现出不同的亮度。被摄体亮度大时其影像明亮，被摄体亮度小时其影像则较暗。在技术上这是没有问题的，但影像最终是被人欣赏的。作为留存影像的一种方式，并考虑到人类视觉观看的共同特性，电子影像的亮度只能为某一值时才符合相应的视觉观看标准。因此，电视摄像的曝光又是一种统计规定，针对影像的留存需求和大众审美的观看标准，只有当被摄体的亮度不仅在相应范围内，而且为某一规定值时才能最终形成符合观看标准的电子影像。再次，CCD的性能是相对固定的，而被摄体的亮度却千变万化，故摄像机必须拥有能控制调节来自被摄体光线能量的措施方能使电视摄像具有实用价值。当被摄体的亮度较强时，该措施能减弱到达CCD的光线能量，使其包含于CCD转换允许的范围；当被摄体的亮度较弱时，该措施也能增强到达CCD的光线能量，使其包含于CCD转换允许的范围。因此，电视摄像的曝光更是一种能量控制，无论被摄体的亮度如何，到达CCD的光线能量始终能被控制在某一范围内，也能始终被控制为该范围内的某一值。为此，必须通过测光系统来获知被摄体的亮度定量值，并根据测量结果采取相应措施控制到达CCD的光线能量。现在的摄像机均将测光系统和控制措施联动，实现自动测光、曝光，即当被摄体的亮度较强时，该措施能根据测光系统的测量结果减弱到达CCD的光线能量。当被摄体的亮度较弱时，该措施也能根据测光系统的测量结果增强到达CCD的光线能量，这就是摄像机的自动曝光功能。也正因如此，电视摄像机又被称为"最昂贵的测光表"。

当然，对电视摄像曝光的理解不止于此，电视摄像的画面也不只是单一亮度的被摄体，更多的时候是各种亮度被摄体的不同分布。但是，对于刚刚进入电视摄像领域的人来说，我们希望通过电视摄像的实践来加深对曝光的理解和认识，而不应在曝光的理论体系方面纠缠过多，而且与传统的图片摄影、电影摄影相比，电视摄像在曝光方面的一大优势就是拥有实时的曝光结果显示，即我们可以通过寻像器和监视器直观监控曝光，这对初学者来说，无疑是在实践中进一步学习和掌握全面曝光知识的有效手段。针对电视摄像画面的多亮度被摄体组成，我们只需记住两点：①测光系统测量的是各种亮度的综合情况，即平均测光，也相应导致画面中有些被摄体曝光合适、有些被摄体曝光偏少而有些被摄体曝光偏多；②被摄体虽多，但总有主体和陪体，应优先保证主体曝光合适。

4.1.3 摄像曝光调节

电视摄像的曝光调节措施有外部调节和本机调节两个方面。外部调节主要是照明光线和外置滤光镜，而本机调节主要是光圈、内置滤光镜、电子快门、增益和动态对比度控制电路（DCC），这里主要讲述本机调节。

1. 光圈

光圈调节是在摄像机上进行曝光调节的最重要的手段。光圈过小时图像暗，输出电平低；光圈过大时图像亮，输出电平过高，摄像机会自动限幅，出现"白切割"，使图像高光部分失去层次及色彩。对于电视摄像来说，光圈只改变影像的整体明暗而不改变影像自身的明暗对比（光比）。

①自动光圈模式。

电视摄像机曾经被称作"最昂贵的测光表"。当自动光圈调节被选择时，自动光圈控制电路就会开始发挥作用。当进入镜头的光量增加时，自动光圈电路会立刻检测到所增加的光量值，并通过反馈电路驱动光圈控制机构，将光圈收缩到合适的程度，反之亦然。通常情况下，自动光圈调节是通过平均检测画面中的亮度而调整光圈大小的。但在有些摄像机中，如索尼的 DVW 系列（如 DVW-790），还设置了区域测光以及反应速度的变化功能，一般可以通过调节菜单设置来实现。

自动光圈调节在摄像机中是非常有用的，它相当于一个测光表，为摄像师提供了重要的曝光控制基准。但是摄像机在开机拍摄过程中，一般要将光圈调到手动光圈模式。因为使用自动光圈模式进行拍摄会产生由场景中亮度的变化而引起的光圈变动，尤其是对于有运动物体存在的场景而言，使用自动光圈会导致忽明忽暗的现象产生。因此，在平时拍摄时，要慎重使用摄像机上的自动光圈模式和全自动拍摄方法。自动光圈和全自动拍摄简化了烦琐的测光、曝光和拍摄程序，带来了很多方便，但也要看到它们的不足。有时它们会给画面带来许多不利的影响，主要是这种曝光大部分采取综合测光、曝光方式，一些特殊效果、明暗不均的画面就不能正确再现其质感。如拍摄光滑及镜面表面结构的物体，由于局部亮度太高，对机器中光敏元件刺激太厉害，从而使光圈超常收缩，速度超常变快，画面大部分曝光不足，暗部层次也就损失掉了；逆光拍摄时，被摄对象的面部过暗等情况，也都不能正确再现被摄主体的质感。在自动光圈模式下，有些摄像机提供了标准模式、聚光灯模式和逆光模式进行曝光补偿等调节。标准模式是照明均匀条件下的首选模式；聚光灯模式是在画模式面中主体在高光照明条件下对主体曝光进行衰减，是画面中主体在高光照明条件下的首选模式；逆光模式是在画面中背景很亮、主体呈剪影或半剪影条件下，对主体曝光进行提升的模式。虽然如此，在多数情况下，自动光圈仅仅作为曝光的一个参照，更精确的曝光量调整应该用手动光圈模式。

②手动光圈模式。

在实际拍摄时，测光通常是针对被摄主体进行的。一般是将被摄主体推满画面，打开自动光圈并进行测光。当使用自动光圈完成测光后，应立即将光圈调到手动光圈模式，手动调节光圈大小后再进行拍摄。实拍时根据自动光圈提供的光圈数值进行光圈调整。以拍摄人脸为例，应先将人脸推满画面后打开自动光圈，通过自动光圈电路确定了 $f/4$ 的光圈，然后将光圈调到手动模式，再根据人脸的实际亮度合理调整光圈大小。如拍摄的人脸较暗，可适当将光圈放大，反之，如人脸较亮则可将光圈适当缩小。当然，具体拍摄时应以画面的气氛要求为依据来确定光圈的大小。在使用手动光圈模式进行拍摄时，起决定作用的应该是人的感觉。因为摄像机的曝光宽容度远远不如感光胶片，更不及人眼，在大光比情况下必须有所取舍。这种取舍只能依靠摄像师的眼睛，而感觉的正常发挥则要靠以下四点作为保证：寻像器、标准彩条、斑马线和瞬时自动光圈。

在拍摄实践中，为了使主要的拍摄对象曝光正确，可以先启动摄像机的瞬间自动光圈取得一个初步的曝光值，再根据寻像器的指示和经验作手动光圈的修正。在没有把握的情况下，曝光的原则是宁低勿高。因为在后期制作中可以弥补前期少量的曝光不足，却无法修复因为“白切割”而损伤的画面。同时光圈的改变会影响景深的变化。在进行电影摄影时，为了保持场景影像风格的一致性，通常不会改变光圈而只改变照明。但在电视摄像上可以灵活掌握。

2. 内置滤光镜（ND）

在光源照度比较高的场合，摄像时一般应把光圈减小，但有时为了达到特定的艺术效果，如使背景变得模糊而突出主题，又必须使用大光圈。采用中性滤光片（ND）插入光路系统（与色温滤色片并列），可以有效地解决这个问题，获得合适的曝光。

ND的特点是在可见光范围内，对各种波长的光都具有非选择性的均匀吸收率。

ND的作用主要有：在亮度较高的场景下准确地控制曝光；控制画面景深；与其他有色滤镜配合使用，拍摄出一些特殊的画面效果。

由于高色温与高亮度往往同时出现，很多摄像机的中性滤光片（透光率25%）和高色温滤色片（5 600K以上）都合成一片。

3. 电子快门

摄像机中的快门速度是指每帧（场）画面的曝光时间，通过摄像机上的电子快门装置可以调整快门速度值（1/60s、1/250s、1/500s、1/1 000 s、1/2 000s）。快门速度越快，曝光时间越短，所得画面的亮度越高。所以，在光圈不能改变的情况下（为了保持合适的景深），如果没有合适的ND可以选择，就可以通过改变快门速度来改变曝光。但是，用改变快门速度来改变曝光的方式也会有副作用产生，尤其是当画面中有物体运动或镜头本身有运动时，过快的快门速度会引起画面运动的跳跃感。

电视摄像不同于电影摄影，电影摄影的拍摄频率是可变的，而电视摄像在特定的制式下其拍摄频率是不可变的（如PAL制是每秒50场画面）。在这种不变的拍摄频率下，快门速度的改变仅仅是改变了每场画面的曝光时间。当快门速度较快时，由于每场画面曝光时间缩短，导致每次曝光与下次曝光之间的时间间隔变长，如果这种间隔加大到一定程度上，就会在视觉上产生明显的运动跳跃感。

以下几点是设定快门速度的注意事项：

①关闭快门时的快门。当摄像机的电子快门关闭时，对于PAL制摄像机而

言，相当于启动了1/50s的电子快门。这是由PAL电视的扫描机制和电视信号的读出方式决定的。

②低速快门。现在很多数字摄像机配置了低速电子快门功能，如1/25s、1/12s、1/6s、1/3s等。启动低速电子快门，应充分注意到低速快门对物体运动速度和画面造型的影响。

③对运动物体清晰度的影响。在后期准备对拍摄运动物体的画面做慢放或静帧时，前期最好使用电子快门拍摄，这能有效提高画面运动部分的清晰度。

④清晰扫描功能。摄像机的电子快门除了控制曝光量和运动物体的清晰度之外，还有清晰扫描功能。清晰扫描（CLS）功能是一种特殊的电子快门方式，其原理是调节摄像机电子快门的速度，使之与计算机显示器的扫描频率一致，由此消除摄像机拍摄CRT时所产生的频闪。清晰扫描频率可在寻像器内看到。当黑色条纹出现时，清晰扫描频率过高；相反，出现白色条纹时说明清晰扫描频率过低，这时需对摄像机进行调节。

4. 增益

一般摄像机增益分高、中、低三挡。18dB、12dB、9dB、6dB、3dB、0dB，这些数值可按使用者要求任意设置，以满足拍摄的要求。照明不够时，光圈已开到最大，图像亮度还是不够，这时需要使用增益来进行信号放大，以此来提高图像的输出亮度。要注意的是，运用增益拍摄的图像上杂波会增多，图像信噪比下降，画面上出现雪花干扰，所以应尽量提高被摄体的照度，没有其他办法时，再用增益。

现代摄像机还有负增益挡位，表明在照明足够的情况下用负增益可以提高信噪比。

利用“DPR”（双像素读出）功能，提升增益时会降低约50%的水平解像力。对于普通摄像机，在低照度条件下，使用增益将使噪波与视频信号同时放大。而双重像素读出，利用独特的CCD读出技术，在不增强噪波的情况下，通过读出两个像素的总电荷视频电平加倍使增强视频电平成为可能。所以，使用“+18dB”、“+24dB”模式时，如同时使用“DPR”，能够在不增加噪波的情况下，使视频信号的增益达到“+24dB”、“+30dB”。

低照度（Low Light）状态下，使用增益，图像信噪比严重下降，不到万不得已，不能使用。

5. 动态对比度控制电路（DCC）

在我们每天接触到的自然场景中，亮度变化的范围由20∶1到1 000∶1不等，这样的亮度变化对于人眼来说是不成问题的，但是电视摄像机只能记录大约32∶1的景物亮度范围，即由黑电平值（反光率3%）到白电平值（反光率

60%）总共相当于不到5级的景物亮度级数。因此，为了满足记录更大的景物亮度范围的要求，电视摄像机上装备了高光处理电路对高光部分进行压缩，从而扩大了摄像机所能记录的亮度范围，而对高光部分的压缩程度可通过对对比度控制电路的调整来完成。对于亮度范围很大的景物，其高光部分细节的再现主要受两方面因素的影响，其一为白电平切割电路，其二为信号放大器中的拐点设置。

①白切割：白切割电路共有三个，分别处在三原色信号通道中。其功能是限制任何超过电路预制值的信号水平，其作用是将所有超过预制值的信号电平全部表现为与预制值一样白——这样就使高光的部分失去层次。

②拐点：拐点被设置在摄像机机头部分的信号放大器中，它将那些可能被白切割电路切割掉的高光部分进行压缩。它能够加大摄像机对高亮度范围景物的记录能力，但同时会带来线性关系上的损失。

③DCC电路：其方法是拐点固定，通过改变拐点以上线性部分的斜率来控制高光区域的压缩程度。另外还可以保持斜率不变，而通过拐点位置的上下移动来控制高光区域的压缩程度。有的摄像机上可以将两种方法结合使用，可通过调节菜单来实现。

另外，对于DCC电路的使用有两点需要说明：其一，由于DCC电路是利用平均反馈来调整电路的，所以对场景中的瞬时高光（如汽车车灯）不会作出反应；其二，如果对于亮度范围低于40∶1的场景使用DCC电路，不仅高光部分的再现会失真，而且会降低整个画面的再现反差。

4.1.4 电视摄像曝光监控

为了方便人们的前期创作，厂家在专业摄像机的寻像器里设置了控制曝光的功能。人们通过监控寻像器可以基本实现摄像机的准确曝光。

1. 寻像器或监视器

寻像器或监视器不仅是取景的工具，也是确定电视画面曝光量的直观工具。大多数的摄像机可以通过寻像器内的各种显示字符和标志对摄像机的主要状态进行快速检查。作为一名摄像师，能敏感地注意到寻像器中出现的相关显示字符及标志，并正确理解它们的含义，是使用摄像机进行准确曝光控制的必要条件。开机前检查或重新设置与曝光有关的开关以及滤色片的位置，对寻像器进行必要的调整，都是必需的。

因为专业级及以上的摄像机的寻像器通常是黑白寻像器，且尺寸较小，所以，为了监看到电视画面的颜色、聚焦和曝光状况，通常将监视器与摄像机连接起来。监视器的对比度和亮度的调整方法与寻像器的调整方法一样，不过，开始时要将监视器的色饱和度旋钮逆时针旋转到底以使监视器呈现“黑白的彩条”，等调整好亮度和对比度以后，再把色饱和度调整到合适的状态。

用黑白寻像器检查彩色图像的色彩还原（CDTM）的方法：放像时按CDTM钮，黑白寻像器中出现两幅图像，比较它们的亮度是否一致。

斑马纹（Zebra）是摄像机寻像器上输出信号的亮度指示，它所指示的亮度信号水平依赖于摄像机菜单中的参数设置。斑马纹是在寻像器图像的相应电平范围内叠加上平行的斜线或网线，像斑马的花纹。它不仅能够显示图像电平的高低，还能准确地显示高电平的具体位置。不同厂家生产的摄像机的斑马纹指示往往对应不同的图像电平值，如索尼摄像机的斑马纹设定在65%～75%电平处；松下摄像机的斑马纹设定在大于100%电平处；JVC摄像机的斑马纹设定在80%～90%电平处；HITACHI摄像机的斑马纹设定在大于90%电平处。目前，专业摄像机通常可以按照使用者的要求设定斑马纹的电平，高档摄像机还可以设置2个斑马纹电平，这2个斑马纹的倾斜方向及宽度是不同的。

一般来讲，70%电平是人脸部常见电平范围，100%为摄像机电平的上限。我们使用的可调双斑马纹摄像机一般按70%及95%来设定斑马纹电平。为什么不用100%来设定斑马纹电平呢？主要是因为手动调整光圈时高光部出现斑马线后，凭手感调光圈往往调不准。其实，无论斑马纹的叠加电平是多少，只要在使用摄像机前对一相同目标做多次不同曝光值的试拍，并记下相应的斑马纹位置及其在标准彩色监视器上的图像明暗度，我们在实拍时便很容易根据斑马纹的位置及面积确定光圈的大小。

2. 示波器

对于前期曝光不准的电视素材，后期往往很难校正。曝光不足，电视画面发暗；曝光过度又会使电视画面产生“限幅”，高亮部分缺乏灰度层次。摄像师要根据光源条件、拍摄对象，对摄像机进行光学和电子调整，使拍摄的信号幅度尽可能接近标准幅度。示波器是曝光控制的得力工具，用波形示波器观察摄像机输出信号幅度，可以方便地了解曝光和波形幅度之间的关系。

①曝光正确。信号波形幅度平均为0.7V（即100%），且不大于0.8V（更准确地说，亮度信号的瞬间峰值电平小于或等于0.77V，复合信号的最高峰值电平小于或等于0.8V，黑电平为0～0.05V）。最佳曝光范围在70%～80%（准确地说为0.49～0.56V），对人物脸部的拍摄应在最佳曝光范围内。

②曝光不足。信号弱，图像暗。平均信号低于0.4V。

③曝光过度（又叫白限幅）。图像高亮部分（信号大于或等于0.8V）被切割，图像高亮区成为一片白色斑块，缺乏灰度层次，即白切割。

国内一般使用寻像器、监视器和斑马纹来监控曝光的情况，而国外很多拍摄者倾向于使用示波器。另外，读者如果有一定的图片摄影基础，电视摄像的曝光就非常容易理解了。

4.2 光、色彩、照明

有了以上对曝光的了解，本节将从光（定向光和漫射光；照度及其测量方法；对比度）、阴影（附着式阴影；投射以及照明减弱控制）、色彩（加色法和减色法混合；彩色电视接收器与生成颜色；色温与白平衡）、灯具（聚光灯；散光灯；演播室灯具与便携灯具）、照明技巧（灯的应用；摄影布光法则；室外照明及照度测量）等几方面与大家一起了解光和照明艺术。

4.2.1 光

世界的色彩、形状、亮度都是由光产生的。

1. 可见光

可见光的波长范围在390～770nm之间。电磁波的波长不同，引起人眼的颜色感觉不同。622～770nm，红色；597～622nm，橙色；577～597nm，黄色；492～577nm，绿色；455～492nm，蓝靛色；390～455nm，紫色。

可见光是电磁波谱中人眼可以感知的部分，可见光谱没有精确的范围；一般人的眼睛可以感知的电磁波的波长在400～700nm之间，但还有一些人能够感知到波长在380～780nm之间的电磁波。正常视力的人眼对波长约为555nm的电磁波最为敏感，这种电磁波处于光学频谱的绿光区域。

人眼可以看见的光的范围受大气层影响。大气层对于大部分的电磁波辐射来讲都是不透明的，只有可见光波段和其他少数如无线电通信波段等例外。不少其他生物能看见的光波范围跟人类不一样，例如包括蜜蜂在内的一些昆虫能看见紫外线波段，这对于其寻找花蜜有很大帮助。

1666年，英国科学家牛顿第一个揭示了光的色学性质和颜色的秘密。他用实验说明太阳光是各种颜色的混合光，并发现光的颜色取决于光的波长。图4.1列出了在可见光范围内不同波长光的颜色。

为了方便研究光的色学性质，将可见光谱围成一个圆环，并分成九个区域（见图4.2），称为颜色环。

颜色环上数字表示对应色光的波长，单位为纳米（nm），颜色环上任何两个对顶位置中的颜色，互称为补色。例如，蓝色（435～480nm）的补色为黄色（580～595nm）。在对白光的分解中发现，红、绿、蓝为单色不可分解光，理论上它们可以组成可见光中任何一种光，其中 2R + 2G + 2B = 白光（R：red；G：green；B：blue；而 2 是系数量）是它们组合量的关系式。

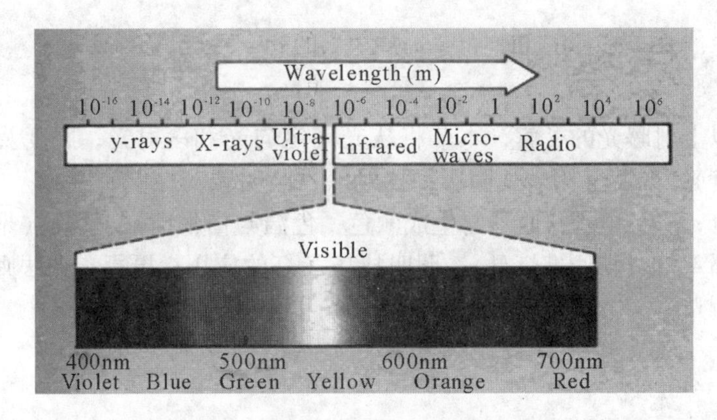

图 4.1　可见光谱

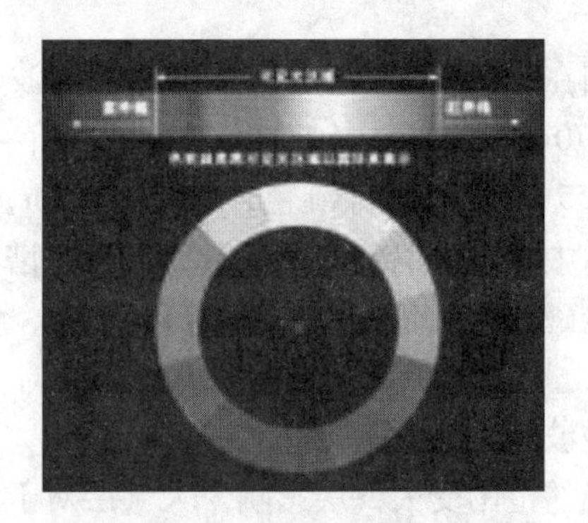

图 4.2　可见光颜色环

通过研究发现色光还具有下列特性：

第一，互补色按一定的比例混合得到白光。如蓝光和黄光混合得到的是白光。同理，青光和橙光混合得到的也是白光；互补色之间是相互突出强调的关系，互补色饱和度越强则对比度越强，反之相对差些。创作中，画面色彩的组合一般是以互补色为色轴的两端进行颜色色块的组合。

第二，颜色环上任何一种颜色都可以用其相邻两侧的两种单色光，甚至次近邻的两种单色光混合复制出来。如黄光和红光混合得到橙光。较为典型的是红光和绿光混合成为黄光。

第三，如果在颜色环上选择三种独立的单色光，就可以按不同的比例混合成日常生活中可能出现的各种色调，这三种单色光称为三基色光。光学中的三基色为红、绿、蓝。这里应注意，颜料的三基色为红、黄、蓝。但是，三基色的选择完全是任意的。

第四，当太阳光照射某物体时，某波长的光被物体吸收了，则物体显示的颜色（反射光）为该色光的补色。如太阳光照射到物体上，若物体吸取了波长为400～435 nm 的紫光，则物体呈现黄绿色。

有人说物体的颜色是物体吸收了其他色光，反射了这种颜色的光，这种说法是不对的。比如黄绿色的树叶，实际只吸收了波长为400 ～ 435 nm 的紫光，显示出的黄绿色是反射的其他色光的混合效果，而不只是反射黄绿色光。

（1）光的种类。

不管光在技术上是如何产生的，我们在工作中遇到的光基本上属于两种类型：定向光和漫射光。

①定向光（Directional Light）意味着光束很精确，产生的阴影比较醒目，太阳、闪光灯和汽车前灯都发出定向光。定向光可以指向特定的区域而不会有多少流失到其他地方。一般情况下，定向光强度比较高，往往作为主光源或辅光源，可以突出被拍摄对象，几种定向光有助于使被拍摄物体产生立体效果。但是由于定向光比较强，所以容易与背光部分形成强烈的对比，不易表现物体表面的质感。当然，一般室内人造定向光的强度往往是可以调节的，所以也不能一概而论。

在创作中，定向光往往是造型光，对于被摄物体来说是不可缺少的。比如用定向光来塑造人物形象，强调人的阳光、人的狡诈、人的乖戾等。电视剧《汉武大帝》中，早年的汉武大帝和晚年的汉武大帝在布光造型方面就发生了根本变化，前者面光很饱满，后者则是阴阳脸，揭示了人物心理的变化。

②漫射光（Diffused Light）会产生更全面的照明。它的漫射光束快速散开，照亮很大的区域。由于漫射光看上去是从四面八方射过来的（没有方向性），因此它不会产生轮廓清晰的阴影。漫射光的典型例子为雾天，这时，雾成了太阳的一个巨大的漫射柔光镜。观察明亮阳光下的阴影和阴天或雾天里的阴影，它们很不一样：在阳光下，阴影很重；而在雾天里却几乎看不到阴影。百货商场采用荧光灯，电梯里则只用漫射光。用漫射光照亮的区域不可能有清晰的界限，更确切地说，漫射光常常用来给较大的区域提供照明。漫射光的本质是反射光，由于它的反射面大多是不光滑的，所以反射光的方向是杂乱的，再加上多次反射，导致光的强度减弱。自然光中阴天就是典型的漫射光。漫射光在布光中一般属于修饰光、底光，主要作用就是强调细节和边缘的修饰。当然在摄影和摄像中也可以强调光柱的立体效果。

在创作中，合理利用漫射光可以拍摄出被摄对象表面很好的质感、弹性和细腻光滑感，同时利用漫射光也可以表现细节、层次与和谐的氛围。比如《廊桥遗梦》中男女主人公桥上相会的一幕就是在漫射光照射下拍摄的，表现了男女主人公在柔美的夜色中相聚的氛围。

（2）光的强度。

光的强度：照明的一个重要方面是控制光的强度（Light Intensity），即投射到某一物体上的光的量。光的强度用欧洲的勒克斯（Lx）或美国的尺烛光（Foot - Candles）来计量。如果想将尺烛光换算成勒克斯，只要将尺烛光的数值乘上 10 即可。20 尺烛光大约相当于 200 勒克斯（20 × 10 = 200）；如果想把勒克斯换算成尺烛光，则用勒克斯的数值除以 10。2 000 勒克斯大约相当于 200 尺烛光（2 000 ÷ 10 = 200）。

① 你可能会常听到摄像师抱怨基础光不足。基础光（Baselight）指总的光强度。可以从被照明物体或场景的方向将测光表（可读取尺烛光或勒克斯）对着摄像机来判断基础光的水平。前面讲过，摄像机必须要有一定量的光才能激活里面的成像装置和其他电子元件，才能用给定的光圈产生最佳的视频信号。如果将光圈开到最大仍然得不到充足的光，则必须启动完成这些操作。演播室和 ENG/EFP 摄像机的增益则要通过 CCU（摄像机控制单元）来完成，当然，也可以通过 ENG/EFP 摄像机上的开关来完成。增益会通过电子方式增强微弱的视频信号。不过，遗憾的是，增益开得越大，画面上的噪波越多：画面中暗的部分会出现暴风雪一样的彩色小斑点。充足的基础光可以防止这种问题的出现。

尽管款式更新的摄像机（模拟的和数字的）比起老款的摄像机更敏感，需要的光更少，但要想得到干净的画面，仍然需要大量的光。家用摄录一体机也许能在 1 ~ 2 勒克斯光的水平下产生可辨认的画面，但要想获得出色的画质，必须要有更多的光。用 *f*/5.6 的光圈，顶级摄像机大概需要 1 000 勒克斯（100 尺烛光）才能获得最佳的画面质量。基础光的水平高还是可以降低整个场景内照明减弱的速度，同时不会消除阴影，只是使其变得更淡。如果基础光水平太低，可以打开光圈，提高增益，或者增加一两个能产生高度漫射光的散光灯来照亮场景（不推荐使用）。

② 你也可以通过调整灯具与被拍摄物之间的距离来控制光的强度。灯具越接近被拍摄主体，光越强；灯具离被拍摄主体越远，光越暗。在灯具的前面放上漫射材料，或（更常见的做法）采用电子调光器（Dimmer），即可进一步减弱光的强度。如同汽车控制发动机进油量的油门一样，电子调光器能控制到达灯泡的电量（瓦特数）。大多数现代调光器由计算机控制，精确度高。

（3）对比度。

对比度（Contrast）指在一个电视画面里最亮点和最暗点之间的差别。用测光表测量反射光即可测量对比度。对比度通常用比率来表示。比如，对着一个特别亮的地方，如白色的餐桌布，测光表的读数可能为4 000 勒克斯或400 尺烛光，而在暗布里，读数则可能为100 勒克斯或10 尺烛光，其对比度则为40：1（400÷10＝40）。40：1 的对比度是大多数摄像机的上限，超过这个比率，如60：1，要么白的地方会曝光过度，要么暗处的细微过渡色调会全部变成一片黑色。高质量的摄像机能处理这种反差极大的场景，但普通的摄像机却根本做不到。

2. 阴影

尽管我们很清楚光和阴影的变化，但如果我们不是在特别热的天气里找舒服的地方，如果不是阴影干扰了我们想看到的东西，我们一般是意识不到阴影的存在的。由于对阴影的控制在照明工作中是一件非常重要的事，因而我们必须仔细观察阴影以及它对我们感觉的影响。

一旦意识到了阴影，你就会对身边有如此众多而又各不相同的阴影感到奇怪。有些好像是物体的一部分，如咖啡杯上的阴影；有些像是一个物体投射到其他表面上，如公用电话的柱子投在街道上的阴影。有些阴影又暗又重，像一层厚厚的黑漆；有些阴影却又亮又淡，以至于很难用肉眼观察。有些逐渐由亮过渡到暗；有些却又那么突兀、生硬。

尽管有各种各样的阴影，但它们基本上只分为两大类型：附着式阴影和投影。至于阴影的相对亮度和暗度以及它们的变化方式，则是与照明减弱有关的问题。

（1）附着式阴影。

附着式阴影（Attached Shadow）看上去像是附着在物体上，脱离了物体就不复存在。将咖啡杯靠近窗户或台灯，在杯子上光源（窗户或台灯）相反方向形成的阴影就是附着式阴影，即使摆动杯子或上下移动它，附着式阴影仍然会待在杯子上（见图4.3）。

附着式阴影能帮助我们感知物体的基本形状。没有附着式阴影只看图片的话，物体的实际性状就不准确。在图4.4 中，左边的物体看上去像一个三角形，而有了附着式阴影再看它，三角形就变成了圆锥体。

图4.3 附着式阴影

图4.4 阴影与物体形状

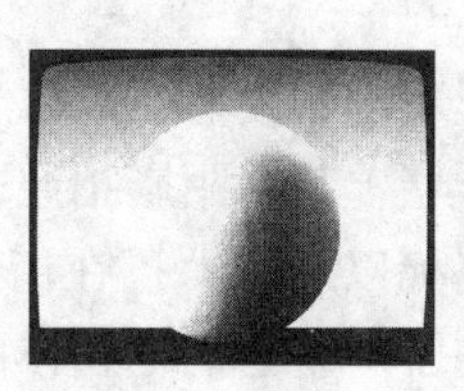

图4.5 粗糙肌理

图4.6 光滑肌理

附着式阴影还有助于我们感知物体的肌理。大面积醒目的附着式阴影可以突出物体的肌理；没有它们，物体看上去光滑得多。泡沫塑料球表面上的附着式阴影使其看上去像月球表面；但如果用平光照明消除上面的附着式阴影，泡沫塑料球看上去就会显得又扁又光滑（见图4.5、图4.6）。

如果要拍一个关于护肤霜的电视广告，你大概希望给模特脸上打的光达到让附着式阴影淡到让人注意不到的效果（见图4.7、图4.8）。但如果有人要你在拍著名的阿兹特克日历石雕的同时强调它丰富而深厚的层次，这时就需要用光打出大面积的附着式阴影（见图4.9）。

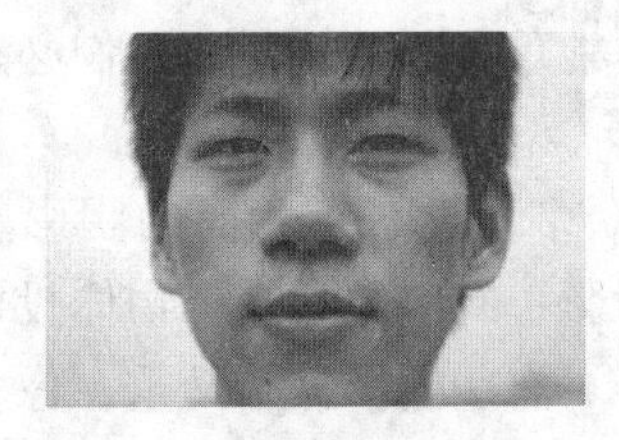

图4.7 人像附着式阴影低

图4.8 器物外表附着式阴影低

图4.9 器物外表附着式阴影强

图4.10 阴影反转

由于我们通常看到的光源都来自上方（如太阳），因此我们习惯于看到附着式阴影在物体的下面凸显或凹没。如果将主光源放低，让它从低于常人视线的角度照射一个物体，比如人脸，我们就会体验到这种神秘而怪异的失真现象（见图4.10）。通常说来，很少有科幻或恐怖电影不用这样的反转阴影效果。

（2）投影。

和附着式阴影不同，投影（Cast Shadow）可以独立于产生它们的物体而存在。比如，如果给墙上某个阴影拍照，你可以聚焦于这个阴影而不用露出手。公用电话的柱子、路标以及树木投在街道或附近建筑墙上的阴影等，都属于投影。即使这些投影触到了产生它们的物体的底部，它们仍然是投影，而不会变成附着式阴影（见图4.11）。

投影不仅能帮助我们看到物体与它周围环境之间的相对位置，还（至少在某种程度上）能帮助我们确定事件发生的时间。请看图4.11，树的投影远远地朝着摄像机的方向伸展过来，这些相对较长的阴影表明这是清早或傍晚。

图4.11　投影

图4.12　照明快减

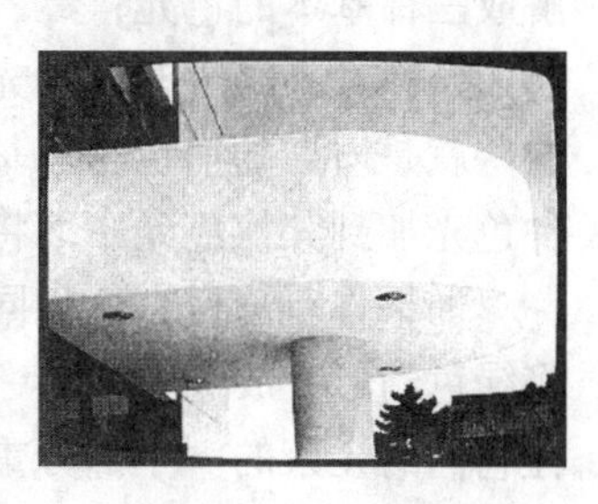

图4.13　照明慢减

（3）阴影处理。

照明减弱（Fall Off）指从亮到暗的变化程度。具体而言，它指突兀的相对程度，即“光量减弱的速度”，也就是说亮区转换成阴影区，或一个物体的亮面与阴面之间形成反差的速度。如果由明亮到浓重的阴影之间变化特别突然，我们称之为照明快减，它能显示边缘或拐角的清晰轮廓（见图4.12）；照明慢减表示由明到暗的渐进变化，它能显示物体的曲线（见图4.13）。

照明快减也意味着明暗之间存在着高反差。如果阴面只比明面暗一点点，且阴影高度透明的话，说明照明减弱的速度比较慢。对物体肌理的感觉也依靠照明减弱来获得：快减式照明可以显示物体表面的褶皱；而慢减或无减弱式照明则能遮盖这些褶皱。照明减弱的速度决定了明暗之间的对比度和由明变暗的速度。

如果用计算机来制造照明效果，必须仔细计算附着式阴影与投影之间的关系以及照明减弱的比率。比如，如果从屏幕右侧将一个光源射向被拍摄物，附着式阴影显然会在屏幕左侧（与光源的方向相反），而投影必然指向屏幕左侧的方向。如果此时按逆时针方向移动光源（接近摄像机），附着式阴影和投影肯定也会随之而移动。如果将光源升高，则投影变短；如果将光源降低，则投影变长。因此，一定要保证阴影出现在符合逻辑的位置，这有助于拍摄到真实的照片。如果将实况转播的场景用电子手段切到相片制作或绘制的背景中，就必须特别注意阴影的这种一致性。

4.2.2　色彩

本节主要从色彩混合的基本过程、彩色电视接收机及其产生的色彩，以及色温与白平衡的调整三方面对色彩进行讨论。

1. 加色法色彩混合与减色法色彩混合

光的色彩肯定令你想起我们对分光仪的讨论——分光仪将镜头传递的白光分解成三种基本的色光：红、绿和蓝（三基色光用 RGB 表示）。同时，我们还会想起如何将红、绿、蓝三种光以一定的比例混合到一起，形成图像中的所有色彩。这些就是所谓的加色法三基色（Additive Primary Colors）。这是由于我们是通过一种色光加到其他色光中而将它们混合到一起的。

如果你有三台完全相同的幻灯机，你可以将红色幻灯片放进第一台幻灯机，将绿色幻灯片放进第二台，将蓝色的放进第三台，然后将它们同时投向屏幕，并让它们的光束的一小部分重叠在一起（见图 4.14），这时，你所看到的形象与彩图显示的三个重叠在一起的圆非常相似。

正如你所看到的一样，红光和绿光混合生成了黄色光；红色和蓝色光混合生成了偏蓝的红色光，即品红；而绿光和蓝光的混合则生成偏绿的蓝色光，即青色。三种基色光重叠到一起，即可显示为白色。将三台幻灯机同样调暗，即会看见各种灰色；将幻灯机全部关掉，看到的则是黑色。将其中一台幻灯机或三台分别调暗，能得到各种各样的颜色。如果红色幻灯机强度饱满，而绿色的只用 2/3 的强度，蓝色的幻灯机关掉，这时候可以得到橙色。绿色幻灯机调得越暗，橙色越偏红。

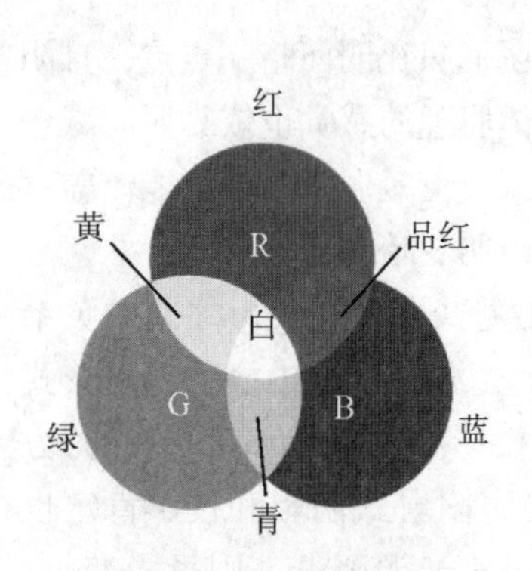

图 4.14　加色法

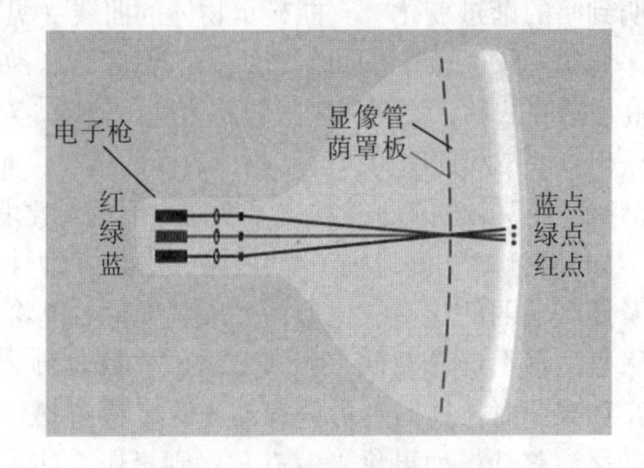

图 4.15　彩色电视机成像模式

加色法三基色为红、绿和蓝。

你也许会记得在传统绘画的年代，那时的三基色是红、蓝和黄。将红色和绿色的颜料混合在一起生成的并不是非常纯净的黄色，而是脏兮兮的深棕色。但颜料的混合与光的混合大不相同，在颜料混合的时候，其内含的过滤物质会消减某些颜色（光谱频率）而不是将它们加起来，我们称这种混合过程为减色法色彩混合。但有色的光混合到一起时，颜色会加上去而不是过滤掉，因此有加色法色彩混合一说。

2. 彩色电视机与颜色生成

彩色电视机也是按加色法色彩混合的原理工作的，只是彩色电视机使用的不是三台幻灯机，而是显像管颈部的三支电子枪，它们将由众多红色、绿色和蓝色的细小圆点或矩形电子簇形成的光束射到电视机屏幕的内壁。假定三支电子枪中的一支打出红点，一支打出绿点，第三支打出蓝点（见图4.15）。电子枪发出点的力度越大，点就越亮。如果红色枪和绿色枪以最大的强度打点而将蓝色枪关掉，我们得到黄色；如果都以一半的强度发射，得到灰色；如果它们分别以很小但相同的强度发射，则得到暗灰色。正如你所见，如果三支枪使用的时间过长，彩色电视机就会呈现黑白画面。

既然视频信号由电能而非真正的颜色组成，为什么我们不能不用摄像机，而只以一定的电压来激发三支电子枪生成某种颜色？是的，这没问题！这种方法已经被计算机采用，并以一种稍微复杂的形式制造出了成千上万的色彩。片头字幕和其他图形样式中丰富多样的色彩，以及颇有争议的黑白电影的着色，都以加色法色彩混合的原理和计算机生成的颜色为基础。

3. 色温与白平衡

前面我们已经对如何调整白平衡进行了探讨，下面，我们将讲解调整白平衡的原因。你之所以要让摄像机保持白平衡，是因为不是所有的光源都会产生同样的“白度”。例如，蜡烛发出的光比超级市场里荧光灯的光更红，而荧光灯的光更蓝。在电力不足的情况下，闪光灯发出的光束看起来也相当红；而在电力充足的时候，闪光灯发出的光束则更强，也更白。如果将灯调暗，则会出现色温的变化，灯调得越暗，得到的光就越偏红。摄像机只有针对这些差别调整参数，才能在不同的照明环境中得到一致的色彩。

（1）色温。

用来测量白光中红光或蓝光的相对量的标准叫做色温（Color Temperature）。白光中的颜色差别用开尔文温标（K）来计算。白光看起来越偏蓝，色温越高；看起来越偏红，色温越低。色温与实际光源的热量多少毫不相关。你可以触摸荧光管，虽然它亮着时的色温很高，但你不会在白炽灯泡上做同样的事，尽管它亮着时色温低得多。色温测量白光里红光或蓝光的相对量。偏红的白光色温低，偏蓝的白光色温高。

由于室外光比平常的室内照明光更偏蓝，相应地形成了两种色温标准：室外照明5 600K，室内照明3 200K。所有用来模拟室外光的灯具所发出的光色温都较高，为5 600K。这意味着它们的白光接近室外光的蓝色。室内用的标准灯色温比较低，为3 200K，其白光更偏红。

色温由白光中蓝光和红光的相对量来测定，既然如此，我们是否可以在室内灯的前面放上一张偏蓝的滤光片来提高其色温，或在一只室外灯的前面放一张橙色滤光片来降低其色温？当然可以。这些被称为滤色片、明胶片或颜色隔板的彩色滤光片可以非常方便地让室外灯具模仿室内照明，反之亦然。有些摄像机采用类似的滤色片来做大致的白平衡。

（2）白平衡。

也许你还记得，白平衡意味着调整摄像机，使它将某一白色物体设定为荧屏上的白，而不管这个白色物体由高色温的光源（如正午的太阳、荧光灯、5 600K的灯具）照明还是由低色温光源（如烛光、白炽灯、3 200K 的灯具）照明。如果启动自动白平衡功能，摄像机会自动调整三基色信号，使它们混合成白色。当然，你也可以用手动控制，这意味着你得用一个白色物体来调整白平衡。摄像机会在这个平衡值上锁定并产生记忆，指导你在不同的照明环境中重新调整它。

有些大型摄像机用偏蓝色或橙色的滤光片来改变室内或室外光的色温，从而达到第一次粗略白平衡的目的。在高色温（偏蓝）的室外光里，摄像机用橙色滤色片来减少蓝色，然后通过自动调整红、绿、蓝的混合比例来进一步微调白平衡。这些摄像机配备有一支白平衡操纵杆，可以放在不同的开尔文温标位置上，也可以由中央控制器或遥控器来控制。

恰当的白平衡对色彩的一致性至关重要。比如，假设你先要在室外拍摄一位穿白衣服的主持人，随后转入室内拍摄，那么他的衣服不应该在室外看上去偏蓝，在室内偏红，而应该室内室外看上去同样白。即使在室外的同一地点拍摄，为了保护色彩的一致性，你也许要多次调整白平衡。由于阴天比天晴时的色温更高，所以雾消散或云散去的时候，必须重新调整摄像机的白平衡。从室外移入室内的时候，也一定要重新调白平衡。

4. 2. 3　灯具

尽管可用的灯具有很多，但基本上只有两种类型：聚光灯和泛光灯。聚光灯投射出定向的、边界清楚的光束，照亮一个特定的区域。它们产生的阴影生硬而浓重；泛光灯产生大量没有方向的漫射光，产生的阴影比较透明。有些泛光灯的照明减弱非常慢，以至于它们看上去像一个不产生阴影的光源。比较重、功率也比较大的灯是为演播室设计的，它们通常悬挂在由很沉的钢管制成的固定灯架上，或者挂在可移动的、配重平衡的支架上（见图 4. 16）。为 ENG/EFP 制作任务配备的便携式灯具较轻便，但功率也比较小。

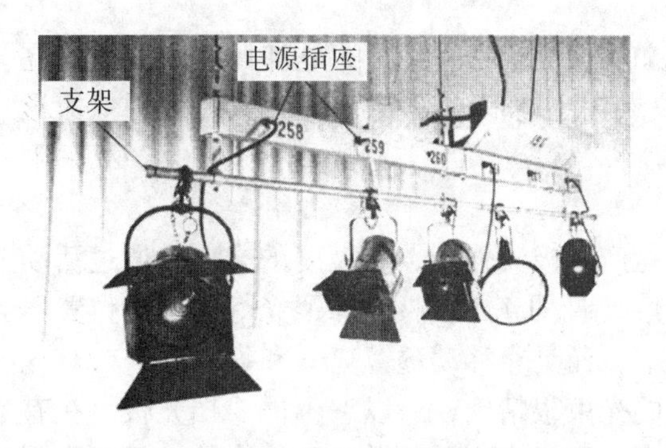

图4.16　照明支架

图4.17　菲涅尔聚光灯

1. 聚光灯

聚光灯（Spot Light）产生锐利、定向的光束，照亮特定的区域。大多数演播室聚光灯有玻璃透镜，帮助收束光线并将其聚合成准确的光束。大多数普通的演播室聚光灯为菲涅尔聚光灯（Fresnel）和椭球聚光灯（Ellipsoidal）。此外还有式样繁多的便携式聚光灯，这些灯具在尺寸和光束的范围上都不一样。

（1）菲涅尔聚光灯。

菲涅尔聚光灯是演播室聚光灯中应用最广的灯具。其透镜薄而层级分明，能将光聚集成一个轮廓清晰的光束（见图4.17）。移动灯光反射器的朝向或远离透镜，这个光束的范围就可以从一个"圆点"或"中心点"变成一大片。有些灯具要对着灯移动透镜：若要漫射光或散射光，将灯光反射器移向透镜，这时光束变得有点漫射（强度减弱），阴影比光束聚集时更柔和；若要聚集光束，将灯光反射器移离透镜，则会增加光束的清晰度和强度，使它的阴影明显而浓重。有些菲涅尔聚光灯有用来移动灯光反射器的曲柄，还有一些聚光灯有供站在演播室地上用灯杆（一个在末端有金属钩的10英尺长木杆）转动的圆环或手柄。

你可以通过挡光板来进一步控制光束（见图4.17）。它们由活动金属折片组成，像牲畜栏的门一样能来回摆动开关，可以挡住从四面进入的光，也可以旋转挡住从顶部或下面进入的光。挡光板嵌在透镜前的支架里。为了防止它们滑落，所有的折片都用小链子或钢缆固定在灯具上。

菲涅尔聚光灯的型号通常以它们的石英灯瓦数来确定。在演播室里，最普通的菲涅尔聚光灯为650W和1 000W。对于比较老式的、不太敏感的摄像机来说，2 000W的菲涅尔聚光灯仍然是最常用的灯具。所有的演播室菲涅尔聚光灯的色温都为3 200K的室内色温。

在精心的现场制作或大型实况转播中，你可能还会见到另一种菲涅尔聚光灯——镝灯（HMI）。这种售价高昂的聚光灯内装有高效能的弧光灯，其发出的光照度是同样大小的普通菲涅尔聚光灯的3～5倍，但用的电却比较少。镝灯在室外的标准色温为5 600K。镝灯的缺点在于它们必须要有镇流器（一种像家用荧光灯上的变压器）才能正常工作。

（2）椭球聚光灯。

椭球聚光灯用于制造特殊效果，能产生极其强烈、高亮度的光束，通过活动金属光匣可以形成矩形或三角形的光束（见图4.18）。椭球聚光灯的聚焦位置不是靠灯泡反射器滑向或滑离透镜来调节，而是靠移动透镜离开和靠近固定的灯光反射器来调节。由于椭球聚光灯发出的光束很精确，所以它不需要挡光板。在有些椭球聚光灯上，紧挨着光束成形匣有一个插槽，用于插各种细小的、具有不同孔洞的金属片。这种金属片叫做图案板或阴影模板。椭球聚光灯将阴影模板的图形投射到一个平面上，将其打碎，形成变化多端的图形或几何图案（见图4.19）。演播室的椭球聚光灯多为750W。

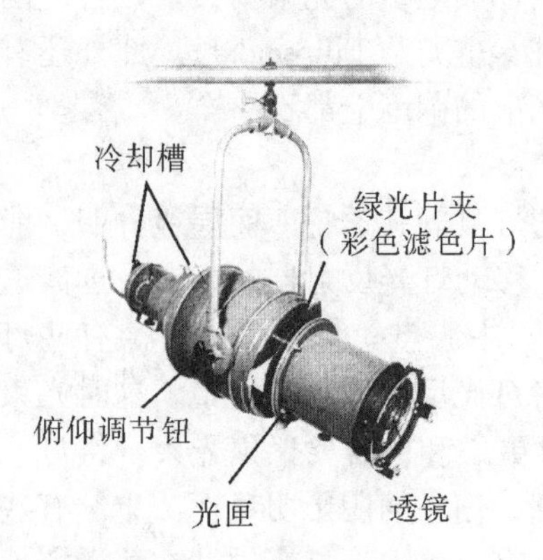

图4.18　椭球聚光灯

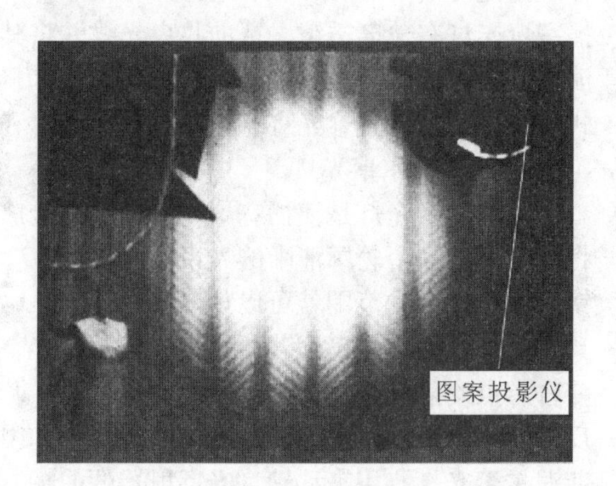

图4.19　阴影模板

（3）便携式聚光灯。

虽然我们可以将小型菲涅尔聚光灯带到外景地，但我们其实还有一些介于聚光灯和泛光灯之间的便携式聚光灯可用。为了把这些便携式聚光灯的重量减到最小，它们的体积都比较小，而且是敞口的，也就是说这种灯没有透镜。没了透镜，它们就不能像菲涅尔聚光灯和椭球聚光灯那样发出精确的光束，即使在中心点或聚焦点的位置上也不行。它们的设计用途是安装在灯架或夹子上。更常见的一些种类为罗威尔（Lowel）全能灯和罗威尔专业灯（图见4.20和图4.21）。比较老式的备用品是夹灯，其反光板装在灯泡内。夹灯尤其常用于室外人行道和行车道的照明。夹灯在给小块地方充当辅助照明时非常有用，你可以轻易地将它们夹在家具上、道具上、门上或各种能夹得住的地方，此外还有一些带挡光板以及适合夹灯的金属支架，这些挡光板能控制光束的散布范围（见图4.22）。

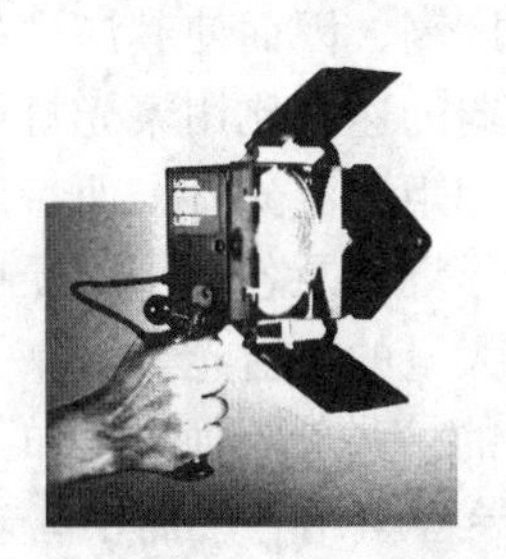

图4.20　罗威尔全能灯

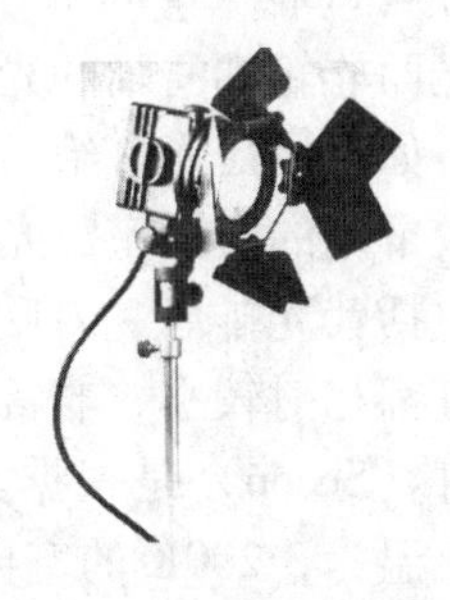

图4.21　罗威尔专业灯

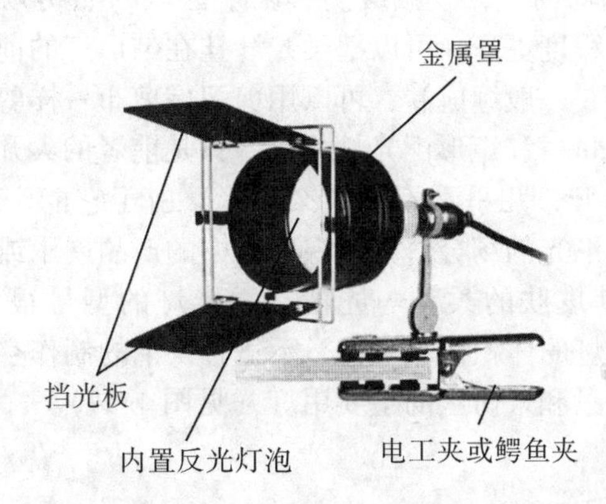

图4.22　带挡光板夹灯

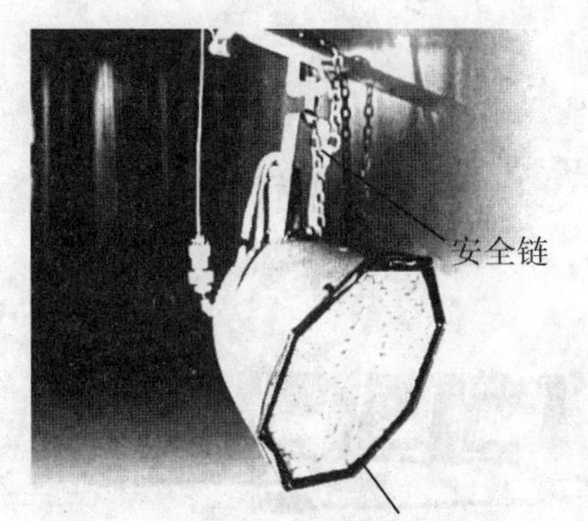

图4.23　勺形灯

图4.24　柔光灯

聚光灯产生轮廓清晰、定向的光束，造成照明快减。

2. 泛光灯

泛光灯（Flood Light）没有透镜，这是因为它们的目的是制造高度漫射的、无方向的光而非轮廓清晰的光束。由于这种光散射度高，因而使其产生的阴影柔和而透明。如果用泛光灯给一个物体照明，照明减弱的速度比用聚光灯照明时慢得多。比较常用的演播室泛光灯为勺形灯、柔光灯和矩形泛光灯，而特殊用途的泛光灯则包括荧光排灯、内反射排灯、长条灯或环形灯以及各种小型便携式泛光灯。这些灯都相对较小，非常便于携带，且能产生大量的漫射光。

勺形灯（Scoop）是根据其勺形反射器而命名的一种小巧而灵活的泛光灯，所发出的色温为3 200K的室内色温。有些照明指导喜欢用它，而不喜欢用矩形泛光灯，就因为它的光束虽然柔和，却更有方向性，能给比较明确的区域提供照明。勺形灯常常充当辅助光，以减缓阴影浓重区域的照明减弱，并使阴影更透明。若想让光束漫射程度更高，可以把柔光纱挂在勺形灯的前面。柔光纱是一种抗热的玻璃纤维材料，一般缠成卷，可以用剪刀像剪布一样剪开（见图4.23）。

柔光灯（Soft Light）和矩形泛光灯相似，只是前者的大开口上覆盖着漫射材料，能将光散射得很开，几乎看不到什么阴影。由于它能产生的照明减弱速度慢，因此常用于需要平光的场合，如电视广告中的产品展示或教育节目，也可以用在模特身上突出其皮肤的柔和与光滑。柔光灯的型号很多，色温为室内的3 200K。大多数柔光灯的体积都非常大，不适合狭窄的制作空间，不过小一点的柔光灯往往是新闻布景和采访区的主要用灯（见图4.24）。

图4.25　矩形泛光灯

图4.26　荧光排灯

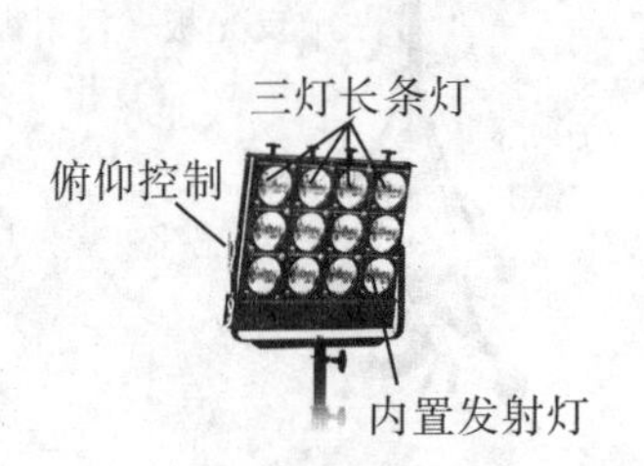

图4.27　内反射排灯

图4.28　长条灯或环形灯

矩形泛光灯（Broad）是一种表面只罩玻璃的灯具，在正方形或矩形的反光板内装有一支或更多的大管灯，能产生大量高度漫射的光。矩形泛光灯可以以均匀、慢照明减弱的3 200K的光照亮大片的区域（见图4. 25）。一些小矩形泛光灯有挡光板，主要用来给醒目的聚光灯阴影提供补充照明，以降低阴影的浓度。这些挡光板可以在不降低其光束柔和性的同时阻止光泄露到某个布景区。

特殊用途泛光灯：

①荧光排灯（Fluorescent Bank）由一排荧光灯管组成，在电视历史的早期阶段，这种灯是主要的照明设备之一。在中断使用一段时间之后，现今这种排灯又重新投入了使用。它的功效很高，能发出极端的散射光，照明减弱慢，不会产生其他泛光灯产生的热量。荧光排灯既可以发出标准的5 600K的室外光，也可以发出3 200K的室内光。荧光灯生产商努力让这种灯看上去更接近钨丝泛光灯，没有荧光灯表面上那种绿乎乎的颜色。所有这类灯具的不足在于，排灯相对比较大，也比较笨重（见图4. 26）。

②内反射排灯由带内反射灯泡的长条灯组成。体积较小的散射排灯有两到三排灯，每排三只灯；较大的则有四排或四排以上的灯，每排有12只灯以上。它们的用途是照亮远处的大片区域，与你在体育场看到的灯相类似（见图4. 27）。

③长条灯（Strip）或环形灯（Cyc）的用途是给环形幕布（没有缝合线的背景幕布，沿着演播室或摄影棚的墙展开）、垂幕或大面积布景提供照明。排灯类似于戏院里的长条灯，由几排石英灯组成，每排3~12只灯。这些灯固定在长盒状反射器内。有些排灯在开口处安装有滤色片，能在不增加新设备的情况下改变背景的颜色。它们通常一个挨一个地排列在演播室的地板上，朝上照着背景（见图4. 28）。

④小型便携式泛光灯。在选择便携式泛光灯时，应该找体积小，能产生大量漫射光，带一个能防止漫射光四处漫射的反射器，能插在普通220V的家用插座上，分量轻，一个小灯架即可支撑的那种灯（见图4. 29）。如果将其固定在伞形反光板里面，便携式散光灯便可充当聚光灯。许多便携灯随身配备有“灯盒”或“灯帐篷”（一种帐篷状的漫射片）。你可以用它罩住便携灯的光源，从而将漫射灯改造成很好用的聚光灯。在情况紧急的时候，你可以用一只普通的石英车库灯，用柔光纱将光束漫射开，或者，更好一点的做法是让光束从白板或某种反光板上反射回来。

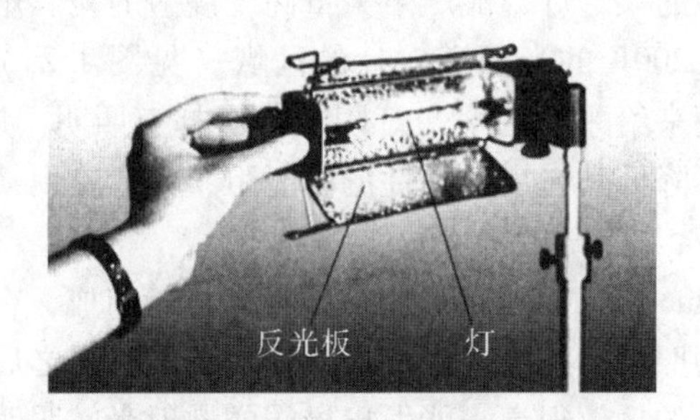

图 4. 29 小型 EFP 泛光灯

散光灯产生全面的、无方向的照明，照明减弱速度慢。

4. 2. 4 照明技巧

照明技巧、照明工作应该从你想如何在屏幕上呈现事物入手，然后选择最简单的方式来达到这种效果。尽管目前没有放之四海而皆准的秘诀能保证你在任何情况下都得到好的照明，但仍然有一些现成的技巧可以帮助我们轻松地做好手头的具体工作。不过，千万不要成为这些技巧的奴隶。你也许希望能有更多的设备、更多的空间，尤其是更多的时间来做好照明，但你应当认识到，摄像照明的最终评判标准不是你如何忠实地遵守书本上列出的标准，而是照明效果如何呈现在监视器上，尤其是如何准时地布好光。搞好照明首先要学会操作灯具，对演播室照明和实地照明要通过科学测量照度才能收到好效果。

照明工作显然会遇到一些危险：普通民用电流足以致命；灯、挡光板（有时设备本身）会变得太热，甚至能造成严重的烧伤；如果将易燃物质放在离灯太近的地方，灯具会引起火灾；有挡光板的灯具通常高高地挂在演播室的上方，如果安全防护不当，会掉下来砸伤人；直视明亮的强光束能导致眼睛的暂时失明。但即使这样，你也不必害怕，不必还没开始做就放弃。遵守一些安全规则，你便可以消除这些危险。

（1）照明安全须知。

① 电：别用湿手操作设备，即使在未插电源的时候。不要“热插拔”，即在连接和断开电源线或接线板之前必须关掉电源。接线板将选用的灯具与特定的调光器连接到一起。操作时一定要戴手套！用木制或玻璃纤维的安全梯子，而不是金属的。动电源线的时候不要触摸任何金属。如果必须用适配器来连接电源线或将它插上去，用电工胶条来粘连接处。不要浪费电能。只用那些绝对必需的设

备。在进行初步舞台彩排时，关掉演播室的灯，改用家用灯。关掉这些灯不仅可以使演播室凉快一些，同时还可以延长这些价格昂贵的灯泡的寿命。

② 热：碘钨灯（石英外罩和卤钨灯丝）工作时会变得相当热，它们能使挡光板乃至灯具的支架发热。一旦灯亮，就不可再用手触碰挡光板或灯具，请戴手套或通过灯杆来调整挡光板或灯具。

③ 让灯具远离易燃物质，比如幕帘、布、书或木板。如果必须将灯具放在离这些物品较近的地方，最好用铝箔片来给这些物品隔热。

④ 更换电池的时候要让灯具先冷却下来。不要用手指直接碰碘钨灯，指纹或其他附着在这些灯上面的东西会使它在这个地方过热并最终烧坏。换灯泡的时候，要用棉纸或运动衫或衬衣下摆（在紧急情况下）包住灯泡。在触摸灯具内部之前，一定要确定电源处于断开状态。在将调光器调到最大值之前，如果可以的话，先用小功率让大型灯具预热。

⑤ 安放和保护灯具：在降下活动支架之前，先确定演播室的地面没有人、设备和布景。在真正降下支架之前要发出警告，如“支架5C下来了!”要等到“全部清场”信号发出后方可降下支架。在降下支架的时候，一定要让人看着演播室的地面。拧紧C形夹头上所有必要的螺钉（见图4.30），用安全链或电缆将灯具紧紧固定在支架上，将挡光板固定在灯具上。检查明显破旧或松动的插头以及电缆的电源连接。

⑥ 无论什么时候移动梯子，都要看看下面和上面有没有障碍物。千万不要将灯具扳手或其他工具留在梯子上。别冒不必要的险而站在梯子上斜着身体去够灯。可能的话，叫人帮你稳住梯子。

⑦ 眼睛：调整灯具的时候，不要直视灯。从灯具的后面操作，而不是前面。如果采用这种方式，你的眼睛与光束是同一方向，而不是与光束对视。如果一定要与光对视，时间一定要短，并带上深色眼镜。不要图一时的方便而不顾安全。

（2）演播室照明。

现在，你已经能够做一些实际的照明工作了。你会发现，比起样式繁多、令人着迷的演播室照明来说，你更多的时候是在对付让人头疼的实地照明。而且你还会发现，在演播室学布光比在外景地更容易。就像灯光师告诉你的那样，照明艺术既不神秘也不复杂，只要在脑子里记住它的基本职能：a. 展现物体或人的基本形状；b. 加亮或打暗阴影；c. 显示被拍摄物与背景的相对位置；d. 给物体或人赋予轮廓。

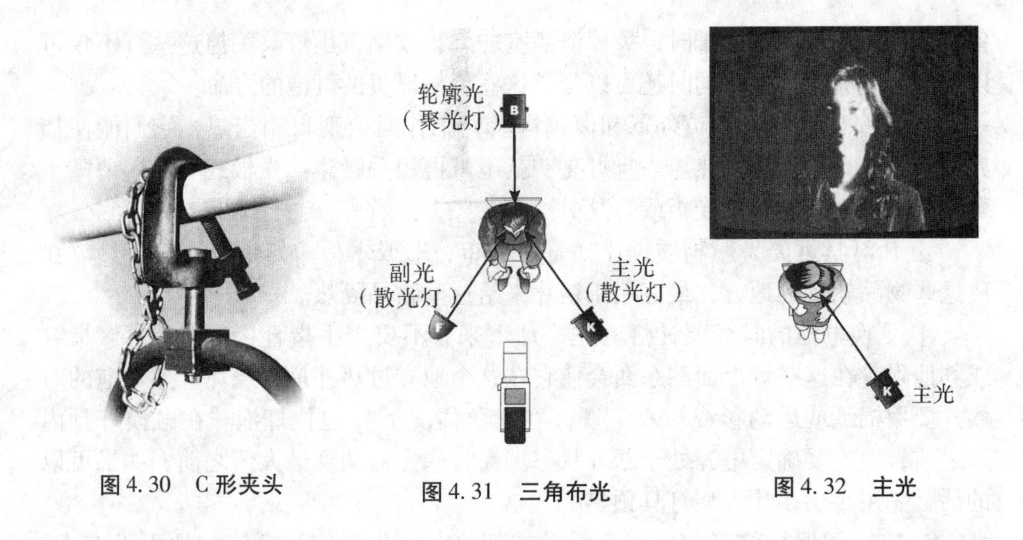

图 4.30　C 形夹头

图 4.31　三角布光

图 4.32　主光

① 摄影法则或三角布光：静物摄影师曾教过我们，所有这些功能都可以借助三只灯来实现：a. 主光（Key Light），展示基本形状；b. 副光（Fill Light），在阴影太重时提供补充照明；c. 背光/轮廓光（Back Light），将被拍摄物和背景区分开并造成轮廓。电视或电影的各种照明技巧都来源于静物摄影的基本法则，即摄影法则（Photographic Principle）或三角布光（Triangle Lighting）（见图 4.31）。

基本的摄影法则或三角布光由一个主光、一个副光和一个轮廓光构成。

② 照明三角的应用。在演播室里，菲涅尔聚光灯通常用做主光。菲涅尔聚光灯能让光束对准物体而不致将太多的光溢到其他布景区。将光束或聚集或散射或利用挡光板，你便能进一步控制光束的散射范围。当然，你也可以用其他灯具充当主光，如全能灯、泛光灯，甚或柔光灯。正如你所见，主光并不是由所有的灯具而是由它的功能——是否能展示被拍摄物的形状来确定的。主光通常放在被拍摄物前方的左侧或右侧（见图 4.32），其中主光造成的照明减弱速度较快（可以产生浓重的附着式阴影）。

若想让主体在背景前显现更清晰的轮廓，尤其是想让头发出现光泽——由此扩展到整个画面，那就需要轮廓光。有些照明人员认为，正是轮廓光赋予了照明以专业的光彩（见图 4.33）。

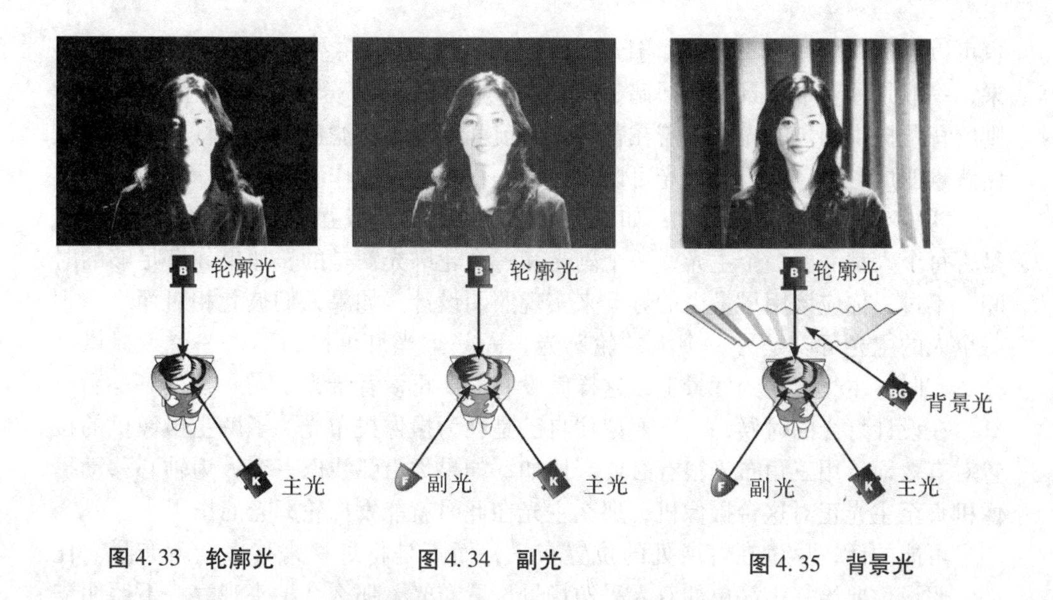

图 4.33　**轮廓光**　　图 4.34　**副光**　　图 4.35　**背景光**

顾名思义，轮廓光落在主体的头部后方。将主光放在这对摄像机的主体的后上方。由于需要轮廓光照明的区域非常有限，因此可以用菲涅尔聚光灯。为了防止轮廓光射进摄像机或被镜头捕捉到，要将它放在主体后面比较高的地方。

有些照明指导坚持轮廓光和主光的强度应该一样。这种规定毫无道理，因为轮廓光的强度取决于被拍摄主体的相对反射系数，给穿白外套的女人打的光当然比给穿深色衣服、黑卷发的男人打的光弱一些。

要想让照明减弱慢下来，进而使浓重的阴影更加透明，可以用副光。副光通常采用泛光灯而非聚光灯，当然也可以用菲涅尔聚光灯（或任何其他聚光灯）。显然，应该将副光放在主光的另一侧，正对着摄像机，朝向阴影区（见图 4.34）。

副光越强烈，照明减弱越慢。如果副光和主光的强度一样，则不仅会消除附着式阴影，连照明减弱也会消失，画面就不会呈现出层次。许多新闻或采访布景采用平光照明（主光和副光用强度相同的聚光灯）来消除记者或嘉宾面部特写上的皱纹。

除非你想要暗背景，否则应该用辅助光来给背景或布景提供照明。这种补充光源叫做背景光或布景光（Background Light）。若是小布景，只需一只菲涅尔聚光灯或泛光灯即可（见图 4.35）；若是大布景，则需更多的灯具，每一盏灯照明一个特定的区域。若想把背景上的附着式阴影与前景阴影放到同一侧，则必须将背景光像主光一样放在摄像机的同一侧。

你也可以用背景光给沉闷的背景提供一些视觉兴趣点。可以制造一小片光，也可以制造一个醒目的投影，让它们切过背景。若想在室内照明时制造夜间效果，一般是让整个背景保持黑暗，只照亮其中的一小部分。而如果想再现白天，则给背景提供均匀的光。只需在背景光的前面放上彩色滤色片即可将一个中灰或白背景变成彩色背景。有色光可以让你省去很多着色工作。

③ 多重三角布光的设计：如果有两个人并排坐着或互相面对，你该怎么办？是否每个人都需要一个主光、一个副光和一个轮廓光？是的，如果你有足够的时间。不过，你应该用尽量少的灯具来实现照明设计。如果人们彼此相对而坐，则一个人的主光可以是另一个人的轮廓光，一只柔光灯可以为不止一个人提供副光。有时，主光会溢到背景上，这样就没有必要再设背景光了。

在设计灯光的时候，一定要记住自己是在为摄像机布光。了解主摄像机的位置对有效地运用三角布光很有必要。比如，如果你沿弧线以一个人为轴心移动摄像机直至主光正对这台摄像机，那么主光在此时就能发挥轮廓光的作用。

可能的话，尽量在灯所处的位置布景，而不是将灯移来移去迁就布景。比如，假设你要给一个简单的双人采访场景设置布光，那么，抬头观察一下照明支架，找到主光、副光和轮廓光的三角位置，将椅子放在三角的中央。即使找不到放另一把椅子的照明三角（主光、副光、轮廓光），你仍然走在了前面，照明的一半工作已经完成。

④ 布光图：对一些比较复杂的节目，应该准备一张布光图。一旦有了详细的布光图，就可以去演播室表明所需灯具的位置、型号和功能。布光图必须显示场景、主要表演区域和主摄像机的位置，用箭头指示光束的大概方向（见图 4.36）。

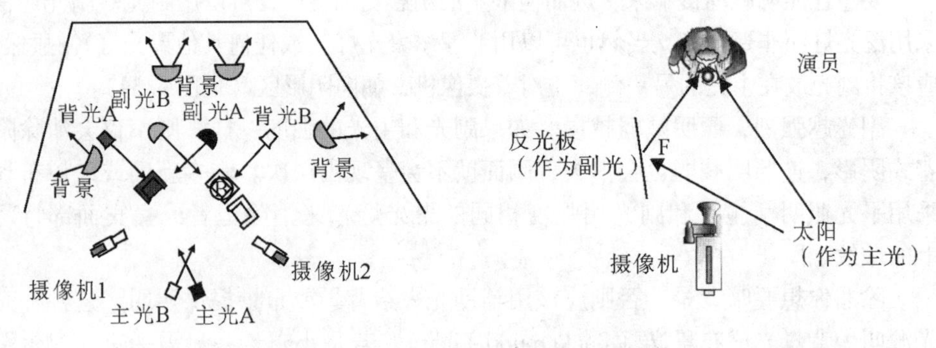

图 4.36　双人布光图

图 4.37　室外反光板

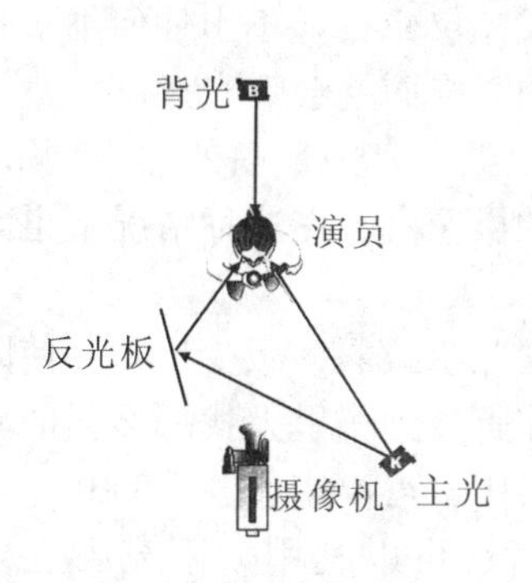

图4.38 室内反光板

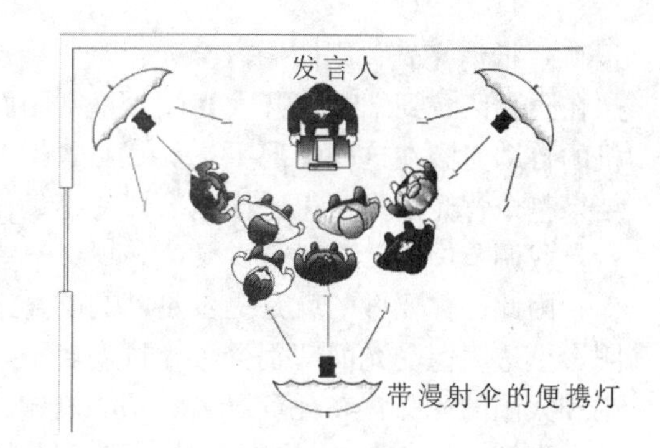

图4.39 室内布光

⑤ 其他照明技巧：如果有人要求你去救场布置照明，不要抱怨艺术的苛刻，不要抱怨没有充足的布置时间。只要打开尽可能多的泛光灯，然后试着给场景提供一点轮廓光，对场景进行修饰。这不是为三角法则或照明减弱担忧的时候，这些应急技巧每次都会令人惊奇地产生出很好的照明效果。

即使在正常情况下，也不要做摄影法则的奴隶。有时你会发现，或许一只朝向汽车挡风玻璃的菲涅尔聚光灯可能就是你想要制造的可信夜间效果所需要的东西。而在另外一些时候，你也许要四五只精心布置的灯来再现一支蜡烛的效果。照明的效果并不取决于你如何忠实地遵守传统的照明规则，而取决于场景在监视器上的再现效果。判断照明成功与否的主要标准是照明在监视器上的效果如何。

(3) 外景照明。

演播室照明完全由各种型号的灯具完成，而外景照明却常常还包括对可利用光的控制和补充。户外拍摄在很大程度上依赖于现有的可用光，你的照明工作就是控制阳光，让它至少在一定程度上服从于照明基本法则。在室内拍摄时，除非地方较小，否则即可运用演播室照明的所有基本要领。窗户往往会带来问题，从外面进入的光通常比室内光亮，其色温也比室内灯要高。

① 户外阴天。阴天或雾天是室外拍摄的理想天气。云和雾发挥着巨型漫射滤光器的作用，太阳这个巨大而刺眼的“聚光灯”现在变成了一只巨大而温和的“柔光灯”。高度漫射的光使照明减弱变慢，产生透明的阴影。摄像机喜欢这种反差低的照度，并会通过场景再现明快、真实的色彩。而在一般情况下，场景多半都是由高亮度的基础光加以照明。

② 明亮的阳光、明亮的太阳就像一只巨大的、高亮度的聚光灯。被照体正面非常亮，照明减弱非常快，阴影非常重，阴暗反差相当大。

这种高度反差产生了一个难以解决的曝光问题：如果缩小光圈（光圈 F 值

很高）抵消亮光，则阴影区会变得毫无层次、又暗又重，显不出任何细节；如果想在阴影区看到细节而开大光圈，这则画面上的受光面就会曝光过度。摄录一体机的自动光圈在这种情况下毫无用处，它只能根据场景中最亮的点来调节光圈，结果整个背光面都变得一样暗。即使是最先进的摄像机，在这种情况下也无法进行自我调节。

因此，你要做的就是提供足够的副光来减缓照明减弱，减少反差，使附着式阴影更透明但受光面却不会曝光过度。不过，在野外到哪里去找那么强的副光来中和太阳的光呢？在耗资巨大、精心制作的节目中，可以用色温5 600K、亮度高的聚光灯（通常为 HMI 灯）做室外副光。同时还可以利用太阳充当主光和副光——所需的只是一块能将阳光反射到背光面的反光板（见图4.37）。可以用一大块泡沫芯板或一张白卡板做反光板，也可以用有硬撑背的皱纹铝箔，还可以用各种商用折叠式反光板。后者在远距离使用时效果很好。反光板离被拍摄物越近，副光越强。有些照明指导或摄影指导用多个反光板将光反射到离光源很远的地方。在这种情况下，反光板变成了主光源。有了好的反光板，即使不用任何灯具也可以将阳光引到室内，给房间或走廊提供照明。

不要冲着明亮的背景拍摄，如阳光下的白墙、大海或湖，除非利用巨大的反光板或其他高亮度的副光，否则站在亮背景前的人就会变成剪影。尽可能找一些阴影，并将被拍摄主体放在阴影里。遮阳伞不仅能提供一些视觉上的兴趣点，还能使照明工作变得更加简单。

③ 没有窗户的室内。如果房间照明不足，尽量利用现有的光，看看其效果如何。如果看上去还好，就不必补充额外的照明。记住在开始拍摄之前调节摄像机在现有光照条件下的白平衡。在适当的区域放置一些背景灯，大多数室内照明便可以得到改进。有可能出现的问题包括照明灯架闯入摄像机镜头，轮廓灯位置过低而被摄像机捕捉到等。在这种情况下，应该让灯具往边上挪一点，或用木头做一个临时轮廓灯架。将轮廓光移到离被拍摄主体足够近的地方，使它避开摄像机的取景范围。

在给待在房间里固定位置的人打光时，如采访节目中的那样，可以运用适用于演播室的摄影法则，只是这时候得将便携灯放在架子上。尽量让主光的强度为背景光的两倍。为避免在拍摄物上出现让人头疼的红色亮斑，同时使光看上去更柔和，应该在三只灯上全部都加上柔光纱（玻璃纤维材料），可以用木制衣架将柔光纱挂在挡光板上。由于便携式灯具的使用寿命有限，因此应该尽量使灯处于熄灭状态（这也会使房间凉一些）。带一些备用灯泡，以防万一。

如果只有两盏灯在室内给一个人打光，可以用一盏做主光灯，另一盏做轮廓光灯，然后用一块反光板充当副光（见图4.38）。

如果只有一盏灯，比如一盏全能灯，可以用它做主光灯，用反光板做副光。

在这种设置中，必须放弃轮廓光。如果主体一直待在同一个位置，镜头紧凑，可以试着用一个光源做轮廓灯，用大反光板将其反射到主体的脸上。反光板充当着主光和副光。

若想使一间普通大小的房间的布光能让摄像机跟着人在房间里行动，可以将便携灯放在泛光的位置，从天花板或墙的角度反射光，或用柔光纱将光束漫射开。如果可以，最好用漫射伞。将灯朝着伞的里面，伞的开口朝向场景或反光板，而不是直接朝向表演区。可以用同样的技巧给一个大型室内场景提供照明，但如此一来，则要么需要更多的灯，要么需要功率更大的灯，主要目的是用最少的灯得到最多的基础光（见图 4. 39）。

④ 有窗户的室内。正如前面提到的，窗户一直都是拍摄的难题。即使不向着窗户拍摄，它们也会放进大量高色温的光混合，而这种光很难用普通的灯具与之匹配。如果采用普通的室内 3 200K灯来和 5 600K 的室外偏蓝光混合，则摄像机很难找到正确的白平衡。此时，必须增加室内光的色温来配合室外光的色温（从 3 200K 到 5 600K）。有两种办法：将蓝色滤色片或浅蓝色滤光片加在灯具上，或者，将商用（但售价昂贵）橙色滤色材料贴在窗户上降低室外光的色温，直至达到室内色温的 3 200K。

如果一定要将窗户纳入镜头，你会发现窗户恐怕会变成你眼中亮度最高的光源。此时，与其增加便携灯的亮度来适应窗户的亮度（通常是白费力气），不如用一块中灰板（ND）将窗户遮住来降低室外光的亮度。这种中灰板和彩色校正板类似，中灰滤光片可以在不改变光的色温的情况下降低其亮度。

对付窗户的最好办法就是避开它。拉上窗帘或说服主体坐到窗户的对面，或至少让主体侧身对着窗户。记住，如果用额外的灯来减慢窗户光的照明减弱，必须将副光灯校正到适当的室外色温（加上蓝色滤色片或合适的滤色镜）。在这种情况下，反光板无疑是减慢照明减弱的最简便手段。

⑤ 外景照明需注意的问题：

提前勘察。在实地拍摄之前，应该勘察拍摄场地，决定照明所需的设备。检查有哪些电源可用，有谁能给你提供开关（姓名、地址、家庭和工作电话号码），要用哪种插座，需要多少延长线。让适配器适应各种插座。

准备充分。随身携带几卷电工胶布、一卷铝箔、一副手套、一个小扳手、一些木头夹子（塑料的会融化）以及一个小灭火器。

别让电路超负荷。到了拍摄场地，别让电路超负荷。即使一只普通的 15A 民用插座能承受 1 500W 的灯具，也别让一条电路的负荷超过 1 000W。要知道，一条电路上可能同时有好几个插座，但它们可能分布在房间的不同角落。要测试哪些插座在同一电路内，可以将灯插在不同的插座上并关掉开关。如果灯灭，说明这只插座在标明的电路内；如果灯还亮着，说明这只插座连接在另一条电路中。记住，延长线过长会给电路增加负荷。

不要浪费灯泡寿命。正如前面提到的，只在需要的时候开灯。便携灯具的灯泡使用寿命有限。尽量关掉灯不仅可以节省能源，还能延长灯泡的寿命，降低表演区的热度。

保护灯架。在便携灯架上安装灯具时要尤其小心。将所有灯具都用沙袋保护起来，以免它们被人碰翻。不要将延长线放在主要通道上，如果一定要将它们穿过走廊或门槛，那就将它们用胶带安全地固定住（随身携带的电工胶布正好用在这里），或用胶皮垫盖在上面。

小心移动延长线。不要硬拉连接在灯具上的延长线，这样灯架容易翻倒，尤其在灯架全部展开的时候。

（4）照度的测量。

在关键性的照明设置中，你也许想在摄像机开机前核实基础光是否充足，明暗区的反差是否在可接受范围内（通常为 40∶1）。这些，你都可以在测光表的帮助下进行。测光表只能测量灯具发出或从物体上反射回来的尺烛光或勒克斯的读数，即入射光（Incident Light）或反射光（Reflected Light）的读数。

① 入射光。入射光的读数能使你掌握特定区域的基础光水平，即摄像机能从布景中的某个特定位置接收的光量。若想测量大致的入射光，必须站在被照明物的旁边或前面，将测光表指向摄像机镜头。测光表的快速读取非常有用，尤其在实况转播查看主光源光能级的时候。

如果想得到某个灯具光强度的更精确的读数，可以将测光表指向灯的里面。若要检查入射光的相对均匀度，则可以在沿布景走的时候将测光表指向主摄像机的位置。如果指针或数字读数停在大致相同的亮度水平上，说明照明均匀；如果指针或读数突然往下掉，说明照明设置中肯定有漏洞（存在没被照亮或照明不足的地方）。

② 反射光。反射光读数主要用来查看明暗区之间的反差。若是测量反射光，站在被照亮物体或人的附近，从摄像机的方向将测光表指向受光面和背光面（小心不要挡着反射光）。正如前面提到的，两个读数之间的差显示照明的反差。注意，照明反差不仅取决于落在物体上的光的量，还取决于物体反射到摄像机里的光的量。物体反射得越多，反射光的读数越高。镜面几乎能将所有落在上面的光反射出去；而黑丝绒布只能反射一小部分。

总的说来，两种基本的光指定向光和漫射光。定向光呈聚合状，产生清晰的阴影；漫射光呈散开状，产生柔和的阴影。光强度用欧洲的勒克斯或美国的尺烛光来计量，1 尺烛光约等于 10 勒克斯。

阴影分为附着性阴影和投影。附着性阴影附着在物体上，不能脱离物体而存在；而投影则可以在产生影子的物体外看到。照明减弱说明由亮到暗的变化和受光面与背光面之间的反差。照明快减指受光面中间没有过渡区域而直接连着浓重背光面的情形，对比强烈；照明慢减指受光面逐渐过渡到背光面的情形，对比不强烈。

色彩通过加色法混合产生。所有的色彩都能通过红、绿、蓝三基色的不同比例混合而生成。色温指白光中红光和蓝光的相对量。白平衡根据主要照明光的色温来调节摄像机，使得摄像机能将白色物体在电视屏幕上还原为白色。

灯具通常分为聚光灯和泛光灯、演播室用灯和便携灯。聚光灯产生轮廓清晰、集中的光束；泛光灯产生高度漫射、无方向的光；演播馆用灯通常挂在天花板上；而便携灯则用折叠灯架支撑。

摄影法则或三角布光通常由一个主光（主要光源）、一个副光（补充照明浓重的阴影）和一个轮廓光（将主体同背景分离开并给它提供光晕）来完成。反光板常常发挥副光的作用。背景光是用来照亮背景和布景区的辅助光源。在户外照明中，是否能提供充足的照明往往比是否能做细致的三角布光显得更为重要。在户外，泛光灯比聚光灯更常用。

测光。测量入射光（落到物体上的光）时，从被照明物体的位置将测光表对准摄像机镜头或灯；测量反射光时，则站在物体附近，从摄像机的位置将测光表对准物体。

需要强调的是，照明是指对灯光布局和阴影的精心设计与控制；附着性阴影解释物体的形状和肌理；投影有助于我们判断物体的位置和事件发生的时间；照明减弱显示受光面与背光面之间的反差以及由亮过渡到暗的速度；加色法三基色为红、绿和蓝这三种颜色；色温表明白光中红光或蓝光的相对量。偏红的白色光色温低；偏蓝的白光色温高。聚光灯产生轮廓清晰的定向光束，产生照明快减现象；泛光灯产生全面的、无方向的照明，产生照明慢减现象。最后需强调的是，摄影基本法则或三角布光由一个主光、一个副光和一个轮廓光组成。照明是否良好的评判标准是照明在监视器上显示出什么效果。在户外，照明的目的是照亮物体而不是追求艺术效果。

4.3 实训创作

摄像用光与照明主要包括光的色彩和调整白平衡。而控制光源和合理确定布光图是你实现创作意图的最佳选择。

4.3.1 光的色彩

任何一种光线色彩都存在着三个要素，即强度、方向和色调。光源分为人工光和自然光。

图4.40 室内拍摄（《小薇3外传之茄呢啡情人》）

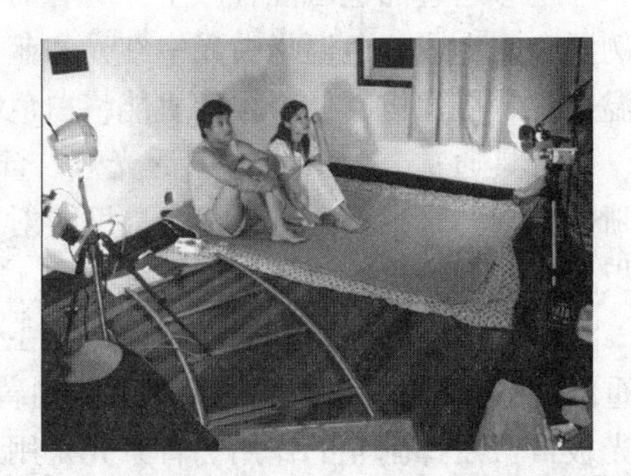

图4.41 拍摄现场

1. 光的强度

强度描述的是光线的强弱程度，各种光源所发出的光线都有一定的强度。对于摄像的照明，强光源常常作为主光来使用，是拍摄照明的主要来源。而弱光源作为辅助光来使用，它可以减弱主光所造成的强烈阴影，同时不至于投射出多余的影子。

正确把握光的强度。光线过强，往往收不到很好的效果，因为强光下形成的阴影会过于夸张，光影效果不自然。拍摄时，如果光线过强，可以通过加装漫射屏或反射板等方法来削弱光线的强度。和强光相比，散光的光影效果较为柔和自然。可以使主体受光面均匀，反差适中。受光源的方向性局限小，是较为理想的光源。在剧情片的拍摄中，散光使用得最多。（见图4.41、图4.42）

图4.42 《霸王别姬》截图

2. 光的方向

图4.43a 左侧光照

图4.43b 上方光照

图4.43c 从里向外光照

根据光源与被摄主体和摄像机水平方向的相对位置，可以将光线分为顺光、逆光和侧光三种基本的类型；而根据三者纵向的相对位置，又可分为顶光、俯射光、平射光及仰射光四种光线。

(1) 顺光。

摄像机与光源在同一方向上，正对着被摄主体，使其朝向摄像机镜头的面容得到足够的光线，可以使拍摄物体更加清晰。

根据光线的角度不同，顺光又可分为正顺光和侧顺光两种。

图 4. 44　顺光

（2）逆光。

逆光是摄像机对着光源而被摄主体背着光源时的光线。

图 4. 45a　侧逆光

在强烈的逆光下拍摄出来的影像，主体容易形成剪影状，即主体发暗而其周围曝光正常，被摄主体的轮廓线条表现得尤为突出。

图 4. 45b　正逆光

（3）侧光。

侧光的光源是在摄像机与被摄主体形成的直线的侧面，从侧方照射向到被摄主体上的光线。

此时被摄主体正面一半受光线的照射，影子修长，投影明显，立体感很强，对建筑物的雄伟高大很有表现力。

但由于明暗对比强烈，不适合表现主体细腻质感的一面。

图4.46a　人像侧逆光

图4.46b　建筑侧逆光

总结：拍摄时注意把握好顺光、侧光和逆光。

操作要求：电视摄像时，应尽量避免过黑、过白的实物与用光；顺光能全面地表达物体的质感，具有平涂效果；侧光易在被摄体上形成明显的受光面、阴影面和投影，有利于表现空间深度和立体感；谨慎用逆光拍摄。

（4）顶光、平射光及仰射光。

顶光通常是要描出人或物上半部的轮廓，和背景隔离开来。但光线从上方照射在主体的顶部，会使景物平面化，缺乏层次，色彩还原效果也差，这种光线很少运用（见图4.43b）。

平射光跟正顺光一样，不是很理想的光线。即使在侧顺光的位置，所形成的阴影也有点呆板生硬，不如俯射光来得自然。

仰射光也是一种不多见的打光法。将光源置于主体之下向上照射，能制造一种阴森恐怖的效果（见图4.47）。

图 4.47　仰射光效果

3. 光的色调

和万物一样，光同样具有色彩，不同的光线其色调不同。通常我们用色温来描述光的色调，色温越高，蓝光的成分就越多；色温越低，橙光的成分就越多。而在不同色温的光线照射下，被摄主体的色彩会产生变化。在这方面，白色物体表现得最为明显：在 60W 灯泡下，白色物体看起来会带有橙色色彩，但如果是在蔚蓝天空下，则会带有蓝色色调。摄像机是靠调节白平衡来还原被摄主体本来的色彩的。

分析欣赏两部影视广告，对其色彩、色调进行分析。

图 4.48　《大红灯笼高高挂》截图

图 4.49 《又见炊烟时》截图

4.3.2 调整白平衡

在拍摄过程中，荧光灯的光看起来是白色的，但用 DV 拍摄出来却有点偏绿；同样，如果是在白炽灯下，拍出图像的色彩就会明显偏红。

人类的眼睛之所以把它们都看成白色的，是因为人眼进行了自我适应；但由于摄像机 CCD 传感器本身没有这种适应色彩功能，因此就有必要对它输出的信号进行一定的修正，这种修正就叫做白平衡。白平衡调整是摄像过程中最常用、最重要的步骤。使用摄像机开始正式摄像之前，首先要调整白平衡。

照明的色温条件改变时，也需要重新调整白平衡；如果摄像机的白平衡状态不正确的话，就会发生彩色失真。

自动白平衡调整功能是现在摄像机都有的功能。DV 都具有一些白平衡模式，例如：自动模式、手动模式、阴天模式、晴天模式、灯光模式。

如果在阳光明媚的室外拍摄，你可以选择自动模式、室外模式、晴天模式，DV 的白平衡功能会加强图像的黄色，以此来校正颜色的偏差。如果在这种环境下非要设定为室内模式，白色物体则会出现偏蓝色彩。

如果你在阴雨天或者在室内拍摄，你可以选择室内模式、阴天模式、灯光模式，DV 的白平衡功能则会加强图像的蓝色，以此来校正颜色的偏差。如果在这种环境下非要设定为室外模式，白色物体则会出现偏黄色彩。另外，在室内钨丝灯的光线下拍摄时，可以设定为室内模式或者灯光模式。

自动模式是由 DV 的白平衡感测器进行侦测以后自动进行白平衡设置，这种模式只有在室外使用时色彩还原比较准确，其他拍摄环境下自动模式色彩还原不够准确，请在以后拍摄时注意。

1. 手动模式调节白平衡

当外界条件超出白平衡自动调节功能以外时，图像会略带红色或蓝色；即使在白平衡自动调节功能范围内，如果有1个以上的光源，自动白平衡调节仍可能无法正常工作，在这种情况下，就需要用手动模式来调节白平衡。

进行手动调节前需要找一个白色参照物，如白纸一类的东西，有些DV备有白色镜头盖，这样只要盖上白色镜头盖就可以进行白平衡的调整了。

操作过程大致如下：把摄像机变焦镜头调到广角端，将白色镜头盖（或白纸）盖在镜头上，盖严；白平衡调到手动模式，把镜头对准光源，注意不要直接对着太阳，拉近镜头直到整个屏幕变成白色；按一下白平衡调整按钮直到寻像器中手动白平衡标志停止闪烁（不同的机器，其表示方法有所不同），这时白平衡手动调整完成。

2. 白平衡的特殊用法

某些特殊效果可以通过手动调节白平衡获得。如对着粉红色的物体手动调节白平衡，拍摄出的画面偏冷。

通过手动调节白平衡还可以获得一些艺术效果，在拍摄红红的夕阳时，对着蓝色的参照物手动调节白平衡，可以拍摄出充满温暖气氛的画面；若想拍摄偏冷色的夕阳景象，就对着红色的参照物手动调节白平衡。

而如果把DV的白色平衡设定在自动位置，摄像机会把夕阳的暖调色温误判成室内，因而会补偿画面的蓝色，并减少红色，把夕阳原有的温馨气氛完全破坏了。

3. 滤光片的调整

通常摄像机有四挡滤光片：3 200K、5 600K、5 600K + 1/4ND、5 600K + 1/16ND。

3 200K在白炽灯、日出、夜晚等色温为3 200K的情况下使用；

5 600K在白天、日光灯等色温为5 600K的情况下使用；

5 600K + 1/4ND可以起到衰减光圈的作用；

5 600K + 1/16ND可以衰减4挡光圈。

根据拍摄现场的色温调节滤光片。在不同的色温下，用不同的滤光片可产生不同的效果，用5 600K的滤光片拍摄3 200K的景物，画面偏暖；用3 200K的滤光片拍摄5 600K的景物，画面偏冷。如缩小光圈，可在白天的光线下拍摄出夜晚的效果。

【思考题】

1. 什么是色温、相关色温、显色指数？它们对摄像有何影响？
2. 光线的分类有哪些主要方面？光线的作用是什么？
3. 自然光的三种形态对摄像有何意义？
4. 人工光的特点是什么？人工布光的方法有哪些？
5. 光线的形态都有哪些？如何利用光线来实现不同的形态和影调？
6. 为什么要重视光线的衔接？光线的衔接应注意哪些问题？
7. 色彩的特征是什么？不同的色彩都有哪些主要的表现倾向？
8. 什么是色彩基调？色彩基调都有哪几种表现形式？
9. 运用色彩的原则有哪些？区分它们的依据是什么？
10. 控制色调的手段有哪些？

Recording
and
Volume Control

第 5 章

录音与音响控制

你可能不止一次听过这样的观点：电视主要是视觉的。实际上，在你最初制订摄制计划、考虑摄制手段上的要求时，就应该考虑对其声音方面的要求。

【本章学习要点】

本章将详细讨论制作出色的影像声音所需的各种工具与技巧。其中包括声音拾取原则（话筒如何将声波转成音频信号）、话筒（声音的拾取、声音拾取设备的结构、使用方法）、声音控制（音频混频器即调音台的操作）、声音录制（模拟与数字录制设备及其他音响录制装置）、合成声（计算机生成的声音）、声音美学（环境、主体—背景关系、透视、连贯性、能量）等内容。

【本章内容结构】

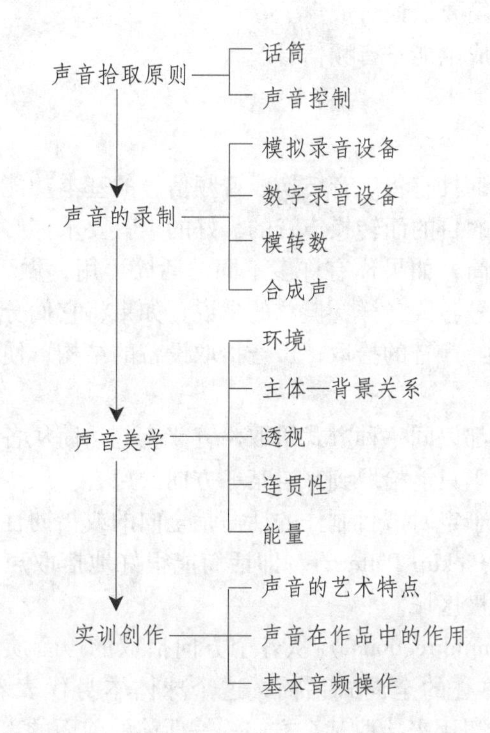

5.1 声音拾取原则

在图像转换过程中，物体在镜头中的形象被转换成视频信号。同样，我们实际听到的声音被转换成电能—音频信号，这种信号通过扩音器再让人听见。声音拾取的基本工具为话筒，又叫麦克风。

当然，你也可以创造合成声，即通过电子手段生成并录制某一声音的频率来合成声音，这一过程与用计算机生成视频图像如出一辙。我们首先侧重讲解话筒生成的声音，然后再简要谈谈合成声。

话筒将声波转换成电能—音频信号。

5.1.1 话筒

尽管所有的话筒都具有将声音转换成音频信号的基本功能，但它们却是以不同的方式，为了不同的目的而转换声音的。好的声音要求你必须了解如何为特定的声音选择匹配的话筒，如果你有许多不同的话筒可用，做到这一点并不容易。尽管话筒的品牌和型号各式各样，但总的来说，如果将它们分类的话，大致可以根据以下三点来分类：声音的拾取；声音拾取设备的结构；使用方法。

1. 声音的拾取

并非所有的话筒都以同一种方式拾取声音。有些话筒从各个方向拾取到声音质量一样好；而有些则只能拾取到来自某一方向的声音。

通常，大多数用于定时节目制作的话筒是全向的或指向性的。指向上的特征取决于其拾音区域（Pickup Pattern），即话筒能很好地拾取声音的这个区域，而其二维表现则称为两极区域。

全向式话筒（Omnidirectional）从各个方向拾取的声音质量都一样好。想象一下一个处于球体中心的全向式话筒，这个球体本身代表着拾音区域（见图5.1）。单向式话筒专门用来拾取某个方向——话筒的前面的声音。由于单向话筒的拾音区域大体上呈心形，所以这种话筒也称作心形话筒（Cardioid）。

如果“心形”逐渐变细，我们则称之为锐心形话筒（Hypercardioid）或超指向话筒。如果心形拾音区域的“心形”延展成西瓜状（见图5.2），锐心形话筒的拾音区就会伸长，这意味着你可以使那些实际上很远的声音听起来很近。锐心形话筒对来自正后方的声音也很敏感。由于这些话筒一般都比较长，并指向声源的方向，因而它们一般又被称为枪式话筒。

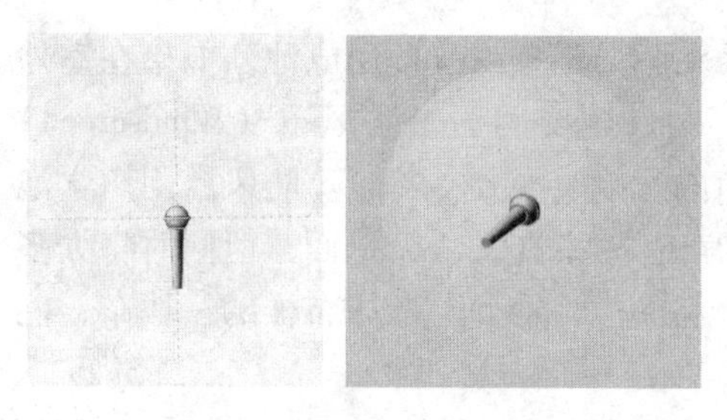

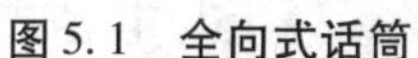

图5.1　全向式话筒

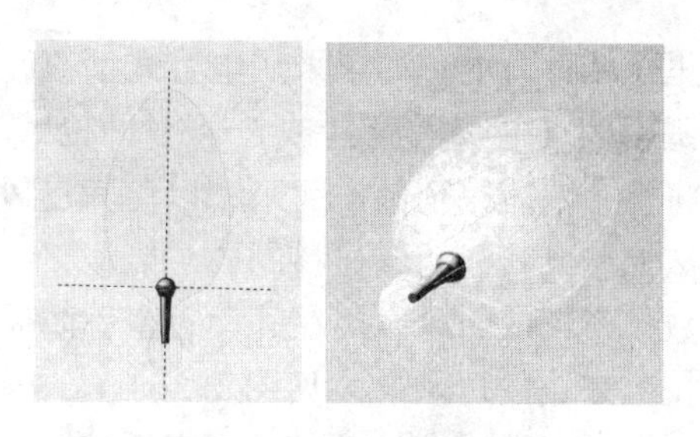

图5.2　锐心形话筒

2. 声音拾取设备的结构

在为具体的录音任务选择话筒时，既要考虑话筒的具体声音拾取区域，又要考虑它的机械构造——其声音的生成元件。按照制作方式分类，话筒可以分为三类：动圈式、电容式和带式。

动圈式话筒在被声音激活时，内部的一个小线圈在磁场内移动，这种线圈的移动产生不同的声音信号；电容式话筒内有一块活动的极板，对着另一块固定的极板振荡产生声音信号；带式话筒内有一根小铝带而非线圈在磁场中移动而产生声音信号。不要太在意这些声音元件到底是怎么工作的，对你而言，了解这些话筒在用途上的区别更加重要。

图5.3　动圈式话筒

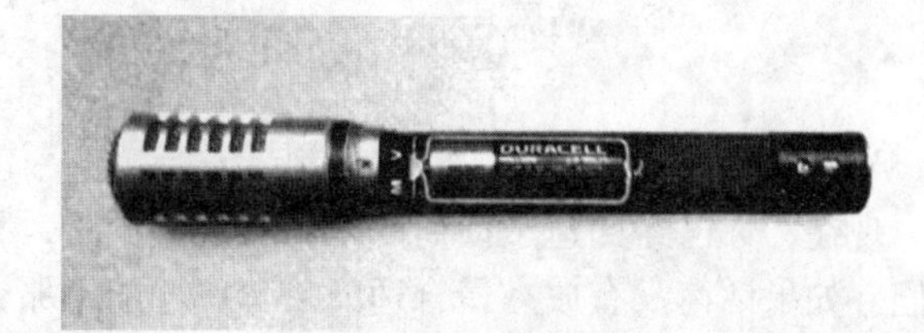

图5.4　电容式话筒

动圈式话筒是比较耐用的话筒，许多话筒内配备有内置“呼吸滤音器”，能消除人在离话筒很近时的呼吸声（见图5.3）。

电容式话筒（Condenser Microphone）与动圈式话筒相比，前者对物理震动和温度敏感得多，但它能产生高质量的声音。电容式话筒通常用在室内拾取重要的声音。在音乐录制中，它们尤其重要。与动圈式话筒不同，电容式话筒只需要较小的电力即可激活话筒内部的声音激活装置。有些需要一节小电池装在话筒外壳内（见图5.4），有些则通过电线由调音台获得电力供应（通常称为幽灵电力）。如果采用电池，一定要确保电池安装正确（正负极对应外壳上的标示），且电池里还储存有电；如果采用电容式话筒，手头一定要有一节备用电池。如果在室外试用枪式电容话筒（或任何一种枪式话筒），则要用一个防风罩（Windscreen）将整个话筒完全保护起来，以免其受风声的影响（见图5.5a）。防风罩用声学泡沫橡胶或其他合成材料制成，能让正常的声音频率进入话筒里面，但同时将大多数频率较低的风声挡在外面，也称防风干扰罩——看上去像抹布样的一块布，能拉起来盖住防风罩（见图5.5b）。

带式话筒有时又叫做速率话筒，在拾音质量和敏感性上与电容式话筒相似。带式话筒产生的声音圆滑而丰富，但它经不起野蛮的操作、极端的温度以及近距离大声的震动。实际上，如果靠近带式话筒，大声的震动甚至可以使其永久损坏。

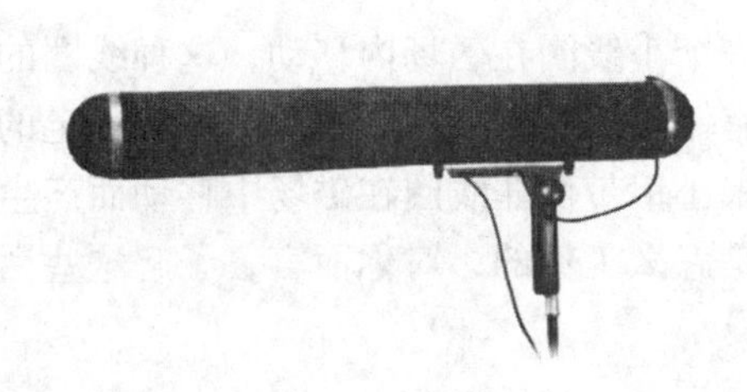

图5.5a　防风罩

图5.5b　防风罩

3. 使用方法

现在，你已经知道了话筒的基本类型，下面，我们就来介绍如何有效地使用它们。如果话筒没有放在最合适的拾音位置上，那么，即使是最高级、最昂贵的话筒也无法保证拾取到最好的声音。实际上，是否能将话筒放在合适声源的位置上往往比话筒采用什么声音生成元件更为重要。因此，在录像过程中，话筒往往按照它们的使用方法而非制作方式分类：项挂式话筒、手持话筒、吊杆式话筒、台式话筒、落地式话筒、头戴式话筒以及无线话筒。

（1）项挂式话筒。

项挂式话筒是一种体积小，但很耐用的全向式话筒（动圈式或电容式兼有），主要用于人声的拾取（业内俗称“胸麦”）。即使那种最小的、指甲盖般大小的项挂式话筒，其音质也出奇的好。由于这种话筒集体积小、耐用和高质量于一体，因而现在成了电视制作中不可或缺的一种话筒。它通常别在讲话者下巴下方6~8英寸的衣服上，如西服领子或衬衫前襟（见图5.6）。尽管项挂式话筒主要用于人声拾取，但也可以将它用于各种音乐的拾取。音响师已经成功地将其应用于拾取小提琴和弦的低音。不要过于拘泥于这种话筒的常见用途，不妨尝试其他不同的使用方式，听听它们会拾取到什么声音。如果听起来觉得很好，说明选对了话筒。

图5.6　项挂式话筒

① 主要优点。项挂式话筒最明显的优点在于佩带的人可以将双手解放出来。此外，使用项挂式话筒还有其他一些重要优点：

话筒一旦戴好，其与声源之间的距离便不再改变，因而你不必像使用手持或吊杆式话筒那样去控制它（调整音量）。

在使用吊杆式话筒时，照明必须将其阴影藏到摄像机的视野之外。与此不同，项挂式话筒无须在照明上做什么特殊考虑。

虽然演员的行动范围多少会受话筒线的限制，但比起吊杆式话筒甚至手持话筒，项挂式话筒允许的行动速度还是比较快的。若想提高机动性，可以将演员的项挂式话筒挂在腰别式发射器上，将它当做无线话筒来用。

② 主要缺点。如果环境很吵，而你又不能将话筒移近演员的嘴，话筒便会很轻易地拾取周围的噪音。每个声源必须单独配一支话筒。比如，在一个双人采访中，显然需要两支话筒。由于项挂式话筒别在衣服上，因而很可能会拾取衣服产生的摩擦声，尤其是演员动得比较多的时候，也有可能偶尔拾取到由衣服静电造成的噼啪声。如果话筒必须藏在衣服下面，声音就会变得很压抑，同时产生噪音的可能性也大大增加。一旦戴上项挂式话筒，它与嘴之间的距离就不再改变。这样，画面上特写镜头中较近位置或远景镜头中较远位置发出的声音听上去便缺少真实的距离感。

③ 使用时需考虑的因素。以下为使用项挂式话筒必须加以考虑的几个因素：

落实话筒是否确实已经戴上。这一条非常清楚，经常出现这样的情形：在录制开始的时候，话筒被主持人坐在屁股下面而不是戴在衣服上。

在佩带话筒时，先将它从衬衫或外衣下面穿过来，然后再将它安全地夹在衣服外面。不要将话筒夹在首饰或纽扣旁边。如果必须将话筒隐藏起来，不要将它藏在几层衣服的下面，尽量将话筒的顶部露在外面。将话筒线塞在演员的腰带或衣服内，这样话筒就不致被拉歪或被拉掉。为了进一步避免噼啪声，可以将紧挨着话筒下端的线扎成圆形，或挽个松散的结。在话筒和衣服之间垫一块橡胶可以进一步减少摩擦噪声。

在话筒已与话筒线连接但尚未夹到演员身上时，一定要小心话筒被随意甩来甩去，尽管项挂式话筒相当结实，但也经不起这种“虐待”。如果话筒在布景或收工（清场）时不小心掉到地上，应该马上测试，检查它是否还能使用。一旦别上或戴上话筒，要告诉演员避免用手或某个将要在镜头前展示的东西击打它。

在室外使用的时候，应该在话筒顶部放一块能罩住其顶部的小挡风玻璃。

拍摄结束后，注意不要让演员尚未摘下话筒就站起来走动。

（2）手持话筒。

顾名思义，手持话筒（Hand Microphone）需演员用手拿着。在使用手持话筒的时候，必须事先练习一下声音拾取的控制。

如果记者是在嘈杂的环境中使用手持话筒，可以将话筒靠近自己的嘴，从而消除大量分散注意力的背景声。当然，也可以将话筒伸向自己正在访问的人，因此在有一位或一位以上嘉宾的访问中，只需一支话筒即可。在有现场观众参与的节目中，主持人喜欢用手持话筒，以便接近现场观众并自然地与他们交谈。这时，无须精心设置多个话筒。

在歌手演唱到特别柔和的段落时，可以将单向手持话筒靠近自己的嘴，以此来控制声音的表现力；而当歌变得更高亢、更外露的时候，则可以将其放得远一点。经验丰富的歌手常常把手持话筒当做重要的视觉元素来使用，他们会在演唱过程中将话筒从一只手换到另一只手上，借此在视觉上标明歌曲进入一个新段落，或改变节奏，有时则仅仅是为了制造一点额外的视觉兴奋点（见图5.7）。

图5.7　单向手持话筒

若是在室外为繁重的制作任务而使用手持话筒，或是在各种天气条件下使用手持话筒，这时话筒必须结实耐用，要能经得起比较野蛮的持握动作或极端的天气条件。配备有内置呼吸滤音器的动圈式手持话筒是这类制作活动中最常用的一种话筒。另外，歌手比记者在话筒声音质量上的要求更多，他们更喜欢高质量的手持电容或带式话筒。但这些灵敏的手持话筒在极端的天气条件下或一些野外制作条件下不太好用，因此大多局限于室内使用。

手持话筒的缺点：必须由演员来控制话筒。缺乏经验的演员常常会用话筒挡着自己或嘉宾的脸；而这一缺陷在话筒装了大型呼吸滤音器之后变得更加突出。在采访进行到令人兴奋的时候，缺乏经验的记者可能会在问问题时将话筒伸向嘉宾，而后又在嘉宾回答的时候将话筒对准自己。这种常见的下意识的动作对旁观者来说或许很幽默，但对眼看着自己的努力被这种动作毁掉的制作人员来说，当然毫无幽默可言。

使用手持话筒的另外一个缺点是演员的手无法腾出来做其他事，比如演示产品。而且，如果用的不是手持无线话筒，在工作过程中拖曳话筒线也并不是一件容易的事。

使用手持话筒需要注意以下问题：

在彩排的时候，检查话筒的工作半径，同时确保话筒线能自由活动，不会碰到家具或布景。在话筒连接到摄录一体机上时，必须检查话筒线的长度。

在录像或实况转播前检查话筒。讲几句开场白，以便音频工程师或摄录一体机操作人员调整音频信号的音量。如果有几支话筒紧挨在一起，必须查出哪一支话筒处于工作状态。不要向话筒里吹风或吹口哨，更不能重重地敲击话筒。当然，也不要轻轻刮呼吸滤音器，由此发出的噪音会让音频工程师将这只话筒挑出来。

如果是在正常的条件下使用手持话筒（这种条件指声音不过大，没有或几乎没有风），应该把话筒放在与胸部等高的位置并越过它而不是冲着它讲话（见图5.8）。在嘈杂和有风的情况下，则应该将话筒靠近嘴边（见图5.9）。

图5.8　正常环境

图5.9　嘈杂环境

在用单手手持话筒时，必须把它放在靠近嘴边的位置，并直接对着话筒说或唱。

在用手持话筒采访小孩的时候，不要站着，要蹲下去，让自己和孩子处于同一个高度。这样，你便可以与孩子建立更亲密的关系，摄像机则能拍到很好的双人特写镜头。

如果在拍一个镜头的时候话筒线缠在了一起，不要惊慌，也别用力猛拉。站在当时的位置别动，继续表演，同时努力让现场道具师或其他人注意到自己的困难。如果在拿话筒的同时又要使用双手，可以临时将话筒夹在胳膊下，以便它继续拾取你的声音。

如果手持话筒直接与摄录一体机连在一起使用，摄像师应该将摄像机的话筒（内置的或附加在上面的）打开。摄像机话筒可以给录像带上的第二个声道提供环境声，同时又不影响提供主要声音的手持话筒的使用。实际上，在拍摄过程中，摄像机的话筒应该始终处于开机状态，即使你当时不打算用这个声音，但在后期编辑时，也很可能会用到环境声。

在播送前，一定要测试自己打算用的话筒。

（3）吊杆式话筒。

无论什么时候，若不想让话筒进入画面，可以用锐心形枪式话筒。大家应该还记得，这种具有高度指向性的话筒能拾取远处传来的声音，但能让它听起来像从近处传来的一样。你可以将话筒指向主音源，同时可以消除或极大地降低其狭窄拾音区域之外的声音。值得注意的是，这种话筒同时也能敏感地拾取其拾音范围内无关的噪音。

若是用于精细的演播室制作，比如肥皂剧，那么枪式话筒则悬挂在大型吊杆上，即所谓的演播室吊杆或摇臂吊杆上。摇臂操作员站在吊杆平台上，将吊杆伸出或缩回，翘起或放下，摇向一侧，旋转话筒让其指向声源，甚至让整个吊杆组移动。这样做是为了让话筒尽可能接近声源，但同时又不让它进入画面。

演播室吊杆的问题在于其体积过大，会大量占用演播室的操作空间。此外，操作吊杠的难度不亚于操控一台摄像机。正是由于其体积庞大，因而在野外制作中基本无法使用大吊杆。这就是在外景或演播室的小段落制作中枪式话筒多半挂住渔竿式吊杆或只用手拿着的原因。

图 5.10　从上方拾音

图 5.11　从下方拾音

图 5.12　渔竿式吊杆话筒

渔竿式吊杆是一种能伸缩的、结实而分量轻的金属杆。枪式话筒借助一只减震器定在吊杆上，而减震器又能吸收由于振动和话筒线的摩擦而产生的噪音。一定要在每次开拍前检测减震器，检查话筒是否在不传导操作或吊杆噪音的情况下活动自如。如果吊杆减震器的噪音无法消除，那么即使是最好的枪式话筒也毫无用武之地。

如果镜头非常紧凑（紧凑的中景和特写），则可以采用短的渔竿式吊杆——比长的更容易操作。可以手持短吊杆从上方或下方拾取声音，如果从声源的上方拾取声音，伸开胳膊拿吊杆，并根据需要将它伸到场景中（见图5.10）；如果从声源的下方拾取声音，则将吊杆颠倒过来，让话筒指向说话的人（见图5.11）。

如果镜头比较宽。则你必须离场景远一点，必须换用长的渔竿式吊杆。由于长吊杆较重，也较难操作，因此应当以自己的腰带给它提供支撑，然后举起或放下吊杆，与操作钓鱼竿一样。长的渔竿式吊杆通常举在声源的上方（见图5.12）。

以下是使用固定的渔竿式吊杆上的枪式话筒的一些建议：

若使用渔竿式吊杆，一定要检查话筒线的长度。这是因为拾音时必须把注意力集中在话筒位置上，不可能同时去控制话筒线。确保话筒线正确地固定在吊杆上，没有与话筒缠绕。

如果主持人边走边说，一定要随他一起走，同时话筒应该一直在他们前面；如果摄像机沿直线（沿 *Z* 轴）拍过去，你应该处于主持人的侧前方，将话筒指向他们；如果场面调度为横向（从屏幕的一侧沿 *X* 轴移动到另一侧），则你应该在他们前面，向后退着走。由于你的眼睛要留心主持人和话筒，因此要当心别被障碍物绊倒。实拍前多排练几次行走路线。如果可能，让现场导演在拍摄间隙带你走几遍。

如果用长吊杆，请将它固定在自己的腰带上，然后根据要求将它伸进场景中举起或放下。

始终戴上耳机，以便监听话筒所拾取的声音（包括不想要的声音，如拍摄美国内战场面时飞机的嗡嗡声）。尤其要注意监听低沉的风声，因为在你集中精力听对话的时候，这种声音很容易被忽视。

用手拿着枪式话筒既简便又有效，这时，你变成了一根吊杆，而且是一根非常灵活的吊杆。手持枪式话筒的好处在于，你可以走到摄像机允许你接近场景的最近位置，一边移动一边将话筒指向不同的方向。即使在室内拍摄，有些录音师仍然坚持给手持枪式话筒套上防风罩，尤其在室外拍摄时必须这样做。用手握着话筒的减震器，不要直接持握话筒。这能使操作噪音降到最低，同时还能防止遮住话筒的端口——话筒内保持话筒朝向的开口。

（4）台式话筒。

台式话筒是一种固定在小支架上的手持话筒，可以用于小组讨论节目、听证会、演讲或新闻发布会。由于使用这种话筒的人更注重自己说的内容而不是声音质量，所以他们往往会无意识地敲桌子或在椅子上挪动身体时踢到桌子，甚至有时还在讲话时把脸从话筒那儿转开。考虑到所有这些可能存在的难处，如果要用台式话筒，你建议使用哪种话筒？如果你建议用全向动圈式话筒，那就推荐对了。这种话筒最能适应那些违反规程的操作。如果需要将声音更加精确地分开，则应该用单向式动圈式话筒。

设置话筒时，可以给每个表演者单独分配一支话筒，或两人分配一支。由于话筒离得太近会消除彼此的频率，所以，每支话筒之间的距离应该至少是话筒与其使用者之间距离的三倍。

尽管你精心设置了多组台式话筒，但缺乏经验的使用者，也会在刚坐好的时候习惯性地将台式话筒往自己身边拉。若不想让自己过于忙乱，同时可以获取最佳的拾音效果，只需把话筒架用胶带固定在桌子上即可。

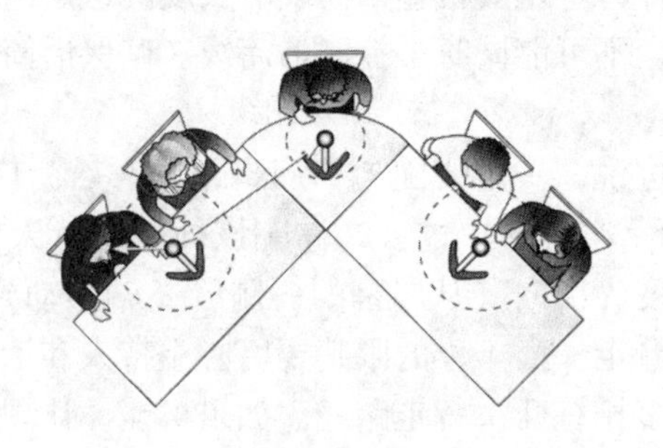

图 5.13　设置多组台式话筒

（5）落地式话筒。

落地式话筒是一种插在固定的话筒架上的手持话筒，适用于歌手、演讲者、乐器或其他位置固定的声源。用在支架上的话筒品种从结实耐用、用于新闻发布会或演讲的动圈式话筒到供歌手和乐器拾音用的高质量的话筒。

在为使用非电声吉他的歌手设置落地式话筒时，一个支架能架两个话筒：一支放在中间位置给吉他拾音；一支在上面给歌手拾音。多组话筒的 3∶1 空间分配原则在这里同样适用。

（6）头戴式话筒。

体育解说员和其他解说某一活动的主持人往往使用头戴式话筒，这种话筒附加了耳机，用于接收来自不同制作人员的指令。

图5.14　头戴式话筒

（7）无线话筒。

无线话筒又叫电波话筒，这是因为它们确实是通过一台小型话筒发射器将音频信号发到接收器上的，而后者则与混音器或调音台相连。

最常用的无线话筒是供歌手用的手持话筒。在这些高质量的话筒外壳里有一个内置小型发射器和天线。表演者完全可以不受限制地四处走动而不用担心话筒线。无线话筒的接收器通过电线与控制和混合声音的调音台相连。由于每支话筒都有各自的频率，因此可以同时使用几支无线话筒而不会出现信号干扰的现象。

另一种比较常用的无线话筒是无线项挂式话筒（即胸麦）。这种话筒常用于新闻采访、外景现场制作，偶尔也会在体育比赛中使用。例如，如果要你采集比赛中自行车运动员的喘气声，或滑雪者的呼吸声和高山速降中滑雪的声音，这时当然要选用无线项挂式话筒。有时，在演播室内拍摄戏剧节目时也采用项挂式话筒而不用吊杆话筒。

无线项挂式话筒插在演员随身佩带的小发射器上。一般说来，只需将发射器放在表演者的口袋里或将它贴在其身体上，然后将接收线顺着裤子、衬衫或衬衫袖子固定住，或把它绕在腰上即可。无线项挂式话筒的接收器与无线手持话筒的接收器非常相似（见图5.15）。实际上，任何一种话筒接上匹配的发射器，并将接收器插在音频控制器上后，都可以变成类似无线话筒的话筒。

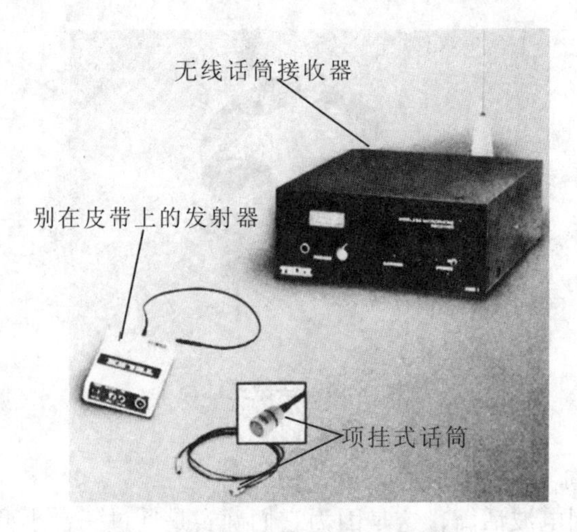

图 5.15　接收器与项挂式话筒

需要明确的是，世上没有十全十美的无线话筒，尤其是在户外使用的时候。信号的拾取质量取决于演员与发射器之间的相对位置，如果演员走出了发射器，信号会全部消失。走秀演员走到高楼后面或高压线、X 射线机和功率强大的无线电发射器旁边，话筒拾取的音频则可能失真，或完全被无关的信号淹没。甚至演员的汗都会对发射器产生影响，导致信号强度的减弱。尽管无线设备都有指定频率，且该频率在设置时特意有别于公安或火警频率，但偶尔也会拾取到公安或火警的呼叫声而非演员的声音，因为无线话筒易受到干扰。

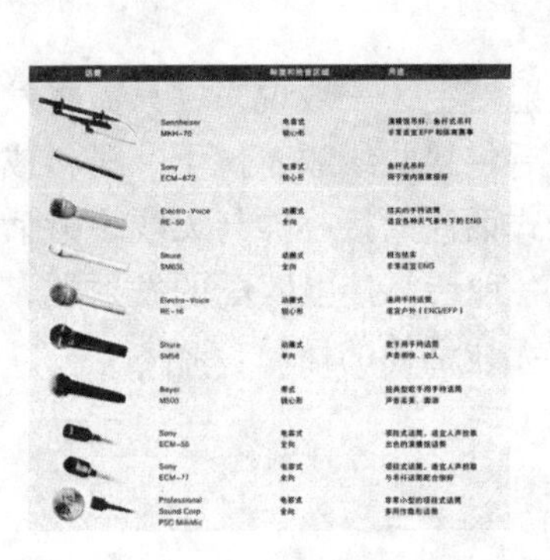

话筒	[illegible]	用途
Sennheiser MKH-70	电容式 超心形	[illegible]
Sony ECM-672	电容式 超心形	[illegible]
Electro-Voice RE-50	动圈式 全向	[illegible]
Shure SM63L	动圈式 全向	[illegible]
Electro-Voice RE-16	动圈式 超心形	[illegible]
Shure SM58	动圈式 单向	[illegible]
Beyer M500	带式 超心形	[illegible]
Sony ECM-55	[illegible] 全向	[illegible]
Sony ECM-77	[illegible]	[illegible]
Professional Sound Corp PSC MilliMic	[illegible] 全向	[illegible]

图 5.16　话筒一览表

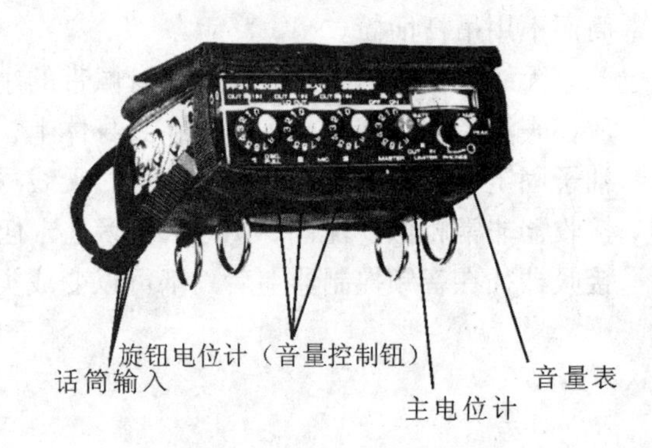

图 5.17　音频混合器

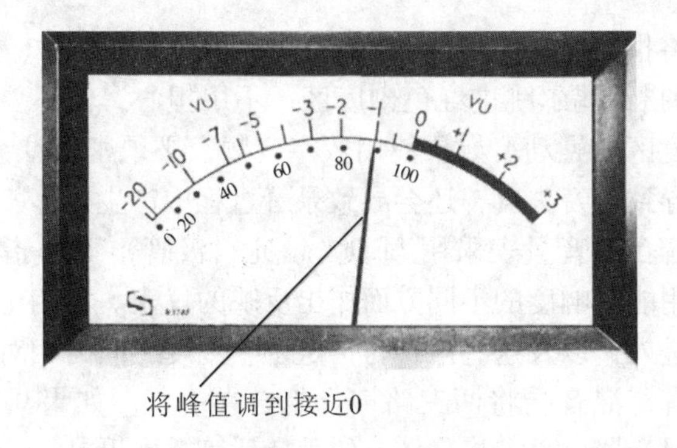

图5.18　音量表

5.1.2　声音控制

如果用小型摄录一体机拍摄朋友的生日聚会，你也许不会在意声音控制的各个步骤，你所要做的只是确定内置话筒是否打开了，是否设在AGC（自动增益控制）模式上。AGC能自动将不同声音的音量调节到正常水平，不必由你亲自做任何音量调节。但是，如果对声音的要求很严格，如采访节目对音量的控制或要求将两个或更多声源混到一起，这时就要使用音频控制设备。这种设备通常包括音频混合器、调音台和电缆与盘线。

1. 音频混合器

音频混合器能放大来自话筒或其他声源的微弱信号，能让你控制音量，并将两个或更多的声音混录（组合）在一起。实际上，你所控制和混合的并不是声音本身，而是信号。这些信号随后被扩音器还原成我们听到的声音（见图5.17）。

普通的单声道混音器有三四个输入口和一个将处理后的信号输出的口；立体声混音器有两个输出口，一个用于左声道，一个用于右声道。每个输入口都有一个对应的旋钮电位计（分压计），也叫做音量控制器，一个主电位计（立体声则有两个），一个用于监听输出信号的耳机监听插孔（Jack）。音量（VU Meter）可以测量音量的单位，帮助你直观地控制每一个输出源和最终离开混音器的输出信号。

控制音量通常称控制增益——不仅指将微弱的声音变大，将大的声音变小，而且指将声音控制在不失真的水平上。若要提高音量，则顺时针旋转旋钮，或水平向外面往上推音量控制杆；若想降低音量，则逆时针旋转旋钮，或向下往里拉音量控制杆。音量表通过沿刻度盘上的数字晃动，显示增益调整状况（见图5.18）。

如果音量低，指针几乎不离开最左端，说明音频正处于非常糟糕的状态。如果声音大而使得指针撞向仪表的右端，说明音量太大，应当将音量降低，以避免声音失真。尽量将指针保持在下层刻度的60%与100%之间（或上层刻度的-5与0之间)。如果指针偶尔跳进红色刻度区，不用担心，但不要让它一直在这一个音量过大的刻度区内晃动。如果使用数字音频，必须密切注意音量是否合适。音量过大不仅会导致声音失真，还会导致录音过程中产生很多噪音。

有些大型调音台的音量表采用LED（发光二极管）而非指针来显示音量的大小，也有的采用能对响度的不同方面作出反映的仪表。它们全部都可以直观地显示是否有声音进入，以及这些声音与指定音量刻度之间的相对关系。

现场实地混音，混音指将两三路声音组合在一起。如果只在现场采访某个人，根本用不着混音器，只需将采访者的手持话筒插到摄录一体机上的正确输出端口，然后打开摄像机话筒开始录制。但如果对声音的要求很高，需要两路以上的输入或对所有输入的声音进行更精确的音量控制，而AGC或摄录一体机上的端口又无法满足这个要求的话，就一定要用小型混音器。以上这些要点有助于你完成现场混音任务。

其实只有几个输入端口，也要将每个端口贴上标签，标明它所控制的声音，如主持人话筒、嘉宾话筒、现场声话筒等。

反复检查来自无线话筒系统的所有输入端口，因为它们容易在拍摄刚开始的时候出现故障。

实录之前先在录像带上录一段音量单位指示为0（100%）的测试音。调整磁带录像机（摄录一体机上的录像机或独立磁带录像机）上的音量表，让它的读数也显示为0。

大多数专业混音器或调音台都可以让你在话筒输入和线路输入之间选择。话筒输入用于较弱的音频信号，如话筒；线路输入用于质量要求较高的声音输入，如CD播放器。如果选择话筒输入，并接入了高质量的声源，那么合成后的声音会严重失真；相反，如果你在线路输入端口接入了话筒，则几乎听不到合成的声音。许多现场制作都是因为操作者不注重输入设置是否正确而毁掉的。音频混音器的输出通常为线路输出。如果将线路输出同摄录一体机或独立磁带录像机连接在一起，那么其他音频输入也必须是线路输入。

使用混音器时，将主电位计调到0，然后将各种输入音量加以调节，以便进行恰当的混音。注意查看主电位计（线路输出）的音量表，如果指针跳到了红色刻度区，请重新调整各种输入的音量，但让主电位计指针保持在0的位置。

尽量将各路输入分开。如果是为录音带的后期制作而录制声音，尽量把明显不同的声源放在不同的声道上。即使在把声源录到录像带上的时候，也要尽量将主音源放在一个声道上。然后，在后期制作中将两路声音精心地混合到一起。

如果不得不在实地进行复杂的声音采集，为保险起见，不仅要把声音输入录像机，还要把它单独录到录音带上。

2. 调音台

尽管大型调音台很少用在制作简单电视节目的场合，但在电视台、大企业的节目制作中心以及骨干后期制作机房的音频控制室和音频制作室里，它们却是标准的设备。一台大型调音台上有众多的按钮和控制杆，看上去非常像科幻电影中宇宙飞船上奇异的控制室。但我们没有理由被这个吓倒，其实即使是最大的调音台，其操作原理和小型混音器也很相似。像混音器一样，调音台也有输入端口、音量控制钮、音量表、混音电路以及处理后信号的输出端口。不过，同混音器不同的是，调音台采用滑动式音量控制器取代混音器的旋钮电位计，此外还有各种音质与功能控制装置和开关（见图5.19）。

图5.19 调音台

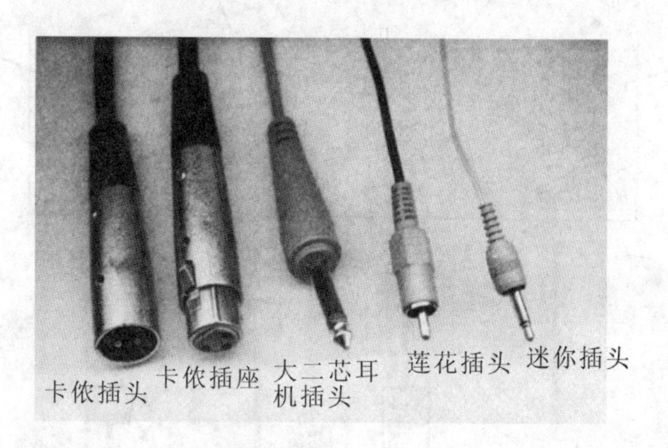

图5.20 音频接头

调音台的体积比较大，其原因在于它的端口可以多达24个或更多，而小型混音器只有4个输入端口。调音台的每个输入端口都有一个独立的滑动式音量控制器、音量表或类似音量表的仪器，另外还有一个音质控制与转换开关。调音台还有额外的分组音量调节器和两个主音量调节器，前者可以在各个输入音频到达主音量调节器之前控制这些音频的混合，后者则控制两路立体声的输出信号。

调音台能控制所有输入音频的音量，以不同方式混合部分或所有输入信号，处理和控制最后用来混音的每一路声音输入信号。例如，你可以用音质控制钮给输入的声音加入混响；可以减少嗡嗡声或尖锐高音这类多余的频率；可以增强或减弱每路声音的高频、中频或低频。有些控制钮能在输入信号被放大之前调整其强度，或关掉所有其他输入信号，只留下自己想听到的声音。此外，你还可以把一些输入信号编成一组，进一步将其与其他输入信号或其他信号组混合。

请看图 5.20，为什么要有这么多输入端口呢？因为即使是一个 6 人小组讨论，用到的输入线路也会达到 9 路之多：6 路给话筒（假设每个小组成员都有各自的话筒），1 路给播放开始曲和结束曲的 CD，另两路给两台在讨论期间播放节目片断的录像机。

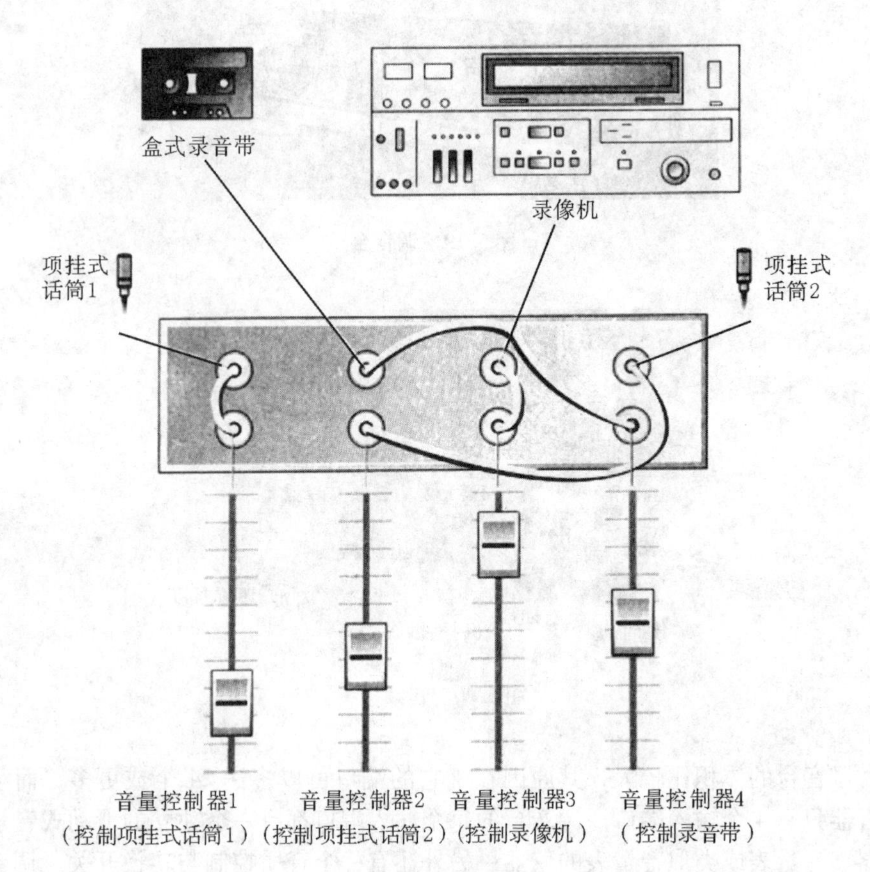

图 5.21　盘线

一场摇滚音乐会会用到众多的话筒和其他音响设备，即使24路输入似乎也不够用。专业录音棚的调音台更大。为了保证最大的灵活性，有些大型直列调音台给每一路输入都分配了对应的独立输出。

3. 电缆与盘线

音频电缆主要用于连接声源和调音台或其他录音设备，如录像机。由于电缆中既没有任何活动的元件，也没有复杂的电路，因此我们通常以为它们不易损坏。但事实却不是这样。音频线，尤其是有接头的那种，其实很容易损坏，必须小心对待，避免扭绞、踩踏或用摄像机支架碾压电缆。其实音频线质量很好，它也可能拾取到照明设备产生的电子干扰声，然后在音频中产生嗡嗡的声音——这也是在导演下令彩排之前必须检查音频系统的另一个原因。另一个可能发生的问题来自电缆末端的各种接头。所有专业话筒和摄录一体机使用的都是带三芯卡侬接头（XLR Connector）的三芯电缆（也叫平衡电缆），它们对外界无关频率的干扰不那么敏感。只要摄录一体机具备了卡侬接头（输入插头），就可以用任何一种专业音频线将高质量的话筒与摄像机连接起来。大多数家用话筒和摄录一体机电缆（不平衡电缆）用的是型号较小的莲花插头（RCA Phono Plug）或迷你插头（Mini Plug）。有些音频线的尾端接的是较大的话筒插头，它们常常用在短电缆上连接各种乐器，如电吉他。

接头转接器使得接头上各不相同的电缆得以连接在一起。虽然你应当随时准备好这种接头，但最好还是尽量避免使用这种转接器。再好的转接器，都只应该作为最后的备用方案，它们始终都是一个潜在的故障。一定要检查电缆上的转接器是否与电缆另一端（如摄像机、混音器或某种录制设备）的话筒输出和输入相匹配。

把电缆连接和接头转接器的数量控制在最低限度，每一个都意味着一个潜在的故障。调音台上的各种声音输入（话筒、磁带播放机、遥控输入、录像机声道）必须按你的希望加以排列，而盘线则可以使这项工作变得更加容易。比如，当不同的声源在调音台上分别出现在分散的音量控制器上，录像回放在3号控制器上，2号项挂式话筒在4号控制器上时，你也许恨不得将两路项挂式话筒挪到相邻近的控制器，将录像回放放在3号，录音带放在4号上。其实，不用将电缆换到不同的输入端口上，只需把这些声源重新配线即可让它们按你想要的顺序呈现在调音台上。

盘线有两种方式。老式的盘线（高度可靠）是通过物理形式将进入的信号（称为输出，因为它们所携带的音频信号要连接到调音台上）连接到调音台上不同的控制器上（即输入）；新式盘线是用计算机取代信号线路安排，这种方法能更快地完成同样的任务而不用额外的电缆和接头；而一些更常见的连接方式则是直接连接，音频行话叫“常规结合”。“常规结合”的电路无须盘线，但在断开时也许需要绝缘胶布。

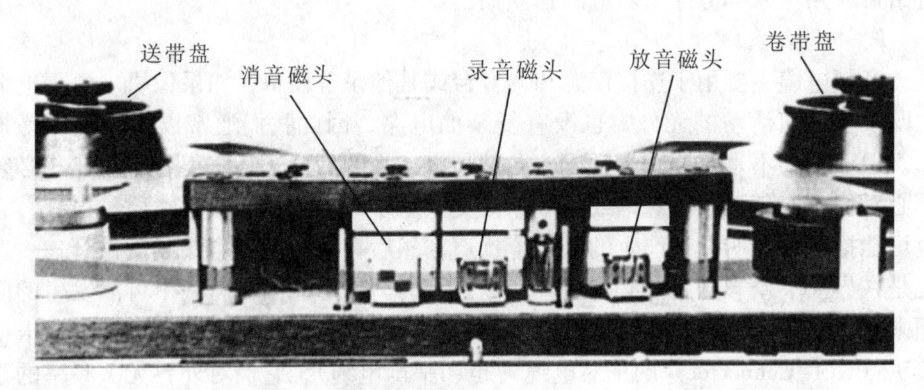

图 5.22　模拟磁头组

5.2　声音的录制

与视频一样，声音也可以录制成模拟信号或数字信号。尽管模拟设备与数字设备之间存在着内在的差别，但这两种带子的操作原理却几乎没有什么差别。录像实际就是将信号输入录像机中。如果在采集声音的时候小心仔细，后期编辑时便可以省去很多麻烦。但如果录制不正确，声音采集得再好也于事无补。

在大多数电视节目制作中，声音是和图像同时录在录像带声道上的。然而，有些复杂的节目要求对声音进行后期处理，这意味着要去掉一些多余的声音，或在录像带已有的声道上再加入一些东西，即对声音进行润色处理。当然，你也可以在进行声音的后期处理时做一条全新的声道并把它加到已经录制、编辑过的录像上。

尽管模拟设备与数字设备在操作上基本相同，但我们还是把这部分分为模拟和数字两个部分。之所以这样分组，是希望强调模拟声道和数字声道的不兼容，也就是说，你不可以用数字设备播放模拟信号的录音，反之亦然。

5.2.1　模拟录音设备

目前仍在使用的模拟录音设备有磁带录音机和盒式录音机。

1. 开盘式磁带录音机

家用开盘式磁带录音机几乎已经绝迹。即使在大多数专业应用中——比如录音采访——人们还是喜欢用小巧、便于携带的盒式录音机。然而在电视台和节目后期机房的录音棚和音频制作室里，一对一的开盘式录音机仍然非常活跃。尽管开盘式录音机种类繁多，其操作原理大多一样。磁带（宽度分为 1/4 英寸、1/2 英寸、1 英寸和 2 英寸）从送带盘经过至少三个磁头——消音磁头、录音磁头和放音磁头——到达卷带盘。在使用开盘式录音机录音的时候，消音磁头会清除所有先前录制的磁迹，以便录音磁头将新的声音录在干净的磁带上；然后放音磁头再回放录上的素材。当录音机处在放音模式上时，消音磁头和录音磁头无法工作。

2. 多声道录音机

简单的立体声开盘式录音机只用两个声道，在 1/4 英寸的磁带上一个是左声道，另一个是右声道。较复杂的开盘式录音机在 2 英寸磁带上有 24 个甚至更多的声道。由于每个声道都要有自己的消音、录音和放音磁头，所以 24 声道录音机的每个声道都有各自对应的磁头组。此外，每个声道还必须有自己的音量表，这样才能观察声音是否在音量限定范围之内。这意味着，在一台 24 声道的开盘式录音机里有 24 只音量表。

3. 模拟盒式录音机

盒式磁带在带仓里有两个小带盘：一个送带盘，一个卷带盘。当磁带从 A 面换到 B 面的时候，卷带盒变成送带盒。

相对于开盘式录音系统来说，盒式录音系统的主要优势在于盒式磁带尽管体积较小，但能容纳的连续信息却不少（有些磁带时长达 180 分钟），盒式录音机也比开盘式录音机更易于携带。模拟信号的盒式磁带在家中或汽车里最常用。

尽管录音机种类繁多，但几乎所有的录音设备（包括数字录音机）都有相同的五个操作控制键：停止键、放音键、录音键、回卷键和快进键。

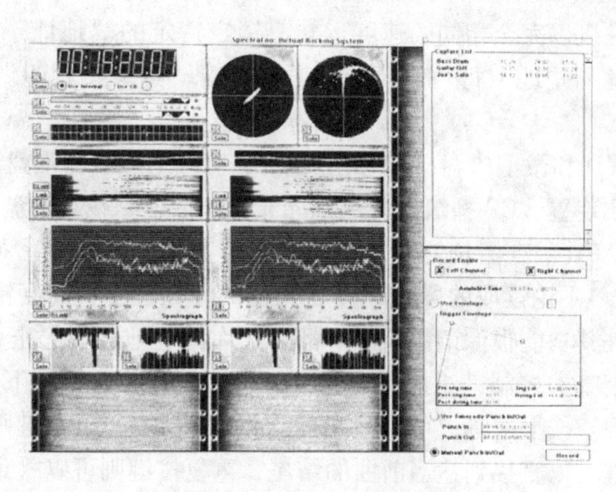

图 5.23　数字音频工作站面板

5.2.2 数字录音设备

电视制作中使用的主要数字录放设备包括：数字磁带录音机；数字多轨录音机；计算机磁盘；CD 、DVD 和微型磁盘；数字驱动系统。

① 数字磁带录音机。使用数字磁带（DAT）的录音机既可能是开盘式录音机，也可能（多半）是盒式录音机。数字磁带录音机看上去和模拟磁带录音机非常相似，连操作控制键都相同。其长处在于录放时的噪音比较少，更易于存储，也更易于与数字录像机同步。而且，盒式数字磁带比模拟盒带更小巧，传送的声音质量却更高。

② 数字多轨录音机。调制数字多轨录音机（MDM）采用录像带（如1/2 英寸的S－VHS 系统）录制8 路高质量的声音。

③ 计算机磁盘。大容量的计算机硬驱，如 lomega jaz 或 Zip 带盒，是常见且用处很大的录音装置。假设你的台式电脑具有音频运行处理能力，则无须特别的设备即可存储并交换各种音频文件。数字音频工作站（DAWs）的磁盘和软件容量都相当大，后者能将音频信号视觉化，进而对声音进行精确的处理。其实，即使是台式电脑用的那种比较便宜的音频软件，也是后期编辑中协调声音与图像匹配关系、处理声源素材的强大工具。

一旦掌握了如何在计算机屏幕上读解声音，你就能精确地选择声音的某个部分，随意地排列它们的顺序。为了同录像中的新声道匹配，计算机为每一帧画面及其相应的音频（非常短）提供了相应的地址。这种使用最广的地址系统叫做 SMPTE 时码。显示出来的时间码能读取时、分、秒和帧（每秒30 帧）的读数，使录音机和录像机以完全相同的速度运转，锁定特定的“地址”（帧数），并确保声音确实一丝不差地与每一帧相应的画面匹配。这一过程叫做声音同步合成(见图5.23)。

④ CD、DVD 和微型磁盘。如你所知，专业的光学压缩唱盘（CD）是一种流行的数字播放装置、CD 播放机采用激光光束读取压缩在小磁盘（大约5 英寸）上的数字信息。CD 的一大长处是，它再现的声音几乎没有噪音（假设录音首先没有什么噪音）。不论读取的段落隐藏在光盘的什么位置，高度精确的发光二极管读取系统——其功能很像记数器——都能让你精确地选择起止点。标准 CD 播放机面板由七个基本控制键组成：放音键、暂停键、停止键、下选键、上选键、快进键和快倒键。按上选键，可以回到当前曲的开头，重复按键则可以直接跳到上一曲；下选键可以直接到达当前曲的结尾，重复按键则可以跳到当前曲后面的曲子；快倒键能使光盘回转，直到你松开按键为止；快进键能使光盘前转，直到

你松开按键为止。在快进的时候，你能听到声音。

可写CD能让你像使用录音带或计算机磁盘那样录制新的素材。DVD（Digital Versatile Disc“数字通用光盘”或其原名Digital Video Disc“数字视频光盘”的缩写）能容纳的视频和音频信息是标准CD光盘的数倍。迷你磁盘（Mini Disc）也是一种光盘，只不过是为小型家电设计的，约有一张软盘的一半那么大，能存储一小时的高质量声音。

⑤ 数字驱动系统。这些系统采用高密度的活动计算机读写（播放/录音）磁盘。数字驱动系统的操作原则与家用CD机非常相似，你可以选择某个特定的声音段落，以此作为起始点马上开始播放。

5.2.3 模转数

模拟数据一般采用模拟信号。例如用一系列连续变化的电磁波（如无线电与电视广播中的电磁波）或电压信号（如电话传输中的音频电压信号）来表示；数字数据则采用数字信号，例如用一系列断续变化的电压脉冲（如我们可用恒定的正电压表示二进制数1，用恒定的负电压表示二进制数0）或光脉冲来表示。当模拟信号采用连续变化的电磁波来表示时，电磁波本身既是信号载体，又可作为传输介质；而当模拟信号采用连续变化的信号电压来表示时，它一般通过传统的模拟信号传输线路（例如电话网、有线电视网）来传输。当数字信号采用断续变化的电压或光脉冲来表示时，一般则需要用双绞线、电缆或光纤介质将通信双方连接起来，才能将信号从一个节点传到另一个节点。

模拟信号和数字信号之间可以相互转换，模拟信号一般通过PCM脉码调制（Pulse Code Modulation）方法量化为数字信号，即让模拟信号的不同幅度分别对应不同的二进制值，例如采用8位编码可将模拟信号量化为$2^8=256$个量级，实际中常采取24位或30位编码；数字信号一般通过对载波进行移相（Phase Shift）的方法转换为模拟信号。计算机、计算机局域网与城域网中均使用二进制数字信号，目前在计算机广域网中实际传送的既有二进制数字信号，也有由模拟信号转换的数字信号。

实现数字通信，必须使发送端发出的模拟信号变为数字信号，这个过程称为模数变换。模拟信号数字化最基本的方法有三个过程，第一步是“抽样”，就是对连续的模拟信号进行离散化处理，通常是以相等的时间间隔来抽取模拟信号的样值。第二步是“量化”，将模拟信号样值变换到最接近的数字值。抽样后的样值在时间上虽是离散的，但在幅度上仍是连续的，量化过程就是把幅度上连续的抽样也变为离散的。第三步是“编码”，就是把量化后的样值信号用一组二进制数字代码来表示，最终完成模拟信号的数字化。数字信号送入数字网进行传输。接收端则是一个还原过程，把收到的数字信号变为模拟信号，即“数模变换”，从而再现声音或图像。

5.2.4 合成声

我们可以用计算机从普通声音中抓取一小段，如电话铃声，将它转换成数字形式存储起来，以备其他形式处理。通过一种名叫采样器的装置，或在采样软件的帮助下，你想重复多少次电话铃声就可以重复多少次，还可以把它转变成尖锐的打击声，加速、减速、倒放、重叠，或以其他方式把声音变形，使其面目全非。

既然我们能将声音转换成数字信号并能对其进行处理，那么，我们是否可以用计算机生成能转换成真实声音的数字信号？可以。声音合成器（通常称为键盘）能生成各种复杂的频率，使它们听上去像由各种乐器发出的声音。一个键能发出钢琴、电子吉他、原声吉他、风琴或小号的声音，而一台能用胳膊一夹就走的合成器比一支大型摇滚乐队和交响乐团合起来发出的声音还要多。计算机完全能生成声音和各种混音。

5.3 声音美学

如果你不能用好自己的耳朵，那么即使世上最复杂的数字声音设备也毫无用处。也就是说，你应该通过训练培养自己的美学判断力。声音能在某种程度上让我们感受到画面，你可以只在画面中添加快乐或悲伤的声音，就将同一个画面变成快乐或悲伤的画面。

有五个基本的美学因素能帮你达到很好的声话效果：①环境；②主体—背景关系；③透视；④连贯性；⑤能量。

5.3.1 环境

在大多数演播室录制中，我们都会尽量除去背景声（环境声）。但在现场，环境声通常和主声源一样重要：它们有助于确定事件的整体环境。如果是在市中心交通繁忙的十字路口拍摄，那么汽车声、汽车喇叭声、有轨电车和公共汽车声、人的讲话声、笑声和来回走动的声音、叫出租车的口哨声以及偶尔出现的警笛声，这些都是你判断事件发生的地点的重要线索，即使你没有图像部分呈现所有这些活动。

假设我们要为一场小型交响音乐会录音。如果是在演播室内录制，那么摄制组或演奏者中某个人的咳嗽声就会导致重新录制，尤其是在声音比较弱的段落，情况更是如此。但在现场音乐会中，情形就不是这样了。我们已经学会了将偶尔出现的咳嗽声和其他类似环境声理解成事件的一种现场感。

正像我们前面指出的那样，在常规的现场录音中，应当尽量单独用一支话筒和一个声道来录主声源的声音，如站在街角的那个记者的声音；然后用另一支话筒（通常为附加在摄像机上的话筒）和第二声道录制环境声。之所以将声音分别录在录像带的不同声道上，是为了在后期编辑中更方便地按适当的比例混合这两路声音。

5.3.2 主体—背景关系

声音的主体—背景原理指使某个声音或一组声音（主体）比环境声（背景）更大、更清晰。也就是说，我们倾向于把环境分成相对活动的主体（人、汽车）和相对稳定的背景（墙、房子、山）。如果我们把这个原理稍微扩展一下，就可以把一个对我们而言较重要的事挑出来，将它默认为这个画面的主体，而将所有其他事都降级为背景或我们所说的环境。

比如，如果你在等你朋友，最后在人群中看到了她，那么她马上就会成为你注意的焦点——主体，余下的人自然就变成了背景。声音也是如此。我们能在一定范围内把我们想听或必须听到的声音来重新建立这种主体—背景关系，我们通常会将“主角”的声音稍微放大一点，或让他的声音提高，让它成为主体并把其他声音降级为背景。

如你所知，在录音时将主声源（主体）与环境声（背景）分开，你在后期制作时便更易于灵活地掌握主体—背景关系。

5.3.3 透视

声音的透视指特写应该配相对较近的声音，远景应该配听上去较远的声音。近的声音比远的声音更有表现力——这种声音给人的感觉很近。远的声音听上去给人的感觉很远。

但如果使用项挂式话筒，声音的这种变化就基本不复存在了。这是因为，不管主持人是出现在特写镜头还是在远景中，话筒离嘴的距离始终没变，声音完全相同。因此，如果改变声音的远近感非常重要，那就用吊杆话筒。吊杆话筒可以在特写时接近演员或表演者，而在拍摄远景时加大距离。这是解决潜在声音的一种简单方法。特写镜头需要的声音比远景镜头的更近。

5.3.4 连贯性

声音的连贯性在后期制作中特别重要。你也许已经注意到了，记者音质的变化取决于他是否在画面内说话。因此，记者会在出镜时用一种型号的话筒，在画外音时用另一种型号的话筒。因此，记者这时所处的环境恐怕也已经从户外换到了演播室内，而这种话筒和地点的变化会导致音质上的差异。尽管你在实际录音时不太会注意到这种差别，但在对声音进行最后编辑时，这种差别肯定会特别明显。

怎样才能避免在连贯性上出现问题呢？首先，无论是出镜还是画外音，都用同一种型号的话筒；其次，如果必要的话，将画外音与一些单独录制的环境声混录在一起。你可以在记者做画外陈述的同时通过耳机将环境声传输过去，帮助记者再现当时身处现场的那种能量。

声音还是建立视觉连贯性的一个主要因素。节奏清楚的音乐片段有助于将一系列画面很好地连接起来，但如果不加音乐，可能这些画面编在一起就不是很一致。在突然改变镜头和转场的时候，音乐和声音往往发挥着重要的连接作用。声音在保持镜头连贯性上发挥着重要作用。

5.3.5 能量

声音是否出色在这很大程度上取决于你是否具备感知图像整体能量和相应调整声音量和表现力的能力。世上没有能代替你的美学判断力而自行其是的音量表。如果你不想通过对比来达到某种特别的效果，则应当使用与画面整体能量相似的声音来配合画面。能量（Energy）指画面中在某种程度上表现美学力量的所有因素。显然，比起能量小的场面（如情侣在花间漫步），能量大的场面（如正在表演的摇滚乐队的系列特写镜头）更能承受能量大的声音。而且，正如你刚刚学会的那样，特写比远景在声音上更有表现力，能量更大。能量大的画面应当配能量大的声音；能量小的画面应该配能量小的声音。

尽管你现在还无法为音乐会的复杂拍摄设置话筒、操作大型调音台，但肯定能做一些简单的音频工作了，比如给采访或小组讨论设置话筒，在节目进行期间监听声音。不管怎样，对你理解的电视节目制作中声音的重要性，对你在各种音频设备和声音美学方面掌握的知识，影视公司的制作人员肯定会很满意。

5.4 实训创作

电影和电视是画面的艺术，人接受外界的信息 80% 来自视觉，超过 19% 的信息来自听觉，不到 1% 的信息来自其他感官。大众传播学认为：第一传播渠道是人际传播，而人际传播主要来自听觉。视觉信息（画面）不能表现抽象信息，只能大概表现某个时段。语言不擅长，甚至不能表现形象信息，印象擅长表现具象信息。各自传播的信息不一样，传播的信道不一样，信源不一样，信速不一样。影视时间有三个，一是物理放映时间，二是叙事时间，三是心理感受时间。

5.4.1 声音的艺术特点

声音的重要性：具备人际传播特性（声音不擅具象信息，但是最广泛的大众传播手段），包含语言、听觉、表现三个方面。影视声音的三元素包含声语言、音响和音乐。声音主要元素：语言交流是即时的，文字的交流是共时的，可超越千年；文字是视觉符号，语言是听觉符号，两者最重要的区别：有声语言 = 言语 + 副言语（说话的时候随时伴随着音色、节奏、语气、力度、语境、肢体语言，这些都属于副言语。其中语境指上下文的关系和对话的关系）。

1. 有声语言

有声语言分为节目语言（同期声主持词解说）和角色语言（对白、独白、旁白、群杂、第一人称、第三人称）。在影视艺术中，表现细腻内心的情感和活动、表现人与人之间的矛盾纠葛，就需要用副言语来表现（纪录片《鼹鼠的故事》）。其中独白和旁白是不同的——独白是自己内心情感的宣泄和抒发，适用于第一人称；旁白是叙述，适用于第三人称。

2. 音响

音响分为环境音响和音效。环境音响是典型特色环境声响，音效是动作声响。环境音响塑造一个典型、特定的环境，主要用于动画片中惊悚、恐怖、战争、灾难的片段。而主观音响则类似于主观镜头，可以参照主观镜头的作用。

3. 音乐

① 自律论的美学观点——音乐在片中不可能明确表现风光山水或精神，这些只能通过主观想象实现。

② 他律论的美学观点——音乐主要表现人的情感。

③ 节目音乐——MTV、广告音乐、影视剧音乐（音乐是配角）。

④ 音乐节目——音乐会、音乐转播、音乐实况。

⑤ 片头、片花、影视音乐的作用是渲染、烘托气氛，抒发情感、揭示角色内心。

⑥ 有源：有时空特征，有声源。

⑦ 无源：主题音乐、表现影片主体主旨，表现角色和编导情感认同，表现时代风格（张艺谋《活着》），能表现特定地域的风俗、民族、民俗，具备视听化、细节化。

⑧ 非原创作：场景音乐，渲染、烘托某个场景，音乐的叙事功能，表现剧作，参与剧情发展。

5.4.2 声音在作品中的作用

1992 年有一部电视片叫《望城楼》，第一次采用了主持人同期声制作播出，并设置了“音响导演”这一职位。此部片子的出现，引发了中国近 10 年的纪实浪潮，人们通过此部片子重新理解了电视的文体。环境印象塑造一个典型的人物；动作效果是画外透视；特殊用法是音响的表现化用法；主观镜头则是模仿角色的视线和模仿角色的心理状态；音乐渲染紧张的气氛、悲天悯人的气氛、抒发情感的气氛，表现角色内心情感体验。要表现人类内心情感，音乐是最合适的手法。

音乐在片中作用：

① 表现特定时代的风格。

② 表现特定的地域和民族、民俗风格。如《今世未了情》是表现英格兰压迫起义军的片子，片中充满血腥，音乐充满苏格兰风情，美轮美奂。

③ 声画关系、同步对位、并行。艺术成就最高的影片是《马路天使》、《渔光曲》、《神女》。

5.4.3 基本音频操作

对基本音频元素的描述应该使你对制作优秀的电视配音可以利用什么器材有了较好的了解。现在，你必须学会操作所有这些设备，只需练习即可。

1. 操作的基本要求

话筒将声波转换成电能——音频信号；（声音）拾取范围表明话筒能听清声音的这个范围，即话筒的指向能力；对待所有的话筒都应该轻柔，即使话筒处于关闭状态也应该如此；实录前一定要测试自己打算使用的那支手持话筒；无线话筒（又叫电波话筒）容易受干扰；牢记检查电缆上的连接器是否与另一端（诸如摄录一体机、混音器或其他录制设备）上的话筒输出/输入相匹配；尽量将使用的电缆连接器和配适器数量降到最低，因为它们中的每一个都有可能给你带来麻烦；声音和声音的混合全都可以靠计算机来生成；声音的主体—背景关系原理是指让某一个或某一组声音（主角）大于或有别于其他的声音（背景）；特写比远景需要的声音表现力更多；声音是创建镜头连贯性的一个重要元素；能量高的画面应该与能量高的声音匹配；能量低的画面应该与能量低的声音匹配。

幸运的是，在大多数演播室制作中，音频的任务主要是确保新闻主持人和嘉宾的声音达到可以接受的音量水平，相对避免外来噪声，确保录像带在播放时声音和画面同步。在现现场制作中，必须落实话筒输入是否确实录在了所选定的录音带上，偶尔还要落实是否录在了录音带的音轨上。基本上，不会有人要求你——至少不会马上要求你——在复杂的录音过程中进行错综复杂的声音控制。所以，本节将着重于基本的音频控制因素：音量控制，包括声音校准、增益及自动增益；现场混音和演播室混音；最后，“灵敏的耳朵”意味着什么——声音控制的各种美学因素。

2. 音量控制

只有先调整输出声音的音量——离开调音台或混音器的声音——和磁带录像机的输入音量，你才能对音量进行恰如其分的控制，使输入的声音能在录像带上很好地再现出来。然后，你必须进一步学会如何调整输入声源的音量，如何更好地使用 AGC——自动增益控制。

3. 音频控制校准

在进行任何重要的音量调整或混音前，都必须确定调音台和磁带录像机能以同样的方式“接听”，及磁带录像机的输入音量（录音强度）与调音台的输出（线路输出信号）相匹配。这个过程被称为音频系统校准，或者简称为校准。校准（Calibrate）一个系统就是使所有音量表（通常为调音台和记录录像机的）以同样的方式响应某一个具体的音频信号（注意，音频校准与镜头变焦校准没有关系，变焦校准指通过调焦使镜头在整个变焦范围内保持焦点聚实）。

以下为音频校准采取的主要步骤：

① 将调音台或混音器上所有音量控制器调至低位，打开校准音调——持续的音调或间歇的滴滴声。大多数专业调音台和混音器都有这种内置的音调发生器。

② 将调音台或混音器上的总（线路输出）音量控制器往上推至 OVU 的刻度位置。

③ 将控制校准音调的音量控制器往上推至总（线路输出）音量表读数为 OVU 的位置。当往上推音量控制器的同时，应该能听见声音逐渐变大直至到达 OVU 的位置。

④ 现在，将录像机的输入音量控制器开大，直至其 VU 表读数也显示为

OVU。当调音台或混音器上的总音量表和录像机的音量表读数为都显示为 OVU 时，系统就校准了。

从整个录音活动中的这一点开始，录像机操作员就不能再碰音频输入水平装置，哪怕音量表显示音量水平较低，也不能碰。调音台操作员的职责就是保持合适的音频强度。

设定强度，除了 ENG 中严格跟随故事的进展录制声音外，一般应该在启动录像带录音前先设定声音的强度。设定强度意味着调节音量控制器，使演员的讲话落在可容忍的音量范围之内（既不调得过低，也不过高）。要求演员讲话的时间达到一定的长度，以便判断其音量的上限和下限，并将音量控制器调节到上下两端之间的中间位置。经验丰富的演员即使在拍摄下一条时也能让自己的声音保持在这个音量范围内。

遗憾的是，如果要求演员给出一个强度，大多数演员都会认为这将分散自己的注意力，于是只快速地数到 3 或 4。于是，在播出的时候，他们的声音会突然出现意外——音量也同样如此。因此，必须始终做好准备，以防他们的音量突然变大。老练的演员会用自己录音时用的那种响亮的声音说几句开场白。

如果将说话的声音跳得过高（持续在太高的强度上增益），那么，得到的结果就不是录音稍微有些响，而是失真。虽然稍低于正常水平记录下来的声音更容易增强（即使要冒放大低强度声音噪音的风险），但在后期制作中要调整过高变调、失真的声音则非常困难，而且往往不可能做到。

在 ENG/EFP 中使用自动增益控制。在 ENG 或 EFP 中，你或许没有什么时间去注意声音的强度，这时就要特别小心自动增益控制这个问题。如果是在进行 ENG，但又不能查看摄录机或录像机的音量表，那就打开 AGC（自动增益控制）。AGC 可以增强低的声音，降低高音量的声音，使它们达到可以容忍的音量范围。但是，AGC 不会辨别哪些是想要的声音，哪些是不想要的声音。它忠实地将路过的卡车的噪声、剧组人员的咳嗽声，甚至现场记者错词期间的暂停噪声，一概都予以增强，就像对一个疲惫的目击者微弱但重要的话予以增强一样。如果可能，特别是在嘈杂的环境中，尽量关掉 AGC。然后设定一个强度，希望得到最佳效果。在使用 DAT 时，在设定音量强度的时候将电位计（音量控制）从目前的位置关小一点。这样，你就能保证在播出时不会使声音变得过高。

现场直播与后期制作混音，虽然不论你在哪里、在什么时候、使用什么设备进行混音，混音的基本原则都是相同的，但在直播混音和后期制作混音之间，在现场混音和演播室混音之间仍然存在着一些重要的差别。直播混音（Live Mixing）意味着在制作的同时组合和平衡声音；后期制作混音（Postproduction Mixing）则是在录像带片段制作完成之后到音频制作室里制作最终的录像带音轨。

【思考题】

1. 如何理解声音是创建镜头连贯性的一个重要元素？

2. 如何通过声音转场？

3. 能量高的画面应该与能量高的声音匹配吗？能量低的画面应该与能量低的声音匹配吗？

4. 为何特写比远景需要更多的声音表现力？

5. 声音的主体—背景关系原理指让某一个或某一组声音（主角）大于或有别于其他的声音（背景）吗？请说明。

6. 声音是环境和气氛？请说明。

7. 请论述透视效果与声音调节的关系。

8. 画面剪辑要有声场概念吗？

9. 声音剪辑的曲线原则是什么？

10. 真实性原则在电视、电影的声音中该如何体现？

Video Recording

第 6 章

录　像

在前期拍摄过程中，如果你能对录像、存储的基本知识有一个基本了解，你会更好地修正自己的错误，及时调整自己的拍摄方案。

【本章学习要点】

本章将帮助你了解基本的图像录制系统、录制过程以及视频图像的使用和存储方法。

【本章内容结构】

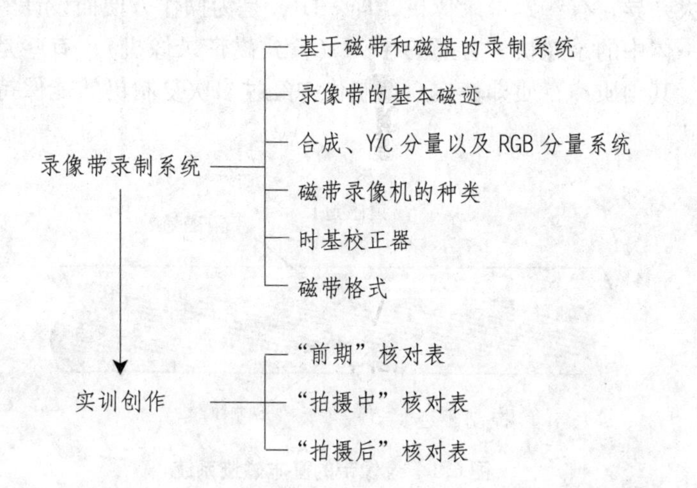

6.1 录像带录制系统

所有的录像带录制系统都基于同样的原理运行：视音频信号以模拟或数字形式录制、存储在磁带上，并在回放时转换成画面和声音。这些系统在信号录制方式上有极大差异，有些磁带录像机，即 VTR，是为操作方便而设计的，如内置在家用摄录一体中的录像机和普通的 VCR（盒式磁带录像机）；有些是为高质量视频设计的，其画质和音质即使在后期制作中经过多次复制仍然能保持原有的水平(见图 6.1)。

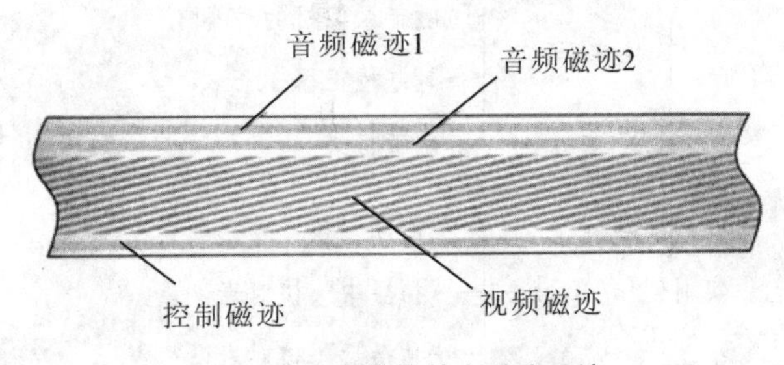

图 6.1 录像带的基本磁迹系统

为了弄清各种录像系统，我们将讨论：① 基于磁带和磁盘的录制系统；② 录像带的基本磁迹；③ 合成、Y/C 分量以及 RGB 分量系统；④ 磁带录像机的种类；⑤ 时基校正器；⑥ 磁带格式。

6.1.1 基于磁带和磁盘的录制系统

基于磁带的系统能录制并回放模拟或数字视音频信号；基于磁盘的录制系统采用大容量计算机磁盘或可读写（可记录）光盘，它们只能录制数字信号，而短素材的录制，尤其是回放，则更多地由视频服务器（一种高速、大容量的计算机）来完成。基于磁带的编辑系统为线性系统；基于磁盘的系统为非线性系统。

6.1.2 录像带的基本磁迹

所有的磁带录像机都用不同的磁迹来记录视音频及各种控制数据。大多数磁带录像机至少要把四种磁迹记录到带上：视频磁迹（Video Track）、两个音频磁迹（Audio Track）、控制磁迹（Control Track）（控制帧的同步）（见图 6.2）。

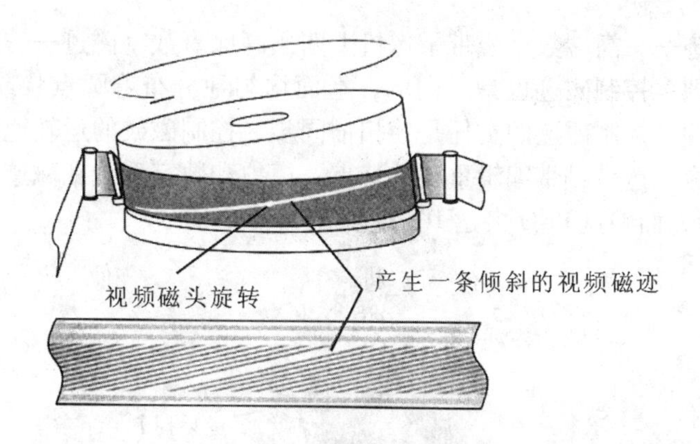

图6.2　视频记录磁头

简单的盒式磁带录像机和摄录一体机采用固定磁头消磁，用同一套旋转磁头来录像和回放；高级录像机也许会分别不同的旋转磁头消磁、录制和回放。单独消磁磁头（“飞转消磁磁头”）的优点在于，它能精确地消除每个记录下的场，同时又不影响邻近场的记录（50场/秒）。要注意的是，消磁的精确流畅是编辑的前提（见图6.3、图6.4）。

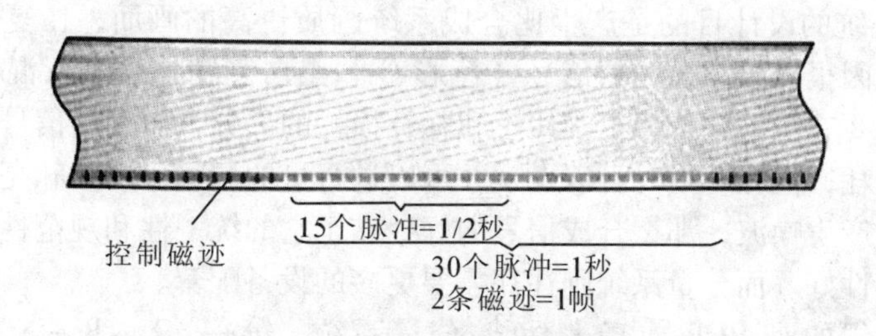

图6.3　同步脉冲控制磁迹

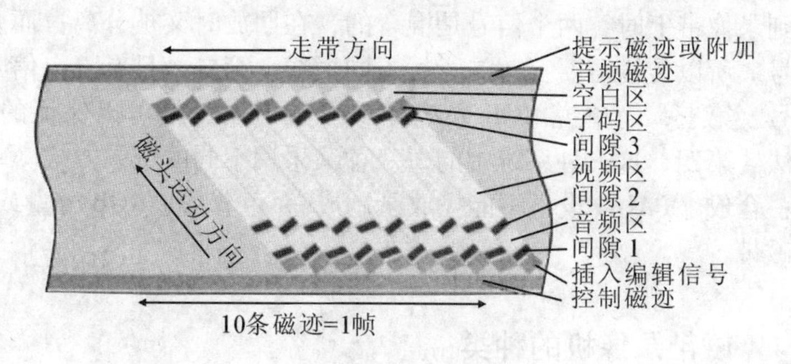

图6.4　DVCPRO 磁迹

音频磁迹——高端数字磁带录像机上四条高保真数字磁迹——通常沿录像带边缘纵向排列。控制磁迹也是纵向的，上面均匀地分布着圆点状或针状的磁粉，称作同步脉冲。控制磁迹的责任是使扫描同步，控制磁鼓的运转速度，并标注每一帧完整图像，这是磁带编辑重要的特点。模拟和数字系统在磁迹占用上，前者少到 2 条/帧，而 DVCPRO 多达 10 条/帧。

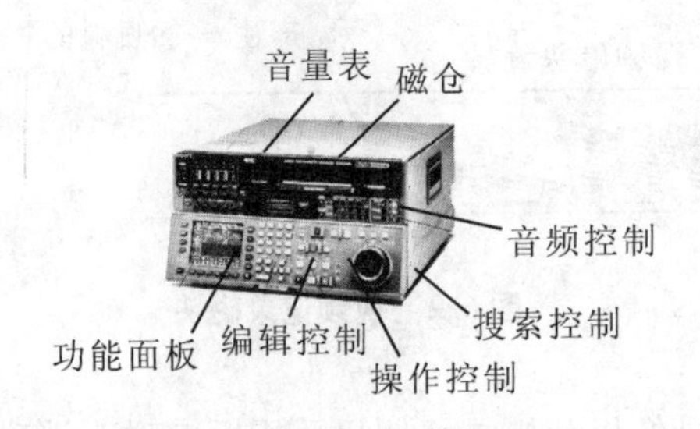

图 6.5　数字 BET 录像机

6.1.3　合成、Y/C 分量以及 RGB 分量系统

合成、Y/C 分量以及 RGB 分量系统是指视频信号在录像机内部传输和录制的方式。合成系统是标准录像和广播电视设备所使用的一种系统；Y/C 分量和 RGB 分量系统的设计目的是产生比合成系统画质更高的画面，在复制过程中不会失真。原因很简单，合成的信号（色彩 C 和黑白亮度信号进行混合）在传输过程中必然要有所损耗，但很难纠正和弥补损耗的部分，而分量信号在传输过程中即使有损耗，但在合成时可以发现并可以进行量的调整。色彩和亮度信号有时会发生干扰产生噪波，那么合成信号的好处在于它的统一性和规范性，主要表现为它的兼容性好。而分量系统则往往需要更多的设备配套。

值得一提的是 RGB 或亮度/色差分量系统。第一，Y、R – Y（红色差）、B – Y（蓝色差）信号在传送和录制过程中始终保持分离状态；而 Y/C 分量信号在被录制到录像带上时，两个信号是混合的，在回放时又被分离；而合成信号只是一个信号。所以传输需要三、二、一不同根线。第二，只有三个信号混合时才出现绿信号。第三，简单说 RGB 系统是最复杂但质量最可以保证的一种传输、录制的办法。第四，这三种系统中的每一种又采用不同的记录方式。

要点：合成（PAL）设备不能播放录制成亮/色分量、RGB 分量或亮色/色差分量信号磁带。

6.1.4　磁带录像机的种类

模拟磁带录像机的种类见表 6.1。

表6.1 模拟磁带录像机的种类

种类	特性
BetacamSP	使用1/2英寸盒式录像带；亮/色分离；质量高。
S－VHS	使用1/2英寸盒式录像带；亮/色分离信号传送，但在真正录到磁带上时为合成信号；第一代翻译质量好；可播放VHS盒带。
VHS	使用1/2英寸盒式录像带；NTSC合成系统；质量不足以进行专业制作，但广泛应用于脱机后制作（产品不用于最终播放）；S－VHS盒式磁带不能在VHS录像机上播放。
偶尔还会用的机器：	
1英寸录像机	一对一开盘式；使用1英寸磁带；NTSC合成信号；质量高。
U－matic录像机	3/4英寸盒式磁带录像机；NTSC合成信号；质量好，但体积庞大。

数字磁带录像机的种类见表6.2。

表6.2 数字磁带录像机的种类

种类	特性
D－1	使用1英寸一对一式开盒磁带；RGB分量信号；多次翻录后质量仍然出色。
D－2	使用19毫米（约3/4英寸）盒带；NTSC合成信号；录制质量出众；多次翻录后质量仍然极好。
D－3	使用1/2英寸盒式磁带；NTSC合成信号；录制质量极好；能外接在ENG/EFP摄像机上并与标准NTSC设备匹配；数字音频具有CD品质。
D－5	使用1/2英寸盒带；RGB分量信号；录制质量出众；可以与ENG/EFP摄像机对接；能应用于后期制作量大的情形，无信号损耗；CD品质的音频。
D－6	使用19毫米（约3/4英寸）盒带；RGB分量信号；10～12数字信号的音频；0～6尤其适用于高清电视，也可制作所有低档D格式。
D－7	松下DVCPRO的SMPTE（见以下）。
数字式Betacam系统	使用1/2英寸盒带；RGB分量信号；质量出众；可以外接在ENG/EFP摄像机上；采用压缩技术。
Digita－s	使用1/2英寸盒带；亮/色分量信号，质量极好；采用压缩技术。
DVCPRO	使用1/4英寸（6.35毫米）盒带；RGB分量信号，磁带小，但录制具备出色的BetacamSP品质；采用压缩技术。

（续上表）

种类	特性
DVCAM	使用1/4英寸（6.35毫米）盒带；RGB分量；极好DVCPRO般录制质量；在整个复制和编辑过程中信号保持压缩状态，画面信号无任何损失。

6.1.5 时基校正器

时基校正器（Time Base Corrector，缩写TBC）的功能很像帧存储同步器，只是它一次只能存储几行而不是一个完整的帧。它主要是在磁带回放的过程中将略有差异的扫描周期调整到同步状态（一个磁带一个视频），同时将不同的视频源也调整到同步状态，以使它们严格地按照同样方式扫描，从而达到平稳。

6.1.6 磁带格式

磁带格式指磁带的宽度。早期磁带越窄，录像质量越差。现在录制方式或录像机种类成为质量高低的标志。

6.2 实训创作

6.2.1 “前期”核对表

在拍摄采访前要做哪些准备，这些准备工作间接决定你的拍摄效果。下面我们看一下要做的工作。

① 进度表：拍摄活动需要的录像机不止一种，你需要的是哪一种？（既可以录像又可以回放，最重要的是可以回放的功能）

② 录像机状态：能否使用？状态是否良好？

③ 电源：电池是否充足、外接电源是否带有适配器？插座是否配套？

④ 磁带：确认型号、数量，是否处于记录模式？

⑤ 声音电平：与调音台相连，一定要让调音台给出零电平的音调然后进行调试。

⑥ 监视器：判断色彩或构图，则需要大一些能显示摄像机直接送出信号的监视器。同时带一台与自己所用录像机兼容的监视器。当然还要反复检查必需的视频线和电源接头，备用一块监视器的电池。

操作时要注意的是，检查磁带格式是否与录像机匹配，磁带记录保护片是否处于记录位置。在录像带开始记录前，必须让调音台的音量与录像机的达到一致。在校准时，两个音量表上指针都必须指向0。

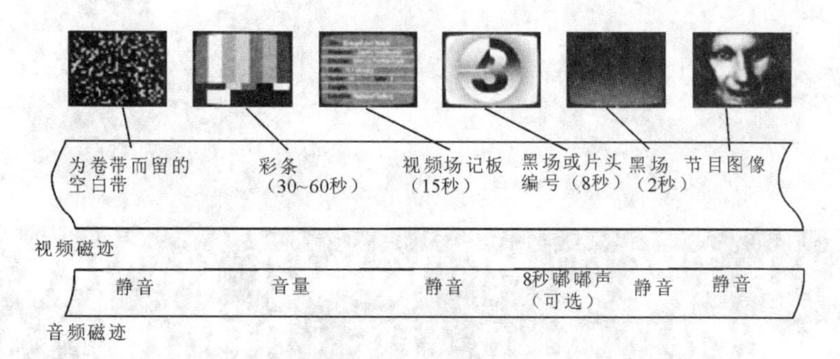

图6.6 视频片头

6.2.2 “拍摄中”核对表

有些人认为拍摄前期的准备是必要的，“拍摄中”需要注意的问题就显得不重要，这是非常错误的，有些工作放到后面或不做，会使你的工作效率大打折扣。

视频片头由30~60秒彩条、音量指示为0的测试声、视频场记板、黑场或8秒一闪编号数字，以及第一帧节目图像开始前两秒的黑场组成。0读数音量测试音既可以来自便携式混音器，也可以来自调音台。视频场记板显示重要的信息，如节目标题、场次、镜头号、日期、时间、地点，以及导演和制片人。场记通常由字幕机或摄像机内置文字功能生成。视频片头有助于将播放机的视频与音频值调整得与录像机的一致。

需要注意的是，视频片头必须由录像中实际使用的设备生成；磁带计数器需通过录像机计数器，记录磁带所要图像的相对位置；预卷是为了一个稳定的画面和速度；观察视频、音频的电平是为了保证录制电平达到合理的控制；很多工作都是为后期录制服务，是经验式的考虑；对于没把握的镜头一定要重拍；一定要保管好场记。操作时还要注意的是，在录制过程中做好准确的场记，仔细给所有磁带贴上标签。

6.2.3 “拍摄后”核对表

“拍摄后”的核对主要是对记录进行核对，贴标签以及作保护性备份。操作时要注意给所有素材母带制作一份保护性备份。

【思考题】

1. 简述合成、Y/C分量以及RGB分量系统所对应的不同记录格式。
2. 如何保证声音的录制效果?
3. 如何把握“前期”核对表的重要性?

HDTV
Camera

第 7 章

HDTV 摄像机

本章主要以标清技术为比较对象，对高清设备的技术要求、图像效果以及创作取向进行广泛的探讨。

【本章学习要点】

对于已经熟悉标清电视摄像技术的摄像师来说，要想拍摄高质量的高清电视节目，首先要了解高清电视的技术标准和高清电视摄像机的特点，如曝光问题、焦点问题、照明问题、构图问题等。要想真正熟悉高清摄像技术，我们首先要从数字信号处理成像应用技术谈起。

【本章内容结构】

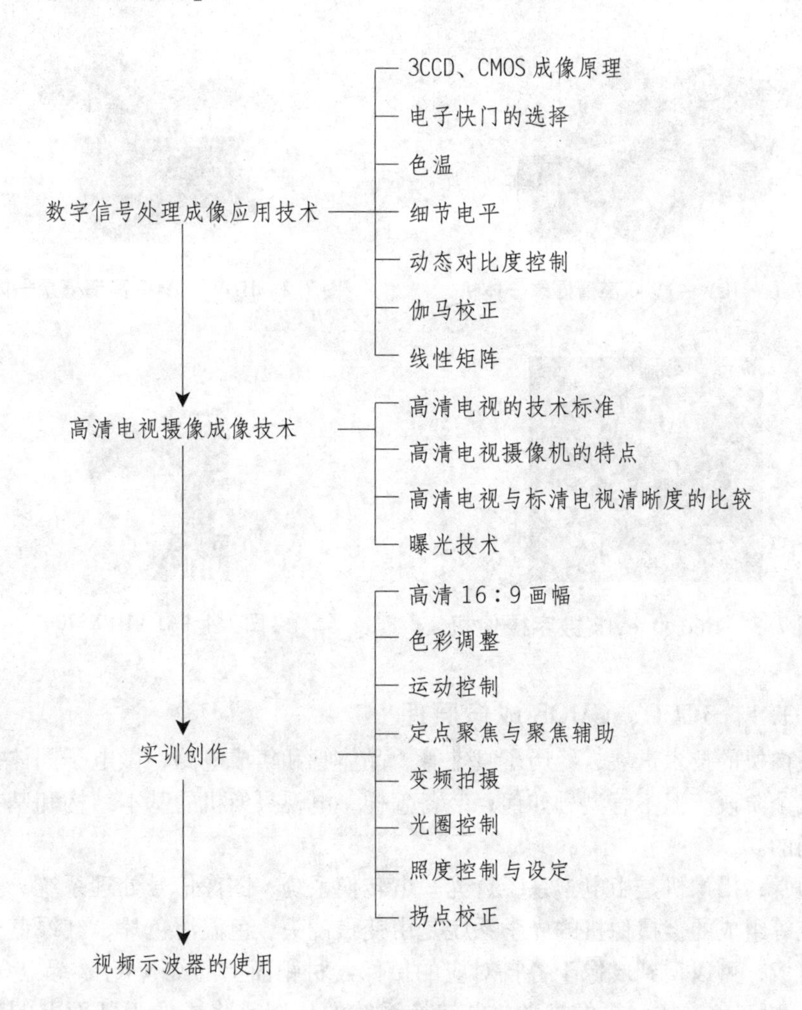

7.1 数字信号处理成像应用技术

由模拟摄像机到数字摄像机的进步，可以说是顺乎时代潮流的发展。数字图像信号处理电路可以给出更高质量的图像和更新的功能。因此，世界各国的电视设备厂家都集中精力开发数字图像信号处理电路的摄像机，并在这个基础上制造出成像效果更佳的高清晰度摄像机。

图 7.1 HDW－F900 高清摄录一体机

图 7.2 HDW－790P 高清摄录一体机

图 7.3 Red One 4k 数字摄像机

图 7.4 AJ－HPX3700

7.1.1 3CCD、CMOS 成像原理

摄像机的技术进展，经历了真空管、晶体管和集成电路、微电子固体摄像器件等几个阶段。但不管型号如何，装备怎样，电视摄像机的基本结构和基本原理是相同的。

通常，摄像机是由电学系统、光—电转换系统、图像信号处理系统、自动控制系统等组成的。摄像机的光学系统是由变焦镜头、色温滤色片、红绿蓝分光系统等组成，可以得到成像于各自对应的摄像器材靶面上的红（R）、绿（G）、蓝（B）三幅基色光像。摄像机光—电转换系统的作用是将成像于靶面上的光像转换成电信号，然后经图像型号处理系统放大、校正和处理，并同时完成信号编码工作，最终形成彩色全电视信号输出。

其中实现光—电转换的重要元器件就是 CCD 和 CMOS。它们的大小、方式、数量直接影响着摄像机的拍摄质量（见图 7.5 ~ 图 7.7）。

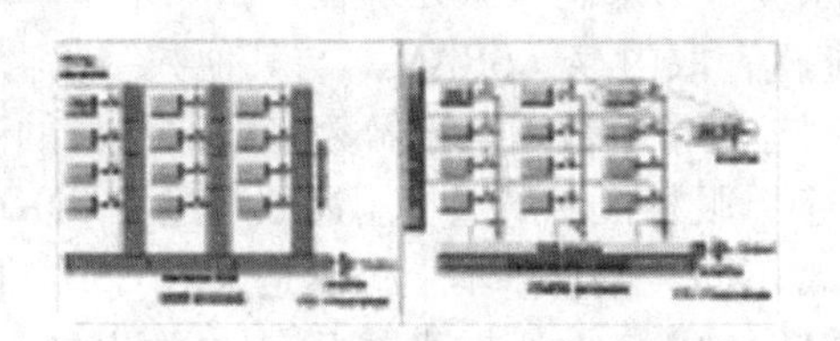

图 7.5　CCD 与 CMOS 的区别

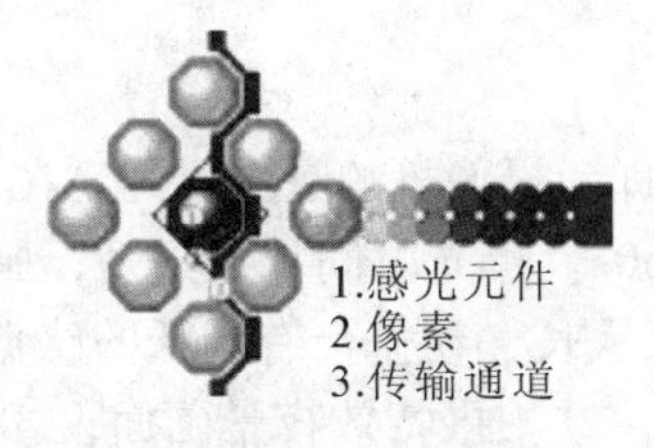

图 7.6　CCD 传感器原理

图 7.7　CCD 传感器

1. 电荷耦合组件

CCD（Charge - Coupled Device）是一种集成电路，上有许多排列整齐的电容，能感应光线，并将影像转变成数字信号。经由外部电路的控制，每个小电容能将其所带的电荷转给它相邻的电容。CCD 广泛应用在数字摄影、天文学，尤其是光学遥测技术、光学与频谱望远镜和高速摄影技术，如 Lucky Imaging。

CCD 的原理很简单，我们可以把它想象成一个没有盖子的记忆芯片。光子在接触这些记忆单元后产生电子（光电效应），因此光子的数量与电子的数量是成正比例的。但光子的波长在这一过程中无法转换为电子，因此 CCD 芯片无法识别颜色（见图 7.6、图 7.7）。

光线通过镜头，利用棱镜将光线折射为红（Red）、绿（Green）、蓝（Blue）三原色，利用三块独立的 CCD 摄取三原色光信号。但用三片 CCD 和分光棱镜组成的 3CCD 系统能将颜色分得更好，分光棱镜把入射光分析成红、蓝、绿三种色光，由三片 CCD 各自负责其中一种色光的呈像。现在的专业级数位摄像机和一部分的数字摄像机采用 3CCD 技术（不过在一些大厂的主导之下，渐渐地也采用 CMOS 作为感光组件）。

2. 互补式金属—氧化层—半导体

CMOS（Complementary Metal - Oxide - Semiconductor，简称互补式金氧半导

体）是一种集成电路制程，可在硅晶圆上制作出 PMOS（P - channel MOSFET）和 NMOS（N - channel MOSFET）组件，由于 PMOS 与 NMOS 在特性上为互补性，因此称为 CMOS。此原理可用来制作微处理器（Microprocessor）、微控制器（Microcontroller）、静态随机存取内存（SRAM）与其他数字逻辑电路。

在今日，CMOS 制程经常也被用来当做数字影像器材的感光组件使用，尤其是片幅规格较大的数字单眼相机。虽然在用途上与过去 CMOS 电路主要作为韧体或计算工具的用途非常不同，但它基本上仍然是采取 CMOS 的制作过程，只是将纯粹逻辑运算的功能转变成接收外界光线后转化为电能，再透过芯片上的数字—模拟转换器（ADC）将获得的影像信号转变为数字讯号输出（见图 7.5）。

7.1.2 电子快门的选择

AJ - HPX3700MC 快门的使用：快门的速度即为摄像机的曝光时间。在中国，一般市场上销售的摄像机默认的曝光时间为 1/50s。曝光时间如果过短，画面会有拖尾的效果，画面亮度会增加；曝光时间如果太长，动作会有跳跃的感觉，画面亮度会降低。慢快门的功能：① 提高灵敏度；② 拍摄特效夜景画面；③ 拍摄特效慢动作画面。

使用电子快门功能，可以拍摄到高速运动物体的清晰画面。但设定的电子快门速度越快，CCD 所能接收的光量越少，所需要的光圈越大。

当电子快门关闭时，经过光电转换后的电荷在进入垂直消隐期间之前被存储，当电子快门打开时，在指定的时间内，被存储的电荷会全部被送到纵向 OFD（溢流沟道）中丢弃，接下去进行再一次电荷储存。因此，实际上的受光时间，只有从丢弃时开始到传送到垂直移位寄存器的这段时间。电子快门设定的时间越短，转移的电荷越少，就可以获得很高的动态清晰度（见图 7.8）。

图 7.8 特效拍摄

通过修正 DSP（数字矫正电路处理 = 增加对比度 + 降低层次感）电路提高摄像机灵敏度。中间部分图像显示最佳，边缘部分图像显示差，该修正电路就是改善图像显示差的问题。

7.1.3 色温

彩色摄像机的色彩重现很大程度上与光线有关。人眼能够适应光的变化，一个物体在不同的光线照射下，它的颜色人眼看起来是一样的，而摄像机则不能适应光线的变化，当光线发生变化后，拍摄的物体的颜色会有变化（见图 7.9）。

白平衡反映的是白色在人脑中的感觉，我们能不能够利用这一特性来处理颜色，得到不一样感觉的图像呢？

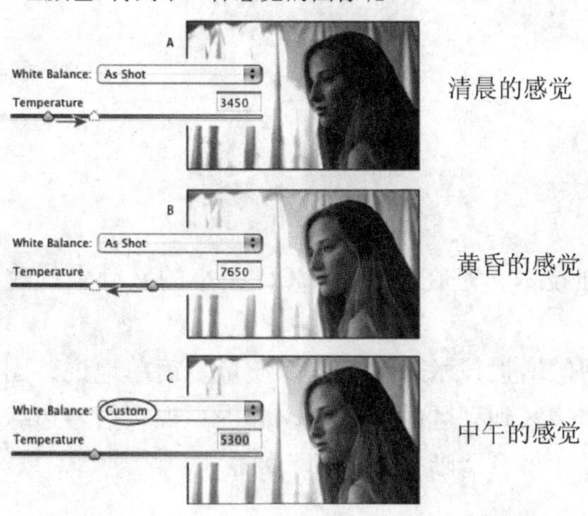

图 7.9　色温调整后的效果

发光体的颜色与它的温度有关，几乎所有的物体在相同温度下发出的光具有相同的颜色和相同的光谱。热辐射光源是通过吸收热量，而不需要通过其他方式补充能量的光源。在室温下，大多数物体辐射的是不可见的红外光；当物体加热到 770K，开始辐射暗红色可见光；约在 1 770K 时，开始辐射白光。物体的热辐射过程的光谱特性与物体的温度有关，因此，我们用“色温”来定义发光体。

色温是用来描述光源的，但仅用于描述光源的光辐射特性，并非描述物体的颜色；色温表示的是光源的颜色成分，并非光源的实际温度。

色温是摄像机色彩重现的关键因素，随着发光体色温的变化，它的光谱也随之变化。绝对黑体在低温下长波光的比例大，在高温下短波光的比例大。

人眼可以适应光线的变化，无论光谱如何变化，白色的物体人眼看起来都是白色。但摄像机就必须通过调整以使白色视频信号及所有色度信号保持一致。这就是在光线变化后，必须调整白平衡的原因。

日光色温情况：

日出/日落：2 000 ~ 3 200K；阴天：6 800 ~ 7 500K；

烟雾：8 000K；蓝天：10 000 ~ 20 000K；

中午：5 400K；一般白天：6 500K。

⑦ 灯光色温情况：

低色温专用灯：3 200 ~ 3 400K；

高色温专用灯：5 500K；

闪光灯：6 000K；

钨丝灯：2 800K；

烛光/篝火：1 900K；

日光灯：3 000 ~ 4 800K。

7.1.4 细节电平

细节电平又叫图像增强技术，是在不改变 CCD 大小的基础上，改善图像局部效果的一种手段。

所有的摄像机都使用图像增强技术来改善图像质量。简单地说，图像增强技术就是增强亮区到暗区的和暗区到亮区的对比度，即提高视频信号边缘的脉冲峰值，使物体垂直和水平边缘变得更清晰（见图 7.10）。

图 7.10 对比度调整后的效果

细节电平的调整关系到图像改善的程度，即画面细节的清晰度。改善信号细节的方法有两种，第一种方法是通过将信号延迟并重新组合，获得细节校正的信号；

第二种方法是使用特殊电路将信号边缘的脉冲峰值提高来进行信号细节的校正。

在索尼的 3CCD 数字摄像机中，细节校正包括“总细节电平调整”、“垂直细节电平混合率调整”、“水平细节信号脉冲宽度调整”、“H 和 V 细节切割电平调整”、“伽马校正后细节混合率调整”、“皮肤色调细节调整”、“勾边电平调整”和“电平从属电路调整”。

7.1.5 动态对比度控制

动态对比度控制主要是针对明暗部分反差过大的环境所采取的一种提高数字底片的宽容度的办法。

动态对比度控制（DCC）的功能是当拍摄高对比度图像时，可以重现画面的细节。例如从室内拍摄一个站在窗前的人，即使室内和室外的光线不同，都可以在监视器上重现窗外景色的细节。

DCC 的基本原理与拐点校正相同。不同的是 DCC 通过自动控制场景视频信号电平的拐点而获得更宽的动态范围。例如，当拍摄一个没有高亮度区域的场景时，拐点会被调整到一个接近白色切割电平的位置，这样图像的细节会被线性地重现。另一方面，当入射光远远高于白切割电平时，DCC 处理电路会根据光线的强度降低拐点，保持高对比度。

7.1.6 伽马校正

伽马校正是相对于显示器而言的，是为了调整显示器显示过程非线失真问题而进行的校正。

在电视和图形监视器中，显像管发生的电子束及其生成的图像亮度并不随显像管的输入电压线性变化。电子流与输入电压相比是按照指数曲线变化的，输入电压的指数要大于电子束的指数。这说明暗区的信号比实际情况更暗，而亮区比实际情况更亮。所以，要重现摄像机拍摄的画面，电视和监视器必须进行伽马补偿。这种伽马校正也可以由摄像机完成。我们对整个电视系统进行伽马补偿的目的，是使摄像机根据入射光亮度与显像管的亮度对称而产生输出信号，所以应对图像信号引入一个相反的非线性失真，即与电视系统伽马线对应的摄像机伽马曲线。它的值应为 $1/r$，称为摄像机的伽马值。电视系统的伽马值约为 2.2，所以电视系统的摄像机非线性补偿伽马值为 0.45。

彩色显像管的伽马值为 2.8，它的图像信号校正指数应为 $1/2.8=0.36$，但由于显像管内外杂散光的影响，重现图像的对比度和饱和度均有所降低，所以现在的 3CCD 彩色摄像机的伽马值仍多采用 0.45。在实际应用中，可以根据实际情况在一定范围内调整伽马值，以获得最佳效果。

由于伽马校正对彩色还原有着举足轻重的作用，伽马校正曲线又是一种非常复杂的非线性曲线，所以伽马校正需要非常精确。索尼 3CCD 摄像机使用 14bit/32MHz 的全数字处理来完成这项工作，以 32 段线性校正来接近伽马校正曲线。

图 7.11　DDC 效果

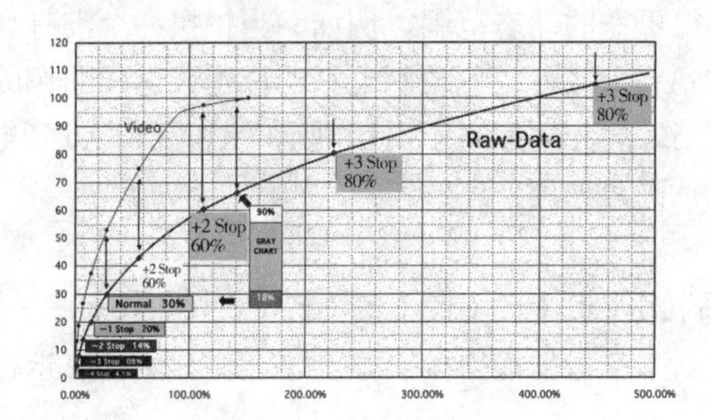

图 7.12　伽马校正曲线图

7.1.7　线性矩阵

摄像机中的线性矩阵主要是为画面色彩校正而设计的。

所有的可见光都可以由 R、G、B 三基色组成，而三基色的光谱特性是不同的，在某些区域包括了负的光谱响应。由于负区光这部分是不可能产生的，所以有一些颜色不能得到光学上的再生。但是，在视频摄像机中要实现全彩色再现，这些负区光的值是不能被忽略的。

线性矩阵电路根据 R、G、B 视频信号的负光谱响应再生和增加与其电路信号进行补偿。矩阵校正电路被设计在伽马校正之前，这样就保证补偿值不会超过伽马校正的范围。

彩色校正现在主要通过线性矩阵电路经过线性变换实现。根据 R、G、B 三基色的光谱响应曲线，得出其线性关系为：

$$R' = a_1R + b_1G + c_1B$$

$$G' = a_2R + b_2G + c_2B$$

$$B' = a_3R + b_3G + c_3B$$

经过矩阵变换后，其线性关系为：

$$R' = R + b_1(G - R) + c_1(B - R)$$

$$G' = a_2(R - G) + G + c_2(B - G)$$

$$B' = a_3(R - B) + b_3(G - B) + B$$

此时，只需要确认 a_2、a_3、b_1、b_3、c_1、c_2 六个矩阵参数，由各基色信号相减组成的色差信号，也很容易通过差分放大器得到。而因色差信号占用带宽较窄，使用其作为校正信号不会引入过多的噪波。

3CCD 数字摄像机可以通过调整线性矩阵的矩阵系数精确地进行色彩的校正与重现。由于线性的矩阵校正被设置在非线性的伽马校正之前，因此可以提供完美的光谱响应。

Foveon X3 技术是一种用单像素提供三原色的 CMOS 图像感光器技术。与传统的单像素提供单原色的 CCD/CMOS 感光器技术不同，X3 技术的感光器与银盐彩色胶片相似，由三层感光元素垂直叠在一起。Foveon 声称同等像素的 X3 图像感光器比传统 CCD 锐利两倍，能提供更丰富的彩色还原度以及避免采用 Bayer Pattern 传统感光器所特有的色彩干扰。另外，由于每个像素提供完整的三原色信息，把色彩信号组合成图像文件的过程就简单很多，降低了对图像处理的计算要求。使用 CMOS 的 X3 图像感光器耗电比传统 CCD 小。

根据 Foveon 专利描述，硅片对光线的吸收与光谱和硅片深度有关。其中蓝色光在离硅片表面 0.2 微米处被吸收，绿色光在离硅片表面 0.6 微米处被吸收，红色光在离硅片表面 2 微米处被吸收。这种光线吸收特性与银盐彩色胶片的感色涂层是相似的。

增加信噪比。Foveon 另一个特点是虚拟像素尺寸 VPS（Virtual Pixel Size）。它可以把邻近的像素信号组合成一个像素，如 2×2 或者 4×4，从而增加信噪比。这可以应用于提高感光度，同时保持低噪音。此外，使用 VPS 还可以加快从感光器提取信号的速度，这对于摄影录像设备的应用有相当大帮助。

如果感光组件 CCD/CMOS 像素的空间频率与影像中条纹的空间频率接近，就会产生摩尔纹。一个很不幸的结论就是，要想消除摩尔纹，应当使镜头分辨率远小于感光组件的空间频率。当满足这个条件时，影像中不可能出现与感光组件相近的条纹，也就不会产生摩尔纹了。数字相机中为了减弱摩尔纹，安装有低通滤波器滤除影像中较高空间频率部分，这当然会降低图像的锐度。将来的数字相机、摄像机如果像素密度能够大大提高、远远超过镜头分辨率，也就不会出现摩尔纹了。目前看来SUPER CCD SR PRO正好做到了这点，因为特殊的“双像素构造”很大程度上提升了分辨率，在拍摄纹理复杂的布料，网格等图像中，摩尔纹被有效抑制。

SUPER CCD每个像素点使用了一大一小两个不同性能的感光单元。分别称为主单元和副单元。主单元感光度高，提供主要的成像信号，但高光信号会溢出。副光单元感光度低，能记录高光信号的变化，作为补充信号提供给数据处理过程，扩大动态范围。而CCD的感光单元在受到光线照射时会蓄积电荷，但当电荷蓄积到一定量以后就达到饱和，达到饱和以后，光量增加，电荷量不再增多，表现在最终图像上是高光区域一片白色，没有层次。如果降低感光单元的灵敏度，可以改善高光感光性能，但是低光区域又会因信号太弱而丢失层次，甚至因成像信号低于干扰信号而形成噪点。而使用单一感光单元的CCD对高光低光的感应不能两全，导致动态范围狭窄。所以使用两个成像单元的SUPER CCD就不同了。SUPER CCD层次（阶调）是传统CCD的4 096倍，SUPER CCD色彩取样可达36bit（见图7.13）。

图7.13　SUPER CCD动态范围扩展效果

7.2　高清电视摄像成像技术

许多HD高清摄像机能提供许多先进的图像处理功能，如多点彩色矫正矩阵、增强色温平衡功能、增强对比度控制、增强高亮度控制和三通道皮肤细节调整。这些手段使得摄像师通过简便的调整就可以更加充分地体现导演的意图。

高清电视摄像成像技术主要包括高清电视的技术标准和高清电视摄像机的特点，以及高超的高清电视摄像的技术和解决在高清电视摄像中出现的一些技术问题的能力，如曝光问题、焦点问题、照明问题、构图问题等。

7.2.1 高清电视的技术标准

数字电视的标准分为接收标准和传输标准。2006 年 3 月，信息产业部正式发布了《数字电视接收设备显示器标准》（以下简称《标准》），明确规定了液晶数字电视、等离子数字电视、液晶背投数字电视、液晶前投数字电视等 6 种数字电视显示器的高清标准。而传输标准还没有制定。

据《标准》解释：“① 能接收、解调由高清晰度信号调制的射频信号；② 图像清晰度上，必须在水平和垂直方向上均大于等于 720 电视线，CRT 数字电视的垂直和水平分辨率必须达到 620 线以上；③ 能解码、显示 1920 × 1080i/50Hz 或更高图像格式的视频信号；④ 图像显示的宽高比为 16 : 9；⑤ 要能输入、处理和显示其他的图像格式，如 720 × 576 等；⑥ 要能解码、输出数字电视声音。”

数字高清晰度电视是数字电视（DTV）标准中最高级的一种，简称为 HDTV。它是水平扫描行数至少为 720 行的高解析度的电视，宽屏模式为 16 : 9，并且采用多通道传送。HDTV 的扫描格式共有 3 种，即 1280 × 720p、1920 × 1080i 和 1920 × 1080p，我国采用的是 1920 × 1080i/50Hz（见图 7.14）。

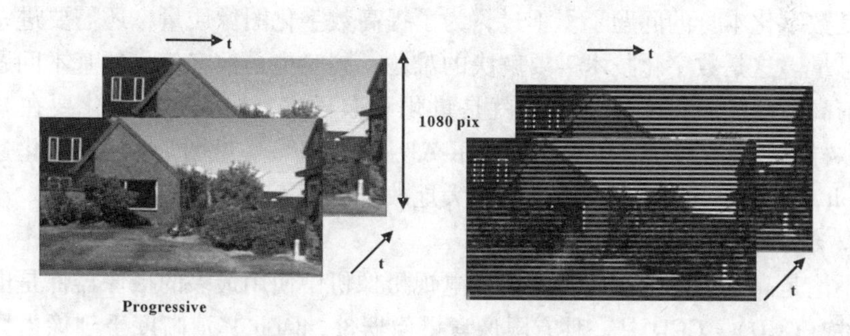

图 7.14 P/i 的视觉效果区别

7.2.2 高清电视摄像机的特点

高清摄像机与标清摄像机的主要不同在于扫描格式上，其他如外观结构、开关设置和操作使用等大致相同。高清摄像机可以拍摄高质量、高清晰影像，拍摄出来的画面可以达到 720 线逐行扫描方式、分辨率 1280 × 720p，或到达 1080 线隔行扫描方式、分辨率1920×1080i的数码摄像机（见图7.14）。从记录格式上区分，目前主流的高清摄像机大致有两类，一类是最早出来的HDV，另一类是AVCHD。前一类主要用磁带作为记录介质，视频编码是MPEG-2，采集后的文件为M2T格式（或MPEG格式）；后一种则有光盘、闪存、硬盘等多种记录介质，视频编码是H.264，记录的文件格式为M2TS。

高清摄像机的特点主要表现在光电转换、色彩还原以及电路修正能力大大加强，像素量明显高于标清。

7.2.3 高清电视与标清电视清晰度的比较

1. 量化和取样率

由于数字化处理会造成图像质量、声音质量的损伤。换句话说，经过模拟—数字—模拟的处理，多少会使图像质量和声音质量有所降低。严格地说，从数字信号恢复到模拟信号，将其与原来的模拟信号相比，不可避免地会受到损伤。

模拟信号数字化以后的信息量会爆炸性地膨胀。为了将带宽为f的模拟信号数字化，必须使用约为（$2f+\alpha$）的频率进行取样，而且图像信号必须使用8bit（bit是单位脉冲信号）量化。具体地说，如果图像信号的带宽是5MHz，至少需要取样$13\times10^6 \sim 14\times10^6$次（13M～14M次），而且需要使用8bit来表示数字化的信号。因此，数字信号的总数约为每秒1亿bit（100Mbit）。且不说这是一个天文数字，就其容量而言，对集成电路来说，也是难以处理的。因此，这个问题已经不是数字化本身的问题了。不过，为了提高数字化图像质量，还需要进一步增加信息量。这是数字化技术需要解决的难题，同时也是数字信号的基本问题。而标清与高清前端设备的区别主要就是量化和取样率，比如高清量化要在8bit以上，取样率不低于4∶2∶2。高清松下AJ-HPX3700（见图7.4）的量化达到机内16bit，取样率为4∶4∶4，这就极大地改善了画面质量。

2. 水平清晰度

不论是高清还是标清电视，现代电视摄像机中使用最多的摄像器件是电荷耦合器件（CCD），CCD是一种有限像素摄像器件，因此其清晰度受到像素数量的限制。目前高清摄像机使用的CCD水平方向像素大约是2 000个（实际是1 920个），标清摄像机大约1 000个（实际是980个）。因此，高清晰度摄像机能够达到的水平清晰度为2K，标准清晰度摄像机是1K。不过，由于传输带宽的限制，高清摄像机输出信号的清晰度只有1.55K，而标准清晰度摄像机只有0.64K。由于技术水平的限制，目前使用的高清录像机采用了带宽限制技术，高清电视摄像机实际记录的电视信号水平清晰度大约相当于1.25K。

3. 电视的清晰度

电视的清晰度是指画面再现物体细部的能力，即对不同色调物体的极小的相邻面积及其细节部分的分辨能力。清晰度的高低直接影响着电视的画面质量。电视画面的清晰度除了受电视系统的设备影响外，还受照度、明暗对比度、光线性质和光线方向等各种因素的影响。

4. 准确聚焦

使用标清摄像机拍摄时，通常是先进行预变焦操作，即把镜头推到环境中最远的对象聚实再拉开，为的是摄像机在该环境推拉拍摄中前焦点与后焦点始终保持都是实像。在使用标清摄像机时，这对许多摄像师来说都不是问题。但是，在使用高清摄像机进行拍摄时，如果还是使用这种传统方法，往往达不到最佳的效果，原因在于不能准确聚焦，结果导致图像模糊。从景深角度进行分析，在拍摄图片时，对同一景别，在焦距相同、曝光组合相同时，在大幅底片上所产生的景深比小幅底片要小。为什么具有相同尺寸 CCD 的高清和标清摄像机，在同一景别中高清所产生的景深会小呢？这是由高清图像的清晰度所引起的。由于高清图像清晰度高，水平视角比标清的要大，产生的景深自然要小。所以，如果我们按标清摄像机的常规操作进行高清拍摄，聚焦时一定要注意这个问题，否则就会出现对焦不准的现象。高清松下 AJ－HPX3700（见图 7.4）就有专门的 Focus Assist（辅助聚焦功能键）（见图 7.15a、图 7.15b）。

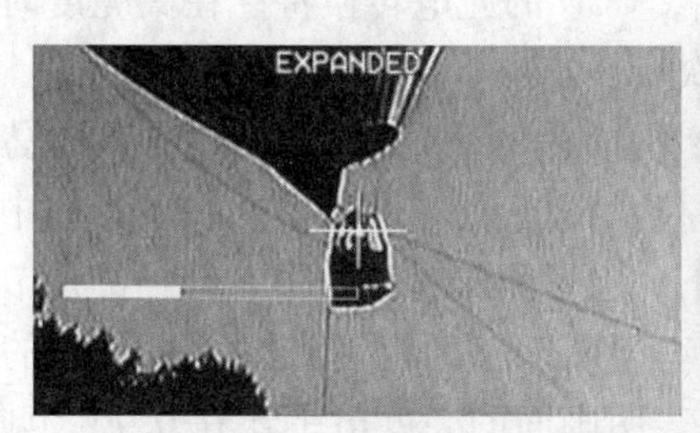

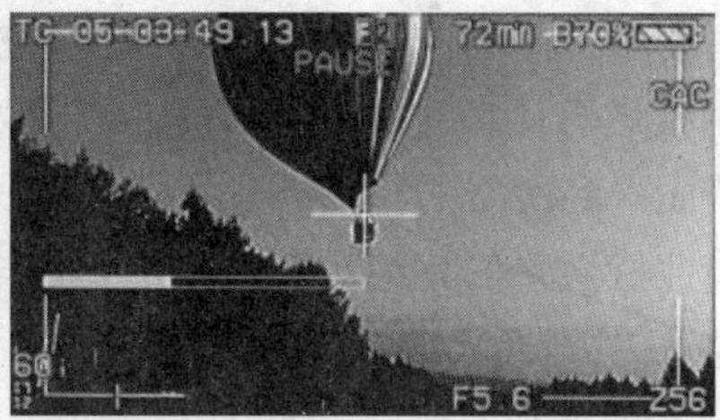

图 7.15a　Focus Assist 使用前后的对比

图 7.15b　中间键为辅助键

7.2.4 曝光技术

曝光技术的核心其实就是准确地控制曝光量。曝光量直接影响到画面的层次、细节和色彩饱和度，所以只有准确把握曝光量，才能得到更完美的图像。我们暂不考虑“冷”调和“暖”调的情况，从中间色调的画面来说明高清摄像机光圈的调整。因为高清摄像机水平清晰度提高，其画面宽容度更接近电影胶片，层次比标清更加丰富。在拍摄景物时，需认真观察被摄景物的明暗程度及明暗部分的分布范围，根据亮部和暗部的取舍及与拍摄主体的关系，确定曝光量并调整光圈的大小。高清摄像机还提供了伽马曲线的调整。当拍摄的景物高亮度部分比较大且超过了 CCD 所能表现的范围时，图像的高光部分就会出现白切割现象，导致高光部分层次和细节丢失。当被摄景物处于比较暗的环境中，如果超过 CCD 的最低照度范围，图像暗部就会层次减少甚至丢失，画面就会一片漆黑。这时可以通过调整拐点、伽马曲线和黑伽马曲线进行画面的补偿和修饰。

在画面处于高亮部分时，先打开“Paint”菜单中的 Knee 选项，设定拐点（Knee Point）的范围，以增加高光部分的层次和细节。其工作原理为：在正常亮度范围（0.7V）内，CCD 呈现理想的线性光电转换特性，景物亮度与输出电平成正比，CCD 就能表现景物真实的亮度；当亮度电平超过 0.7V 时，信号被限幅，图像表现为“白切割”。调整拐点后，CCD 的光电转换特性在高亮度时线性的斜率变小，使图像中高亮度部分的层次变得丰富。

在较暗的环境中，打开“Paint”菜单中的 Black Gamma，调整黑伽马的范围，从而得到所需的暗部层次。其工作原理类似于拐点的调整，在不影响中间部分的线性特性并保持绝对黑电平的情况下，进行黑伽马高、中、低挡的调节。另外，通过寻像器，可以借助斑马线和自动光圈来辅助控制光圈。斑马线的用法是：当70%的斑马线（粗纹）出现时，表明画面的亮度电平还在 0.7V 范围内；当100% 的斑马线（细纹）出现时，则表明已经超过0.7V 的范围。高清摄像机的自动光圈功能中，还设置了区域测光和自动光圈过载功能。区域测光是指在选择测光范围中进行测光，其大小和位置可调。通过自动测光后，还可以人为细调。采用这个方法进行调整是不够精确的，误差约在半挡光圈之内。此外，也可以借助 18%的灰板进行测光。最可行的方法还是根据目测灰度来确定曝光量，在条件允许的情况下，使用高清监视器和高清示波器更好。

1. 伽马特性的调整

摄像时，有时场景中有高光部分，它会超出 CCD 的感光动态范围，拍摄成的画面在高光部分不能反映景物的质感，这就要通过调整伽马特性来取得最佳曝光效果。

在正常亮度范围内，CCD 呈现理想的线性光电转换特性（见图 7.12）。图中的直线表示光导电特性。光导电特性在有限范围内，景物亮度与输出电平呈现正比例关系，能如实再现景物亮度，再现值总是与被摄对象的亮度、色调成正比。在超过上限幅电平（0.7V）或下限幅电平（0V）时，景物亮度、色调就会突然再现成一片空白或者是一片漆黑。光导电曲线的直线部分是陡直上升的，故表示被摄体亮度范围较窄，动态范围（电影为宽容度）有限或偏低。

弧线表示伽马特性。伽马特性是非线性电路（伽马校正电路）处理后形成的曲线特性，经过伽马校正电路处理的光导电特性呈现非线性特征，特别是对比度被压缩了的高光部分增强了感光能力（从点画线到虚线范围），在高清摄像机技术中把高光部分的斜率处理称为拐点处理。高清摄像机采用了精密的数字处理电路，摄像师可以通过设置菜单精确地分段调整摄像机的伽马特性，以实现不同的曝光意图，以达到控制画面的影调层次和高清晰度的目的。

2. 确定曝光值的参考工具

在拍摄现场为了精确曝光，我们可以通过彩色监视器和示波器来观察、调整曝光值。这是保证高清电视画面质量的有效措施。因此，监视器和示波器参数的调整就显得非常重要。

监视器的调整。为了调整颜色，我们首先要给监视器输入彩条信号，大家知道，蓝色成分是分布在彩条信号左边的白、黄、蓝、绿四个条里。在标准的 75% 彩条里，相应的蓝信号在这四个条里的幅度是完全一致的。监视器上一般都有一个只看蓝色的按键，我们按下去以后，只有蓝色的信号在屏幕上显示出来，我们只需要调整色度，使相应的四个条亮度一致就可以了。用这种方法，可以使监视器比较准确地再现画面的色彩和影调（见图 7.16）。

亮度和对比度的调整。亮度调整是进行黑电平调整，对比度调整是将亮度层次拉开。调整亮度电平时，亮度信号是整体提升或下降。如果我们不正确地调整亮度，可能在亮的区或比较暗的区，信号发生重叠，细节分辨不出来。相反，如果我们把对比度放大或缩小，暗部的基点是不动的，各个彩条的灰度发生亮度程度变化。

为了调整亮度的信号，需要输入三电平调整信号（Pluge），三电平调整亮度的信号包括 -3% 黑、0% 黑、+3% 灰。调整时，我们使 -3% 黑与 0% 黑两个条都相对一样，但是 +3% 的灰条一定要看到，这就是正确的亮度信号。

对于比度调整，实际上没有一个相应的严格标准，我们可以根据环境以及感觉调到一个合适的电平。但是，高对比度可能会使相应的清晰度下降。每一台监视器都有一个相应预置的对比度值，把对比度值调整到这个位置即可。

示波器提供了图像的一系列窄角测光表的读数，它是对相应的被摄体亮度的准确表达。设置示波器要相对容易些。我们将黑色电平调校在示波器上 7. 5IRE 的位置。这表明，最暗的被摄体影调在 7. 5IRE 处而不是在 0. 0IRE 刻度处。

其次是决定场景的曝光值。我们将 18% 的灰板的亮度信号安排在 50IRE 单位，这是通过设置摄像机的光圈，并保证照明强度与该摄像机光圈值相适宜而实现的。设置光圈可利用灰板，或基于使用入射光型测光表，事先计算好摄像机的曝光系数当量。这样，我们就得到了位于 7. 5IRE 处的黑色电平和该场景的光圈值。对场景中的高光部分，可以用摄像机的拐点设定使它位于 100IRE 处。简而言之，设置示波器首先要设置黑色电平在 7. 5IRE，并将灰色曝光为 50IRE。然后通过照明或拐点处理，使重要的高亮度落在示波器的 100IRE 单位上（见图 7. 17）。

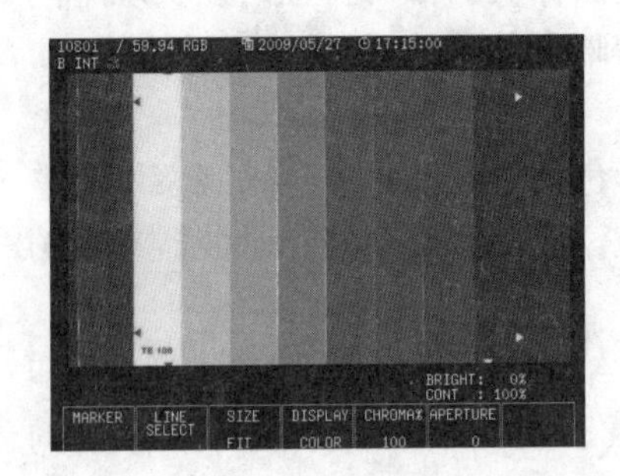

图 7. 16　监视器的调整

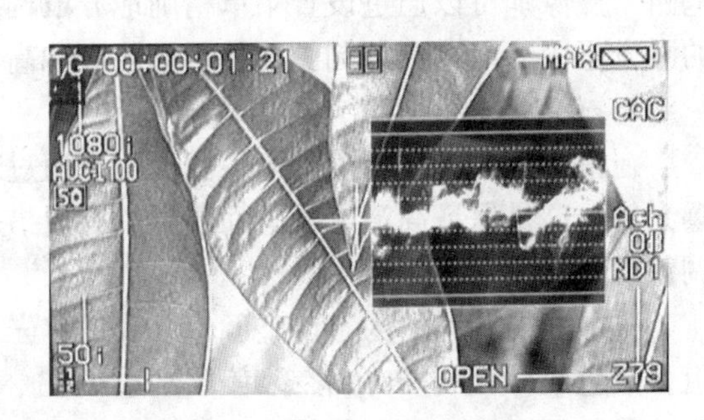

图 7. 17　示波器的使用

3. 照明技术

电视画面的清晰度除了受照度引起的光圈、景深影响外，还受照明的明暗对比度和光线的性质等因素的影响。值得注意的是，画面清晰度的高低并不取决于整个画面的明亮程度和照明光线的采用量，关键在于使用适度的明暗对比度和相应的光线性质。

（1）明暗对比度与清晰度。

电视屏幕上最亮部分与最暗部分亮度的比值称作对比度。对比度大时图像黑白分明，明暗反差大，电视画面的清晰度与照明的对比度有关。照明的对比度除了被摄体与背景以外，还有被摄体本身不同光线方向之间的明暗对比度。如果照明使画面的灰度等级（从最亮到最暗可以分辨出的深浅不同的层次数）愈多，那么，电视显示图像细节的能力越强，清晰度越高，质量越好。

照明对被摄体与背景对比度的处理。在一般情况下，被摄体要比背景亮。因为过亮的背景不仅会分散人的注意力，而且会使被摄体变暗，光线暗的区域其立体感和细节部分的显示就差，清晰度就必然降低。对照在被摄体上不同方向的光线照明也要正确地控制其明暗对比度，使最亮部分与最暗部分的影调层次得到充分的体现。任何过渡暗和过渡亮的光线都能掩饰图像的细节，而使画面模糊。照明的明暗对比度对高清电视来讲显得更重要。

（2）光线性质对画面清晰度的影响。

物体在高清电视画面上呈现的清晰度，不仅与光线的对比度有关，而且同光线的性质有关。光线的硬与软对物体外观的清晰度同样有很大的影响。值得注意的是，照明光线性质的选择是由物体表面结构决定的，即物体表面结构不同，其采用的光线性质也不同，一般来说，粗糙物体的表面宜用硬光照明；光滑物体的表面宜用柔和的散射光照明。在电视拍摄时，我们会发现在阴天下拍摄的景物因没有影子而显得平淡呆板，表面质感消失，而一旦受到阳光的逆向照射，物体轮廓就会立即脱颖而出，可见，光线性质对画面清晰度有很大的影响。

从画面的总体效果来说，由于硬光能勾画出被摄景物的轮廓，质感十分明显，所以使我们感到空间感强。而柔光照明很容易产生平淡的无立体感的图像，因而就不能提供最佳清晰度。

但从画面的局部效果来说，可能由于硬光造成的过大的明暗反差，而使物体细部的再现能力降低。而柔光所造成的细腻的影调层次，则能提高我们对物体细部的分辨能力，故感觉画面清晰度高。高清摄像照明时应使用较软的光线，这对提高画面的清晰度十分有利。

总之，画面清晰度是由很多因素决定的。对光线的明暗、软硬、方向的选择，应根据我们要突出的重点和景别而定，这样才能提高画面的清晰度。

（3）高清电视的照明特点。

高清电视本身的特定技术条件决定了高清电视照明的特殊要求，其特点是光线要柔和。照明时应采用软光照明，尽量少用硬光。特别是用于人物脸部的光线，最好采用柔和的散射光。可在聚光灯前加上柔光片或纱网使光线变软。

① 布光均匀。布光均匀就是演区的光线要均匀。在布光时，不同方向的光线照向演区，同一方向光线的照度要一致，以保证摄像机变换机位连续拍摄时前后画面影调的一致性。因此，电视照明的均匀性是指演区的照度和反差的一致性。

② 光比小。光比小就是要调整被摄对象与背景，调整被摄对象不同方向灯光的相对亮度比，以及画面中不同的物体之间的相对亮度比。高清电视照明的光比一般为2：1~3：1，但应根据光线角度和我们需要突出的重点的不同，增大或缩小光比。高清电视照明的光比要小，是与电影照明相比较而言的。

③ 透视感强。即画面的透视感要强，当然透视感与很多因素有关，但高清

电视照明必须要注意影调与色调的阶调变化，着力于立体感、层次感、空间感的表达，这是高清照明区别于标清照明的显著特点。

图 7.18　使用测光表测试摄像机感光度和可辨范围从而补光

7.3　实训创作

高清的优势不仅是技术的，更是人文的。因为高清给操作者带来更大的自由创作空间，所以我们在使用高清摄像机时要尽可能地调动自我主动性，利用技术上的可能，实现我们主观创作的意图。

7.3.1　高清 16∶9 画幅

在画面构图方面，高清电视和标清电视根本上是非常相近的，只有一些小的差异，其中的一个就是画幅的不同，即16∶9和4∶3 的画幅问题（见图 7.19）。如果我们要用高清拍摄，标清播出，一定要注意构图的画幅结构的问题。高清电视变换成标清电视时（16∶9画幅变成4∶3 画幅），有三种模式：信箱模式（上下的部分会出现黑边，有效画面范围变窄）、压缩模式（横向压缩使图像变形，但是完整的信息都出现在屏幕中）和切边模式（左右两边的信息被去掉，画面内容不完整）。我国观众已习惯信箱模式。

摄像师如能认识到4∶3 取景的范围，便可以用 16∶9 的高清摄像机拍摄，比较方便地生成完整的4∶3 的图像。通常采用在摄像机的寻像器中加4∶3 的标识框的方法来解决这个问题。此外，由于使用了 16∶9 模式取景，在镜头处理上与常规的4∶3 模式也有较大的区别，水平方向视角的变大导致水平运动的物体在屏幕上停留的时间变长，考虑到人眼的视觉感受，可能要求摄像师加快摄像机镜头的摇摄速度，以加快镜头节奏。

16:9

4:3

图7.19　高清画面下变换会切除有用信息

16：9与4：3构图的区别在于一个是多点透视，一个是单点透视；前者适于大画幅构图，给人一种宏大的美的感受，后者则适于小画幅构图，因其对于环境信息表现得少。

16：9与4：3构图的区别还在于：前者比较擅长横向运动，前后镜头的连贯性更强，而后者则更擅长纵向运动，即沿着*Z*轴运动。

高清主要采用16：9的画幅比，而标清主要采用4：3的画幅比。初用高清摄像机的时候，我们第一感觉就是视角很宽，16：9的构图方式显得大气，而且包含了更多的信息量，这在拍摄大场面或大全景时非常有表现力，更接近电影的视觉效果。在镜头的选择方面，高清镜头是以电影镜头为参考，画面不仅柔和，而且清晰度高；景深小，立体感强；对镜头的透光率要求也高。在相同焦距段下，高清镜头比标清镜头的视角大。高清摄像机所用的标准镜头近似于标清

4∶3 摄像机的小广角镜头。

再谈一下构图创作。构图创作在主观上并没有什么条条框框。从电视画面的角度看，构图就是镜头语言，通过画面讲述拍摄者要表达的内容。在视觉效果上，需要掌握一些规律，尤其是使用 16∶9 画幅比进行构图时。从突出主题出发，画面离不开线、形、色调、影调这四大元素。根据上述要求，在 16∶9 的构图中，由于水平视角的增大，更需要留意线条在画面上的延伸感，形成视觉上的透视感；形状上要注意主体和陪衬体的合理位置，既要有对比、又不失平衡，虚实的比例也要控制恰当；在色调处理上，要根据色彩的特性、变化、位置及色彩间的相互关系，发挥自己的创意；影调的处理将直接关系到画面的层次。还有一点，高清摄像机 16∶9 的取景也可设置为 4∶3，这时可以采取原来的构图方式。

若想用高清摄像机拍摄出电影的画面效果，首先要清楚电影画面的效果是什么样的。与电视相比，电影画面的细节比较柔和自然，灰阶的过渡比较平缓，因此层次比较丰富，在图像高光部分，由于胶片的宽容度比电视的宽，因而保留了大量的高光部分的细节层次，而在低照度区域则压缩幅度较大，显得整个画面比较灰暗。

1. 画面影调与反差的调整

画面影调与反差可以通过伽马菜单的调整，使画面的质量得到改善。调整黑电平、黑伽马、主伽马、拐点、斜率和白切割电平等项目的参数，为每个镜头的场景亮度关系定制出一条最匹配的伽马曲线，使场景的亮度间距以最适合的比例压缩或扩展到 CCD 全部可用的动态范围之内。

适度地调整主黑电平，拍摄白天外景戏时设置在 -10 ~ -15；拍摄夜景戏或室内戏时，设置在 0 ~ 4，当然，设置参数要根据剧情具体要求而定。再调整主黑伽马，适当降低一些黑伽马电平，实现暗部区域的局部影调压缩，增加暗部区域的表现力。这样的设定可以保证暗部有足够的密度。然后，调整主伽马电平到 -20 ~ -50，将中灰影调的过渡放得平缓，以丰富直线区域的色饱和度和层次。在选择了合适的灰度过渡后，需要针对相应的色彩还原作调整，这项工作可以在矩阵菜单项（Matrix）中完成。

对于高光部分，适当调整拐点的增加和斜率的减少，同时，依据画面要求调整白切割电平，可以扩大影调的范围，尽可能多地容纳高光细节和层次。

通过以上调整，可以将画面的影调调整到与电影效果极为相近的程度。尤其在画面的暗部和灰部过渡部分，与电影画面相差无几。高光部分的差别还是比较明显的，但是，如果在摄像机上使用电影镜头，效果会有明显改善。至于景深的差异，可以通过加大相应挡位的光圈或使用相当的长焦距镜头来弥补。

2. 轮廓清晰度的调整

由于 CCD 上的感光单元在水平方向和垂直方向都是分离的，所以它在这两个方向上都是以抽样的方式传送图像信息，这样，在重现图像时沿着水平和垂直方向的黑白突变处就变得模糊了，同时因为高频信号幅度下降而使图像细节变得模糊，这种现象也称为孔阑失真。

孔阑失真的特点是只有高频幅度降低，而没有相位失真。因此，它必须用特殊电路进行校正，这种电路就是轮廓增强电路通过提高图像信号上升沿和下降沿的陡度，以增强图像黑白突变处的对比度，甚至给图像勾画边沿，实现改善图像轮廓清晰度的目的。轮廓增强电路，能明显提高画面中景物的轮廓清晰度。高清摄像机都设有轮廓清晰度（Detail）开关和菜单调整项。

在拍摄高清电视时，有的人为了画面更“柔和”一些，关闭摄像机上的轮廓清晰度开关，以达到接近胶片的画面效果。我们觉得如果是拍摄带人物的中近景，高清对于人的面部和服装的勾边现象很突出，容易给人以生硬的感觉，出现这种情况就要关掉轮廓清晰度开关。但对风光画面就不一定非得这样做，因为高清的焦点本来就“软”，再关掉轮廓清晰度开关，和胶片比起来画面就会显得更加模糊。必要的轮廓细节反差增强还是必要的。关键是如何把握好尺度，一般使轮廓清晰度参数值控制在 30 ~ 75，规律是这样的：如果要拍全景或日景，要调高一些。如果拍近景或夜景就要调低一些。特别是低照度的时候，我们发现轮廓清晰度值提高的同时，把杂波也提高了，这一点要特别注意。

7.3.2 色彩调整

每位摄像师都知道，在拍摄前都要进行色温校对。首先在调节白平衡时分两步：粗调和细调。粗调就是选择正确的滤色片，大范围地进行粗略的调节。然后进行细调，具体做法是：选择标准的白纸置于同一光源照射下，采用顺光照明，镜头对准白纸并使其充满画面，先调整黑平衡，再进行白平衡调节。在高清拍摄中，有几种情况需要注意：

① 外景。在自然光下拍摄，主要存在色温的问题。色温主要受太阳光与周围漫反射光的影响，为了使色彩能正确地还原，调节白平衡时，白纸放置应呈 45°角，能反射阳光和周围漫反射光。在阴天时，白纸要压低点，让它既能反射阳光，又能反射景物周围漫反射的光线，以达到较好的色彩还原。白平衡调整完毕，在光线变化不大的情况下，不必重复调节，这能使画面的色调保持统一。

② 演播室内，一般灯光色温较统一，比较好处理。如果同时使用彩色灯光

照明，调整白平衡时应注意不要受其影响。

③ 自然光和人工光环境下拍摄。如果人工光是高色温光，可以直接用5 600K 进行白平衡调整；如果人工光是低色温光，则只能在灯光上加升温的色片（如镭灯 80 系列等），再进行白平衡调整与拍摄。在使用低色温灯时，如果直接调整白平衡，自然光照到的景物就会偏蓝，拍摄主体色彩还原正常，背景中小部分的偏蓝是可以接受的。画面中不同色调的存在如果控制得好，可以增加画面的层次，加大图像景深，增强空间透视感。

高清摄像机的灵敏度与标清摄像机基本相同，为了充分表现高清晰的画面，更需要发挥照明的作用。如果光用得不好，有可能会使画面中的粗糙凸显，这类似于焦点不实的现象。特别是如何有效地利用画面水平方向的扩展部分，这就更需要合理运用灯光照明技术。

在阴天多云天气下拍摄，需要灯光辅助，达到较高的成像效果。在亮度反差很大的晴天拍摄时，使用反光板等会得到效果较好的图像。总而言之，高清拍摄时照明用灯量应比标清多。

以上所述都是为了得到正确的色彩还原。但在实际创作中，有时为了强调某种气氛，或者表现一种特殊气氛，增强画面的艺术感染力，常常有意识地去改变画面的色调，以达到主观表现景物的意图，实现理想的画面影调效果。高清摄像机 HDW－730 为我们提供了更便捷的方法：

① 电子色温控制。其实就是人为地手动调节画面色温，但必须借助标准的高清监视器。在“Paint”菜单中的 Whitez 第一项 Color Temp，允许操作者手动任意调节。打开这项功能，就可以开始随意创作了。

② 自动白平衡跟踪。这是一项比较少用的功能，在画面整体光线、色温变化的场合中较实用。

③ 彩色矩阵。使用 HDW－730 进行拍摄时，画面的色调还可以使用多区彩色矩阵进行颜色的修饰和调整。选择特定的颜色，在 6.25%（整个色域的 1/16）的范围内进行色调调整。此外，它还允许色饱和度的改变，主要调节菜单中的 Saturation 参数。

7.3.3 运动控制

以日本胜利公司的数字摄像机为例，KY－D200 的数字处理（DSP）电路是采用手提式 HDTV 摄像机 KH－100 使用的器件。该机的特点如下：

1. 动态范围大

根据摄像师的要求，特别是希望改进高亮度景物画而出现的白色光晕和色调的变化，该机提出以确保600%的动态范围作为首要目标。在DSP电路的前级是CCD的输出取样保持电路。在确保600%的动态范围情况下，为了能拍摄到稍微急剧变化（10ns）的信号而使用取样保持电路，做到电路的高速处理（200MHz）的同时，还能够确保大幅度的CCD输出信号，后面连接250%和130%的预拐点处理电路及数字处理电路。

在数字自动拐点处理电路里，在信号幅度的70%～110%范围内，为了适应于光通量的变化而随时改变拐点及其倾斜度，以便实现600%的动态范围，如图7.12所示。

2. 强光的色度处理

在强光条件下拍摄时，随着光通量的增加，图像的色调（Hue）也会改变，从而使画面的颜色变得不自然。为了消除这种现象，对亮度信号（Y）进行数字拐点处理，将600%的光通量信号压缩到110%时，将色度信号（C）作为最大值的合成信号，以此为基础适度地控制色度信号。最后，对于130%以上光通量的输出信号减少其色饱和度，使强光条件下拍摄的画面颜色自然地变浅。

3. 超低照度功能

KY－D200装有在超低照度条件下拍摄景物的“超低勒克斯”电路。在拍摄低照度景物时，可将增益提升到27dB，并进行CCD水平方向2个像素（相当于+6dB）读出和帧存贮（相当于+6dB）。因此，总增益为398，实现了最低照度0.35Lx（镜头为*f*/1.4）。

超低照度拍摄的操作很方便，只要按一下侧面的开关，该电路就可以工作。利用这种功能，使用一部摄像机就可以拍摄从600%强光到0.35Lx的低照度范围内的景物。

4. 三维帧巡回型数字杂波抑制器

使用提高灵敏度和超低照度时，应对暗部图像的杂波采取抑制措施来提高低照度拍摄图像的质量。

图像信号与水平和垂直方向或帧的像素具有较大的相关性。反之，随机变化的杂波却没有相关性。将它们相加时，图像信号虽然变成2倍电平，但是杂波却因其随机性，没有发生明显叠加现象。根据这个原理，如果采用数字处理，将重合像素信号均方根化，就可以达到减轻杂波的目的。

三维帧巡回型数字杂波抑制器（DNR）不会降低图像（信号）的分解力，但它对于活动图像会产生余像。因此，采用活动图像检出，并对这部分采用JVC独家计算的巡回系数进行处理，从而改变只局限于杂波抑制的适用性。使用摄像机侧面的杂波抑制器开关可以瞬间设定或根据拍摄情况进行设定。

5. 全自动拍摄功能

KY－D200 备有全自动拍摄功能。对于紧急报道和在各种开关未确认或没有时间检查白平衡的调整的情况下，可以使用自动拍摄功能。使摄像机的图像信号输出，并且使用自动白平衡跟踪方式及自动光圈工作方式。在低照度拍摄条件下，会自动变成＋12dB 灵敏度。在高亮度拍摄条件下，给出 600% 动态范围。与此同时，变成 1/240s 至 1/60s 的电子快门方式工作。

6. 其他功能

① 平滑变化功能。在切换白平衡存储器和提升灵敏度时，平滑变化功能可以使图像信号缓慢地改变。特别是当灵敏度提升 6dB，而镜头光圈又未关小的状态下，恰好相当于将光圈开大一挡（2 倍＝6dB）。这些切换有可能是在录像机记录过程中或在播出过程中发生，因而平滑变化功能尤为重要。

② 黑色扩展和黑色压缩功能。黑色扩展是提高图像信号电平的底部，使较暗的图像能够重现。黑色压缩是降低图像信号电平的底部，压缩较暗的图像部分给整个画面增添均匀感。

7.3.4 定点聚焦与聚焦辅助

使用 HDW－790 或 AJ－HPX3700 进行拍摄，如何才能获得清晰的画面呢？经过实践，人们发现可以参考图片摄影的方法来控制高清摄像机的焦点，其方法为：首先，打开 EZ－FOCUS 功能（即将光圈开到最大），即使使用变焦镜头，也应该像使用定焦镜头一样，先选择自己所需的景别，构图完成后进行聚焦，确认焦点完全聚实后，再调整曝光量，控制景深，进行拍摄工作。每次拍摄时最好带上大尺寸的高清监视器，或者用皮尺测量予以辅助，但这样一来就很麻烦。除此之外，还可以使用一些辅助聚焦的工具。目前，富士能公司已经研发出精确辅助聚焦的镜头，被称为自动聚焦镜头（Precision Focus）。从结构上说，它是在 ENG 镜头部分装入了两组 CCD，根据这两组 CCD 成像重合的偏差，达到最佳焦点，实现精确辅助聚焦功能。在拍摄高清节目时，使用变焦镜头变焦，会出现微小的像面漂移现象，不同焦距处的最佳焦点位置未必精确一致；还有就是在聚焦过程中，由于镜头的行程较短，可能会出现焦点无意被改动的情况。所以在高清拍摄时，要想得到清晰度高的画面，必须控制景深，使得拍摄主体前后清晰的范围变大。

焦点的虚实与所使用的镜头及光圈有很大关系，光圈过大，镜头焦距过长，若掌握不好就很难避免焦点不实的情况，因此在拍摄时光圈一般定在 *f*/4 或 *f*/5.6（一种说法为光圈 *f*/4～*f*/8 之间），而且每场戏的光圈是固定不变的，完全靠灯光和灰片来调节亮度，这样就保证了画面的焦点，同时达到了对每场戏的景深控制。营造环境气氛需要优秀的照明师及相应的灯光设备。

7.3.5 变频拍摄

模仿胶片摄影机的“快拍”和“慢拍”技术的视频摄像机。这种摄像机的帧频可以从每秒 4 帧调节到 60 帧，快门速度也需要作相应的调整。你可以拍摄出多种具有电影感的特技效果。由于录像机部分以每秒 60 帧的恒定速率进行记录，因此你可以在常规的 DVCPRO HD 录像机上进行离线编辑。这样你就可以建立起一套强大的 24p 制作系统，而不需要在设备上进行大规模的投资。

比如松下 AJ－HPX3700 高清摄像机可以进行自动变频拍摄，你只要选定好位置，设定好变频拍摄效果，它可以自动拍摄落日或日出的变频效果。

7.3.6 光圈控制

按照已有的经验，摄像机的光圈控制在 *f*/5 ~ *f*/8 之间时，它的画面景深最大。我们清楚，同样 CCD 的标清摄像机与高清摄像机在同样光圈下，前者所拍摄画面的景深要比后者大，原因就是前者清晰度提高，也使对焦区域变得狭窄了。所以我们强调把光圈控制在 *f*/5 ~ *f*/8 之间，就是为了要大景深。

7.3.7 照度控制与设定

照度要按照摄像机的参数允许范围进行设定。一般情况下，摄像机的敏感度（增益能力）决定了对最低照度的限定。在低照度的情况下，要对软硬 DTL、细节（轮廓校正）控制系统和黑延展进行调整。

7.3.8 拐点校正

摄像机的白切割电路是用来防止输出信号超过可用的视频电平，白切割点通常设定在视频电平 110% ~120% 的位置。由于白切割电路只是简单地将高亮度区的视频电平限制在一个确定的值，因此，亮区的图像细节就不能被重现了。拐点校正就是用来解决这个问题。

拐点校正电路的功能是将超过确定视频电平的信号进行压缩，这个压缩点就是拐点。拐点校正电路将超过拐点的视频输入信号进行压缩，多增加一个渐变区域，这样拐点以上亮区的一些细节信息就可以被还原出来，摄像机的动态范围也被扩大了。

7.4 视频示波器的使用

传统胶片摄影中，调整光线强弱、确定曝光量的测量仪器是入射式或反射式测光表。在电视摄像中，起到相同作用的工具就是示波器，其目的是将视频信号分扫描行显示其电平数值。按照传统胶片摄影的概念，这就相当于显示出了冲洗后的胶片画面中每一个像点的密度值，其精确程度已非测光表能比，因此示波器作为电视摄像的“曝光表”，成为对影像精确控制的必备工具。对于在亮度或各色彩通道上超过视频记录范围的信号，示波器都会提出警示，根据画面可以很快找到问题所在，从而避免曝光过度和非法色彩。当今的很多示波器产品不但能以YUV或RGB空间显示电平数值，通常还综合了色彩矢量仪、音频示波器、液晶监视器等功能，甚至有些高端产品本身看上去就是较薄的液晶监视器，既能够充当摄像机的监视设备，又能详细地显示信号情况，外景拍摄尤其方便。

示波器是一种可编程的阴极射线管“Programmable CRT”。它自左向右的扫描方式很像视频图像显示器，但示波器的扫描频率是可变的。它的垂直扫描方式则与一般图像显示器的自上而下的锯齿波不同，它是代表着来自输入端的信号电压的——通常为1V的视频信号（由最底部的同步信号到最上部的白电平信号），视频信号越强，它在示波器上对应的位置越高。当然，这种信号位置的高低是可以通过调节示波器放大器的敏感度来改变的。

另外，示波器放大器的频率响应特性也可以被调整，这样我们就可以有选择地仅仅看到亮度信号或色差信号，或者同时看到复合信号中的两个部分。

我们还可以做到使示波器与我们正在观看的视频信号或某一外接的参考信号同步。

示波器通常可以通过它的控制面板上的控制键来实现上述功能。

1. 输入控制

① 滤波器选择（FILTER）。通常有三个滤波器挡位可供选——FLAT、LPASS、CHROMA。

FLAT位置，允许同时观察亮度与色差信号，即复合信号的全部频率范围。

LPASS位置，仅让亮度信号通过，所有的色差信号均被滤除。

CHROMA位置，与LPASS功能相反，仅让色差信号通过而亮度信号被滤除。

② 参考信号选择（REF），INT位置，示波器通常会将它的扫描电子束的扫描与它所观察的视频信号同步。这意味着我们可以清晰地看到视频信号的扫描线或场，而不会发生抖动或漂移现象。

EXT位置，将外置的同步信号发生器发出的同步信号输入到示波器中。

③ 输入选择（INPUT）。

CHA 位置，选择 A 通道的信号进入示波器。

CHB 位置，选择 B 通道的信号进入示波器。

2. 垂直调整

① 增益（Gain）。

放大器的增益值是可以变化的，因示波器型号不同，变化的挡位有所不同。该功能针对那些被观察的信号水平较低的情况，通过增益放大，信号可以被看得更清楚。但增益放大并不等于原信号变大。

② 直流恢复（DC Restoration）。

该电路用以寻找视频信号中的同步信号部分并使其在示波器上的显示冻结，无论视频信号的动态范围有多大，都是一样的效果。

③ 位置（Position）。

用以控制示波器上显示的波形的上下位置。

3. 水平调整

① 扫描（Sweep）。示波器从左至右的扫描速度是可以变化的。有时我们要通过示波器观察视频信号的一条或两条扫描线，甚至是某一场视频信号。通常示波器上有三个可选择的挡位。

1LINE 位置，提供一种视频扫描线的快速显示，一次显示一行，顺序是先奇数行后偶数行。

2LINE 位置，提供一种视频扫描线的快速显示，一次显示两行，顺序是先奇数行后偶数行。

2FIELD 位置，提供每帧画面的两场显示，在示波器显示屏的中央用无信号的间隔分开。

② 放大（Magnification）。同垂直部分一样，示波器显示的水平扫描也可以被放大。一般该功能设置 ON 和 OFF 两个挡位。

③ 场选择（Field Selection）。该功能用于选择显示一帧画面中的某一场。

④ 位置（Position）。用于调整示波器显示波形的水平位置。

4. 显示

① 焦点（Focus）。调整整个显示屏的清晰程度。

② 标尺照明（Scale Illumination）。控制显示屏的标尺的照明程度。

③ 强度（Intensity）。控制电子束的扫描强度，相当于显示屏的亮度调节。

④ 线选择（Line Selection）。示波器可以选择某一特殊的线进行观察，而且该线不会受相邻线的干扰。

⑤ 计数线（Graticules）。NTSC 制示波器上的垂直计数线有两个，其中左边的一个为信号水平计数线，单位为 IRE（Institute of Radio Engineers）或 IEEE

(Institute of Electrical and Electronic Engineers)，一个 IRE 单位相当于视频信号可实现的最大振幅的 1%。该计数线的范围由 -50IRE 至 120IRE，以 10IRE 为步长。NTSC 制视频信号的黑白电平值一般为 7.5IRE，白电平值为 100IRE（IRE 单位仅用于 NTSC 制信号，PAL 制视频信号的黑电平为 0mv，相当于 NTSC 制的 0IRE，而白电平值 700mv 相当于 NTSC 制的 100IRE）。右边的垂直计数线代表调制深度，一般在视频信号的传输过程中使用。示波器的水平计数线为时间线。

【思考题】

1. 高清与标清设备的主要区别是什么？
2. 高清设备如何按照标清要求拍摄？
3. 高清对图像指标的控制主要有哪些部分？
4. 高清对灯光照明的要求有什么特点？
5. 高清影调调节是如何进行的？
6. 高清与胶片的区别是什么？如何缩小区别？
7. 为什么高清要用大监视器？
8. 为什么高清的景深小？
9. 高清的主要优势在哪里？
10. 高清记录格式有哪些？各有什么不同？

参考文献

1. 任金洲，高波. 电视摄像. 北京：中国广播电视出版社，1997

2. 王永辉. 从录像带到 VCD. 北京：人民邮电出版社，2003

3. 胡立德. 电视新闻与纪录片摄影. 北京：中国广播电视出版社，2002

4. 刘永泗. 影视摄影. 沈阳：辽宁美术出版社，2001

5. 刘书亮. 影视摄影的艺术境界. 北京：中国广播电视出版社，2005

6. 张会军. 影视造型的视觉构成——电影摄影艺术概论. 北京：中国电影出版社，2004

7. 朱羽君. 电视摄像艺术. 沈阳：辽宁美术出版社，1997

8. [英] 彼得·沃德. 电影电视画面——镜头的语法. 范钟离译. 北京：华夏出版社，2004

9. 夏正达. 摄像基础教程. 上海：上海人民美术出版社，2006

10. 李勇. 数字影视摄影教程. 北京：北京师范大学出版社，2005

11. 迟进军. 电视摄像. 上海：复旦大学出版社，1990

12. 高雄杰. 影视画面造型. 北京：中国电影出版社，2004

13. [美] 林恩·格罗斯，拉里·沃德. 电影和电视制作. 毕根辉译. 北京：华夏出版社，2001

14. 刘荃. 电视摄像艺术. 北京：中国广播电视出版社，2001

15. 朱羽君. 电视摄像技术（广师视频网站）

16. [美] 赫伯特·泽特尔. 摄像基础. 王宏，张晗，陈明译. 北京：中国传媒大学出版社，2005

17. 李兴国. 摄影教程录像

18. 美国纽约摄影学院. 美国纽约摄影学院教材. 中国摄影出版社译. 北京：中国摄影出版社，2009

19. 李兴国. 摄影构图艺术. 北京：北京师范大学出版社，1998

20. 张禾金. 摄影的魅力与构图. 上海：复旦大学出版社，2007

21. 王振民. 摄影审美心理学. 济南：山东文艺出版社，2000

22. 顾晓欧，吴维蔚. 实用摄影技法. 上海：上海翻译出版社，2001

23. ［美］本·克莱门茨，大卫·罗森菲尔德. 摄影构图学. 姜雯，林少忠，李孝贤译. 北京：长城出版社，2001

24. 王受之. 世界现代平面设计史. 北京：新世纪出版社，1999

25. 刘永泗. 影视光线艺术. 北京：北京广播学院出版社，2000

26. 郑国裕，林磐耸. 色彩计划. 台北：艺风堂出版社，1988

27. ［美］劳瑞. 视觉经验. 杜若洲译. 台北：雄师图书公司，1982

28. 伍建阳. 影视声音创作艺术. 北京：中国广播电视出版社，2007

29. 张凤铸. 电视声画艺术. 北京：北京广播学院出版社，2007

30. 陈子聪. 摄录像机原理与技能训练. 北京：中国劳动社会保障出版社，2005

31. 孙墀. 高清设备对影视创作影响的研究. 长春：吉林文史出版社，2010